ON THE TRAIL OF ANCIENT MAN
Roy Chapman Andrews
イルクーツク
アルタイ山脈
ウル
（ウランバート
トラ・ゴル
ボグド・
外モンゴル
サイン・ノイン
ツェツェンワン
オンギン・ゴル
コズロフ峠
イヘ・ボグド
バガ・ボグド
アルツァ・ボグド
シャバラク・ウス
サイル
ジチ・オラ
グルブン・サイハン
天山山脈
ゴビ砂漠
内モンゴル
タクラマカン砂漠
崑崙山脈
凡例
1922年の探検ルート
1923年の探検ルート
1925年の探検ルート
鉄道
四川省
太

世界探検全集—11

恐竜探検記

On the Trail of Ancient Man

Roy Chapman Andrews

ロイ・チャップマン・アンドリュース

斎藤常正 監訳

加藤順 訳

河出書房新社

①ホロボルチ・ノール西方における探検隊のメンバー。前列左からL・B・ロバーツ、筆者、ウォルター・グランガー、F・K・モーリス、C・P・バーキー、J・マッケンジー・ヤング。後方左からH・O・ロビンソン、ジョージ・オルセン、ラルフ・チェイニー、F・K・バトラー、N・ネルソン、ハロルド・ルークス、ノーマン・ラヴェル、J・B・シャックルフォード（上）。
②恐竜の卵を発掘中の筆者（左）。

③卵からかえったばかりの恐竜（復原画)。

④巨大な肉食恐竜クレオドン（復原画）（左上)。⑤恐竜の世界（白亜紀)。後方、デイノドンに襲われているのはイグアノドン。前方を走っているのはダチョウ恐竜（左下)。⑥バルキテリウム・グランガーアイ（復原画）（右)。

⑦オオカミの頭骨（上）とアンドリュースアイの頭骨（下）。

⑧発掘された恐竜の巣卵の状態。

ナビゲーション

幸運を呼び冒険を愛する博物館人、アンドリュースの軌跡

木村由莉

サイの歯化石が、恐竜発掘の聖地を導く

　オレンジの大地と緑の草原が地平線の彼方で青い空と出会うゴビ砂漠。世界中の古生物ファンや学者が憧れるこの地は、恐竜発掘の聖地として知られている。はるか昔の地層が足下に広がる荒野は、化石探しには絶好の場所である。地層がほぼ水平に堆積しているので、古い時代へと遡るには赤褐色の崖を下り、崖を登れば新しい時代となる。数千万年前の世界が足元に広がっていることを思うと、それはまるでタイムマシンに乗ったかのようだ。ゴビ砂漠では乾燥した風が絶えず吹き付け、時折降る雨によって地層が侵食される。泥は流れ出て、泥よりも重い小石や化石がその場に残る。そのため地表には小石がたくさん散らばっており、分厚いトレッキングシュ

ーズの靴底でザクザクと音を立てている。照りつける太陽の眩しさに目を細めながら地表をみていると、無機質に散在する石に目が慣れてパッと化石が現れる。その瞬間、汗まみれの背中も砂まみれの服も日焼けした肌も価値があるものに変わるのだ。

恐竜ファンでなくとも耳になじみのある恐竜たちの数多くが、ゴビ砂漠から発見されている。北米に生息するティラノサウルスに良く似たタルボサウルス、格闘したままの姿のヴェロキラプトルとプロトケラトプス、それに長い爪を持つ巨大な植物食恐竜のデイノケイルス。だからこそ、この地がかつて「太平洋の真ん中で化石を探すようなものだ」と揶揄された場所だと知ったら驚くだろう。そんな不毛の地で最初に化石発掘探検に挑んだ人物こそ、本書の著者であるロイ・チャップマン・アンドリュースである。隊長アンドリュースが率いる中央アジア探検隊は、サイの歯の化石一本しか報告されていないゴビ砂漠に入った。多くの反対がある中で、信念を貫き綿密な準備を経て北京を出発したのは一九二二年四月、アンドリュースが三八歳の時のことである。アンドリュースは自身のことを「幸運の星のもとに生まれた（under a lucky star）」と評しており、その名の通り、中央アジア探検隊は成功の運命を握る最初の年に「炎の崖（フレーミング・クリフ。本文中では「燃える崖」）」と名付けた恐竜の一大化石産地を発見し、その翌年にはそこが「ある恐竜」の営巣地であることを突き止めた。それは恐竜が卵から孵化するという事実の揺るぎない化石証拠でもあり、そのニュースは瞬く間に世界を駆け巡った。そして、アンドリュース自身も困難な発掘探検を乗り越えた人物として人々を魅了した。アンドリュースは動物学（とりわけ鯨類）に造詣が深い探検家であったが、本書につづられた言葉から「冒険を愛する博物館人」であることを知るだろう。なぜゴビ砂漠で探検をするに至ったのか、彼がたどった人生史と共に紹介したい。

アメリカ自然史博物館の床掃除から館長へ

アンドリュースは冒険や自然が大好きな少年としてアメリカ・ウィスコンシン州の片田舎で育った。自宅の屋根裏には独学で製作した剝製を飾る自分だけの博物館があったという。大学を卒業すると、ニューヨークにあるアメリカ自然史博物館に行き、床磨きでもよいから働きたいと館長に直談判をして、剝製担当の助手という仕事を得た。文字通り剝製制作室の床掃除から始まった博物館の仕事だが、人生でもっともワクワクした日々であったと後に回顧している。高い社交性と剝製技術のおかげで仕事の幅は広がっていき、シロナガスクジラの模型製作のアシスタントに携わることとなった。ほぼ同時期にタイへイヨウセミクジラのストランディング（漂着）個体を回収する機会に恵まれ、模型製作に生かすとともに、その解剖学的な所見を論文にまとめた。これらの経験や知識がさらなる機会を生み、ついには鯨類の専門家として国際的な海洋生物調査に参加する機会に恵まれ、アジアという異国文化に足を踏み入れることとなった。フィリピン海沖での調査が終わると、日本に滞在した八ヵ月間のうちにツチクジラやイワシクジラを調査し、朝鮮半島では当時アメリカでは絶滅したと考えられていたコククジラを調査し、これらの成果をもとに修士号を取得している。しかし、研究とはまだ見ぬ世界へ冒険するための手段に過ぎないことをアンドリュースは自覚していた。自身で鯨類を研究するということを辞め、三二歳となった一九一六年には東アジアでの陸生哺乳類調査（第一回アジア動物学探検）に赴き、中国南西部を中心に多くの動物コレクションを収集することに成功した。第三章「「黄金の毛」を追って」ではアンドリュースの動物学の知見の深さをうかがい知ることができる。

第二回アジア動物学探検の主な調査に選んだのが、『恐竜探検記』の舞台となるモンゴルであった。このときの経験から、アンドリュースは、自動車で機動力高く調査する本隊と、発掘道具やガソリンなどを運ぶラクダ隊の二編成を組織することで広範囲をカバーするという、研究に明け暮れる学者では到底思いつきそうにないアイデアを提案したのだった。そして充分な準備期間を経て、化石の発掘を中心に地質学や考古学もカバーするという分野横断型の大型学術探検を組織した。それが中央アジア探検と名を変えた三回目となるアンドリュースのアジア探検である。アジア諸国の不安定な政治情勢に翻弄され続けたものの、一九二二年から一九三〇年のあいだに発掘調査を計五回実施し、中央アジア探検隊はアメリカ自然史博物館に莫大な化石コレクションをもたらすことに成功した。残念ながら世界的な政治および経済情勢の悪化により、一九三〇年の発掘を最後に、本来の目的（後述）を達成せぬまま中央アジア探検はその幕を閉じることとなった。帰国後、一九三四年には館長に就任するものの、生まれながらの探検家には博物館の事務仕事は向いておらず、一九四二年には退任し、その後は自らの探検記録の執筆作業に専念した。一九二六年に刊行された本書『恐竜探検記』は、現在進行形で進む化石発掘の成果と苦労話それにメンバーの歓喜の声を記録した、若き隊長による貴重な資料なのである。

なぜゴビ砂漠だったのか

アメリカ自然史博物館の第四代プレジデントのヘンリー・F・オズボーンは、化石哺乳類を専門とし、生物の進化過程を解明するために適応放散や平行進化といった概念を導入した著名な研究者である。アンドリュースが中央アジア探検を着想したのは、オズボーンが一九〇〇年にサイエンス誌に発表した仮説が契機となっている。本書の序文で自らの言葉で説明している通り、オズボーンはヨーロッパとアメリカのロッキー山脈に生息する動物には近縁種が多いことを指摘し、それが成立するにはこれらの動物の移動経路の中間地点となりうるアジアにその起点があると考えた。さらには人類を含む多くの哺乳類の発祥の地がアジアであることも序文で訴えている。この仮説は予言に近いもので化石証拠が存在しているわけではなかった。中央アジア探検とは、アンドリュースのアカデミアの師であるオズボーンによって提唱された仮説を証明するための学術調査であり、原人の化石を発見することがその主たる目的だったのだ。中央アジア探検の追い求めた「人類誕生の地」がアフリカであったことは現在では定説となっているが、当時はアジアも人類誕生の有力な候補地であった。一八九一年にはインドネシアでジャワ原人が発見され、中央アジア探検の前年となる一九二一年には中国北京市の周口店で北京原人の歯が発見されており、中央アジア探検は当然これらを意識した発掘調査であった。

主たる目的の達成にはゴビ砂漠は見当違いとなってしまったが、オズボーンの予測の全てが間違っていたわけではないことは補足しておく。本書に登場する白亜紀の地層から発見された小型哺乳類(ザランブダレステスやデルタテリジウム)は、それぞれ有胎盤類と有袋類の非常に基盤的な系統として現在においても重要視されている。オズボーンの同僚であるW・D・マシューによって一九二三年の調査で偶然発見されたトガリネズミほどの小さな頭骨が極めて重要であることに気づき、一九二五年の調査では地表を這いつくばって追加標本を探した様子がわかる。発見した化石を失くさないようにタバコの箱に入れて博物館に持って帰ったというエピソードがある。

標本の価値はそのままに、研究は世代を超えて

中央アジア探検以降、ゴビ砂漠での発掘調査はしばらく中断されていたものの、第二次世界大戦が終了すると早々に再開し、一九四六年から一九四九年にかけてソ連隊の調査が入った。その後、ポーランド・モンゴル隊、ソ連・モンゴル隊と続き、一九九〇年にはと

うとうアメリカ自然史博物館が再びゴビ砂漠に戻ってきた。さらには中国やカナダそれに日本の調査隊も目まぐるしい成果を挙げている。発掘された化石から新種の恐竜が続々と報告されていることは周知の通りであるが、古生物学的な研究がそれで終わるわけではない。新しい化石の発見や研究手法の発展により、すでに研究された化石からも新知見が得られるのである。中央アジア探検が「炎の崖」で発掘した卵化石は、当初、その地から最も多く見つかるプロトケラトプスのものであると考えられ、その一方で卵化石の近くから発見された獣脚類にはオヴィラプトル（卵泥棒の意）という名がつけられた。これが事実とは異なるとわかったのは、一九九〇年代のアメリカ自然史博物館の調査によって、炎の崖の卵化石と似たような形をした卵を抱きかかえたオヴィラプトル類の化石が発見されたためである。シチパチと名付けられたこの化石のおかげで、ようやく「卵泥棒」が濡れ衣であったことがわかった。しかもアメリカ自然史博物館の七〇年近く前の発見を、同館の研究者が更新するという必然ともいうべき偶然が起こったというおまけ付きである。

また近年では中国から発見された別のオヴィラプトル類であるヘーユアンニアの卵殻を化学分析した研究によって二種類の色素が検出され、オヴィラプトル類の卵殻が青緑色であったことも明らかとなった。このように、標本はその価値を何百年と留め続け、探究心を原動力とした発掘と研究は世代を超えて受け継がれていくのだ。

恐竜発掘探検記

アンドリュースを突き動かした原動力は紛れもなく好奇心である。地層の中に埋まった化石を掘り当てるには、知識や洞察力だけでなく、失敗するかもしれないことに挑む大胆な決断や幸運も必要となる。アンドリュース青年はアメリカ自然史博物館を訪れた時、自作の剝製を売って得た三〇ドルを御守り代わりにしたという。当時のアンドリュースには全く想像がつかなかったであろうが、この幸運の御守りは誰も成し得なかった未踏の地での発掘探検を導くこととなった。アンドリュースの博物館人としての幸運は、床掃除でもいいから仕事をしたいという熱意が受け入れられたことに始まる。その運もアメリカ自然史博物館の館長に訴えるという一か八かの選択無しには生まれなかった。そのくらいの賭けなら自分にもできそうだなと大それたことを思う。きっとそのくらいの大胆さでいい。本書を読み終える頃には、アンドリュースが導く冒険の旅によってあなたの好奇心が大いに刺激されるに違いない。

古生物学者となった私自身もそんな読者の一人だ。幸運にも、学生時代にアンドリュースたちの一九二八―三〇年の発掘地の近くで発掘調査に参加する機会に恵まれた。一定のリズムを保ちながら奏でていた靴底の音を止め、地層から目を離して地平線の遠くをみる。そしてアンドリュースが目にしたはずの風景をいま自分が見ていると思った瞬間、なんとなく中央アジア探検隊のメンバーになれたような気がした。古生物研究の面白さとはそんな時間を旅する探検の延長線にある。

最後になったが、一九七八年に初版印刷された本書の翻訳に古臭さはなく、訳者である加藤順氏の語感に対する真摯な取り組みを感じ得ずにはいられない。監訳の斎藤常正博士（一九三六―二〇二〇）は、一九七〇年から一九七七年までアメリカ自然史博物館微古生物学出版部長を併任したという異色の経歴を持つ微化石研究の権威である。巻末にある同博士による解説は、その深い知識だけでなくアメリカ自然史博物館に在籍していたからこそといえるエピソードも記されており、極めて興味深い読み物となっている。

木村由莉（きむら・ゆり）

一九八三年、長崎県生まれ。神奈川県育ち。早稲田大学教育学部卒業、米国サザンメソジスト大学地球科学科で博士号を取得。その後、スミソニアン国立自然史博物館の研究員を経て、二〇一五年より国立科学博物館地学研究部研究員となる。現在、生命進化史研究グループ研究主幹。陸棲哺乳類化石を専門とし、小型哺乳類の進化史と古生態の研究を行う。二〇二二年七月から開催された国立科学博物館「化石ハンター展」の総合監修を務める。著書に『もがいて、もがいて、古生物学者!!』ブックマン社。監修に『ならべてくらべる絶滅と進化の動物史』ブックマン社、『古生物食堂』技術評論社、などがある。

目次―世界探検全集11―恐竜探検記

世界探検全集11―恐竜探検記

序文　諸大陸の母――アジア

デルフォイの神殿で神託を求めて熱心にうかがいを立てるものたちに対して、即座に答えが与えられることはほとんどなかった。神殿では、くり返し酒やいけにえが捧げられた。ようやくにして与えられる神の答えはどうとでも受けとれる意味のはっきりしないものだったので、デルフォイのお告げといえばわかりにくいことをあらわす言葉として知られるようになった。荒漠たるモンゴルの自然の神殿を訪れたアメリカ自然史博物館の探検隊の場合には、そのようなことはなかった。高度の学識をもつアメリカの専門家たちを率いた不屈のリーダー、ロイ・チャップマン・アンドリュースは、ほとんどまったくの最初から、きわめて明解な神のお告げを聞いた。「アジアは諸大陸の母である」――と。

一八五二年にサウス・ダコタで発見され、ティタノテリウム（「巨大な動物」）と名づけられた化石四足獣が、ゴビ砂漠にも存在したことがこの探検の冒頭に発見された。このことは探検隊が解明しようと企図していた四つの大きな問題の一つ、すなわち、古代アジアははるか西方のヨーロッパや、はるか東方の北アメリカの生物たちの発生の地ではなかったかという問題に解答を与えるものであった。それは古生物学にとってエデンの園、つまりさまざまな種類の爬虫類や哺乳類がそこから西や東に向けて旅立っていった誕生の地、すなわちアジアのふるさとを発見したことにほかならなかった。このような中心地の存在は、かなりまえから古生物学者の間ではある一つの学説としてでき上がっていた。

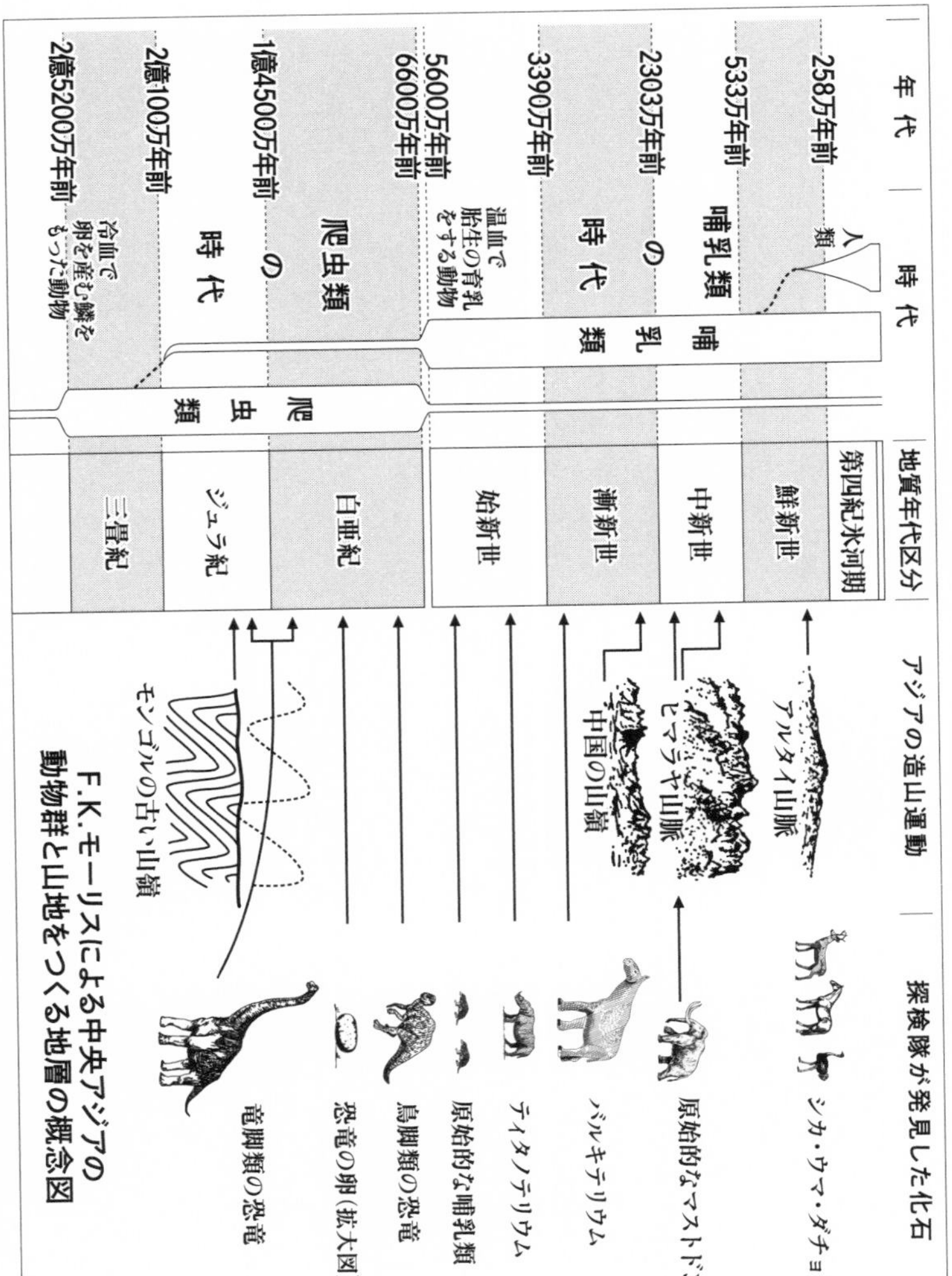

F.K.モーリスによる中央アジアの動物群と山地をつくる地層の概念図

注1　始新世と白亜紀の間に暁新世がある
注2　年代・地質年代区分は原図を元に再作成した

すでに一九〇〇年に、私（この序文の筆者オズボーン）はアジアにこのような生物の故郷が存在するはずだという信念をまとめて、「サイエンス」誌（一九〇〇年四月一三日号）に次のような予言を発表している。

「さて、次は北半球に、さらに哺乳類時代の黎明期に、動物たちがそこから分散した故郷に目を転じたい。

まず、地球の上の相対する場所に、二つの大きな移住地《コロニー》が認められる。一つはヨーロッパで、もう一つはアメリカのロッキー山脈地域だが、この二つの地域にはたがいに血縁関係の近いものから遠いものまで多くの哺乳類が住んでいる。ところが、この両地域の間には近縁の動物がただの一種も住んでいない地域が一万六〇〇〇キロもひろがっているのだ。

ヨーロッパとロッキー山脈地域に、同じ種類の哺乳類や爬虫類が同時にあらわれるということは、『分散の中心地は両者の中間点にある』という仮説を支持する強い証拠だと、かなり長いあいだ考えられてきた。この分散の中心地では、爬虫類時代から哺乳類時代の幕開きにかけて、今日見られるすべての高等な哺乳類のもっとも古い祖先たちが出現した。その中には、たとえば、これまでヨーロッパでも、アメリカでも発見されていない、五本指の馬などもいた。ヨーロッパやアメリカで発見されている最も古い馬が四本指であるということは、その祖先はまだアジアの故郷にいるうちに、すでに五本目の指を失っていた可能性を示している。人類が初めて出現する氷河期までの北アジアの歴史はわかっていない。しかし、理論的にみて、そこがかつてフランスやイギリスの移住地《コロニー》とワイオミングやコロラドのロッキー山脈地域の移住地《コロニー》とを結びつける幅広い帯状の移住・分散地帯の一部をなしていたことは確かである。このはるかに離れた二つの移住地《コロニー》に見られる動物の種類は類似しており、毎年、新しい発見が加えられるたびにその類似点は増加し、相違点は少なくなっているが、この両者をつなぐ結び目については、まだまったく知られていない。これらの事実から北アジアこそが、この遠く離れた二つの移住地《コロニー》の間をつなぐ未知の移住ルートにちがいないと考えられる」

これはすべて、私が一九〇〇年に書いた古生物学上の予言といったものであったが、将来の探検によって明らかにされるであろうことを確信して、種々の哺乳類の生まれ故郷を実際に地図の上に示した。科学的記録としてその写しを見ることも読者にとって一興だろう。この地図を見ると、一九〇〇年の予言では、チンパンジー、オランウータン、テナガザル、ゴリラなどの類人猿の故郷は南アジアのインドと考えられているのに対して、人類のもっと遠い祖先である霊長類の故郷は、このたびわが探検隊が出かけた北アジアと推定されていることがわかるだろう。

しかし、北アジアの故郷の生物に関する筆者の予言が確認されるには、一九二二年のアメリカ自然史博物館の探検を待たなければならなかった。その年、予期しなかった早さで確証が得られた。さらに引き続いて行なわれた一九二五年までの数回の探検で、まさにこの地域から人類の祖先が発見され、最初の予言がはるか期待以上に現実となったばかりでなく、爬虫類の時代についてこれまで知られていなかった、もっと古い物語が知られることになった。これらについてはこの探検隊の隊長によって以下に語られているとおりである。

古生物学は、地球上のたいていの砂漠や生命のきざしのない荒地でアラジンの魔法のランプのような働きをする。ランプが岩に触れると、かつて栄えた王者たちや、彼らをはぐくんだ太古の河やサバンナが順序よく次々と飛び出してくる。岩はもっとも深く、手の届きにくい場所に王者たちの物語を隠しこんでいる。わが中央アジア探検隊の計画を生み出し、その計画を科学的な万全さと、断固たる決断と、ゆらぐことのない信念をもって遂行したのはロイ・チャップマン・アンドリュースの天賦の才能であった。彼の幾多の才能が全探検隊員を鼓舞し、輝かしい成果を確実なものとし、そして文明世界の熱狂的な関心を喚起したのである。

ヘンリー・フェアフィールド・オズボーン
アメリカ自然史博物館
一九二六年二月二五日

まえがき

この本は中央アジア探検のフィールド・ワークに関する話を中間的にまとめたものである。私たちのもとには、過去四年間の探検活動をまとめた物語を求める声が数多く寄せられており、今日までのモンゴルでの私たちの経験を一般の人々にお話しする責任があるように感じられる。フィールド・ワークは一九二一年いらい一回中断しただけで続けられてきており、私の短期間のアメリカ滞在は、講演と資金調達や探検隊の編成の問題に費やされ、最終報告といえる本を書く時間を見出すことは不可能であった。

この本は、私たちの発見の科学的意義を十分に検討することを目ざしたものではない。実際、現在のところ、採集物の研究が始まったばかりであり、何百点という標本はまだ岩に埋まったままで、そのようなことは不可能である。もっとも重要なものだけについては標本整理を急ぎ、それを科学的研究に役立てることができるようにした。

これまでに五四編の予備的論文が、アメリカ自然史博物館の館報および紀要に発表された。これらは最も目ざましい発見のいくつかをごく手短に記録したものである。一九二八年に実地探検が完了したときに、あらゆる分野における科学的研究の意義について一般向けの報告をまとめたいと思っている。

最終的には一四巻からなる科学的報告が予定されている。バーキーおよびモーリス両教授の中央ア

オズボーンが1899—1900年に発表した、哺乳類の起源の地を示した世界地図

■ 一部、現在一般的な名称に改めている

ジアの地質学に関する第二巻は間もなく出版される。ロバーツ少佐が一九二五年の探検の際に作成した地図はすでに出版されている。その他の巻も、研究が完了しだい、執筆されていくだろう。

この機会に、資金的な援助によってこの探検を実現させてくださった寛大なアメリカ国民に対して、私の個人的な感謝の気持と、アメリカ自然史博物館からの謝意を表したい。なんら物質的な見返りを期待することなく、科学と教育の大目的のため惜しげもなく与えられた、このような援助がなかったら、私たちの仕事を遂行することはできなかっただろう。寄付者は二五州の二四五人にのぼり、この探検はまさに全アメリカ的な事業といえるものとなった。その他、スイス、プエルトリコ、ハワイからも各一人ずつ寄付者があった。

ともにフィールド・ワークに携わった仲間たちにも、私はいくえにも感謝しなければならない。探検隊の編成や資金の調達がいかにうまくいったとしても、探検隊各員の心からの協力が得られなければ、やはりこの事業は成功しえなかったであろう。このすばらしい誠実さと各隊員の支援は、最も貴重な宝の一つとして私の記憶のうちにいつまでも残るだろう。

私は探検隊、アメリカ大統領、ならびにアメリカ自然史博物館理事会に代わって、領土内でのフィールド・ワークを許可された中国およびモンゴル政府に対して感謝を述べたい。とりわけモンゴル政府の許可を得る上で多大の援助を与えてくださったT・バドマジャポフ氏には感謝している。ヘンリー・フェアフィールド・オズボーン館長は私たちの優れた友人であり、助言者であった。彼の熱烈かつ絶えざる援助がなかったら、探検を実現することはできなかっただろう。中国で私たちに援助を与えてくださった個人や組織の名前をすべてあげることは不可能だが、とくに中国地質調査所および中国地質学会の方々には感謝しておきたい。

ティン、ウォン、アンダーソン、グレボーらの諸博士は私たちの心からの友人であり、その純粋な協力の精神は、国際的科学の最高の理想となるものである。

北京ユニオン医科大学の方々や、アメリカ公使館海兵隊北京分遣隊の士官たちにも数えきれないほどのご厚意を受けた。

デトロイトのダッジ自動車会社およびロングアイランドのフルトン自動車会社にも多大の援助をいただき、またスタンダード石油会社にもその大組織の施設を自由に利用させていただいた。

「アジア・マガジン」および「ザ・ワールズ・ワーク」両誌には、すでに掲載された資料の使用を許可してくださったことを私個人として深く感謝する。

ロイ・チャップマン・アンドリュース
一九二六年二月二一日

第一章　準備

一九一二年にアジアの陸地踏査を始めたときから、哺乳類の起源がアジアにあるというオズボーン教授の予言はずっと私の頭の中にあった。そして旅行を重ね、体験が増すとともに、この仮説を実際に確かめてみようという気持が強くなっていった。そのことを最終目標として念頭において、私は一〇年間にわたる一連の探検計画を一九一五年、アメリカ自然史博物館長に提出した。最初これは純粋に動物学的なものとして計画され、一九一六―一七年には雲南、中国南西部、およびチベット国境地域に出かけた第一回アジア探検隊が大量の採集標本《コレクション》を博物館にもたらした。

一九一八年には、私は第一次世界大戦のため兵役につき、一九一九年の夏は第二回アジア探検隊に加わってモンゴルで過した。

年々、私はアジアに生息する哺乳動物とヨーロッパやアメリカの哺乳動物との関連性をより強く感じるようになり、これがアジア分散中心説（多くの動物の起源がアジアにあり、ここから世界各地に動物が分散していったという説）を強く裏づけていることを実感するようになった。さらに、霊長類の起源がアジアにあると考えられることや、人類の進化を解明する手がかりが得られる可能性もあることなどから、前から少しずつ私の頭の中で熟しつつあった計画が、さらにいっそう私の心をとらえて放さなくなった。

動物学者として専心してきた私は、かねてから他の科学分野の専門的知識の足りなさを痛感していた。複雑にこみ入っていてわけのわからないような動物地理学上の問題も、私が学識豊かな植物学者であれば、簡単に解けたはずだったとわかることもしばしばあった。とくに雲南では、原住民、化石、地質、植物、地理などについてきわめて興味深い研究が始められるきざしが随所に見られたけれども、私は時間も、高度の専門的学識もないため、それを活用することができなかった。したがって、中央アジアで私たちを待ち受けている問題を効果的に解明していくには、諸科学の協力による以外にないことが明らかであった。つまり、高度の学識をもった専門家がグループをつくり、全員がただ一つの幅広い問題に取り組むという方法しかないということだ。

中央アジア探検隊は、このような考え方を計画の基礎として編成され、実際には理屈で考えた以上にうまく働いた。夜ごとに食堂テントに集まって、その日の作業の進行にともなって生じたさまざまな問題について議論をしたが、それによってたよりになる他の科学分野の専門的な知識が得られ、各人が刺激と助言を受けることができたのは明らかだった。私の知るかぎり、中央アジア探検隊はこのようなやり方を実行に移した唯一の大探検隊である。

さらにまた、このような形の探検は、将来の探検のあるべき姿を示すものと私は思っている。今日、世界地図の上に探検家の足跡が記されていない地域はごくわずかしか残っていない。人類の勇気と忍耐は南北両極を征服し、熱帯のジャングルの秘密もあばいた。地球上でもっとも高い山々にも、人類の声が響いた。しかし、だからといって将来の若い人々の征服すべき新しい世界がなくなってしまったというわけではない。ただ、探検家は方法を変えなければならないというだけのことだ。

私たちは今、科学的探検の新時代の入り口に立っている。それはペアリーやアムンゼン、スタンリーやヘディンの探検とまったく同じようにロマンチックであり、魅惑的であり、冒険に満ちたものである。地球上のほとんどすべての国に、まだ広大な未知の地域がある。きちんとした地図すらできていないところもあれば、夢想もされないような科学の世界の宝物を秘めているところも多い。

このようなほとんど知られていない地域について研究し、その成り立ちの歴史を明らかにし、その歴史を今日の世界に当てはめて解釈すること、それらが教育、文化、人類の福祉に何を与えることができるかを学ぶこと——それが未来の探検である。これは諸国を歩きまわってさまざまな地形的特徴に関する情報を世界にもたらした昔の探検家たちの仕事よりも、もっと困難なものである。

これには、さらにいっそう慎重な組織編成と、もっと幅広い科学的知識の裏づけが必要である。地理学的踏査を目的とした大きな探検隊のほとんどすべてが科学者をともなって、踏査地域の動植物、地質、気象などについてできるかぎりの知識をかき集めた。特別な研究は、時間がかぎられ、機会もなかったためにほとんど行なわれなかった。彼らは、もっと詳細な研究を待ち望んでいる地域にいきながら、ほんのうわべだけの情報をもち帰る以上のことはできなかった。

将来の集中的探検では、これとは違いき方が必要である。幅広く、しかしきわめて明確な問題をはっきりと見定めた上で、その解明を助けるようなあらゆる分野の科学が現場《フィールド》で集中的に問題解決にたずさわるようにしていかなければならない。

地質学におけるわけのわからない問題が、古生物学者によって解明される。古植物学者はその両者に、気候の変化を解明する上で援助を与えることができるかもしれない。過去と現在の植物および動物群は互いに緊密に関連しあっており、一方を知ることなしに、もう一方を十分に理解することは不可能である。これらすべての学者たちに、正確な地図をつくる地形学者が必要である。

このような集中的な探検は、たとえそれが純粋科学を目ざしたものであったとしても、かならず経済的な成果をもたらす。世界の未知の地域には、人類の福祉に広く貢献できるような未開発の資源が豊富に眠っているところも多い。科学者である探検家が道を開かなければならないが、その足跡をたどって商業が入りこむのもけっして遅くはない。

探検がすでにロマンを失ったと考える人々に対しては、次のようにいうことができる。勇気と忍耐の素質や、苦難に耐え死をもいとわない意志が要求されることは、今日の探検家にとっても、雪をかきわけ、極地に向かって進んだ最初の人や、砂嵐にもめげずに砂漠をつき進んだ人にとっても少しも変わりはない。

私は、どうして探検の場としてモンゴルを選んだのかという質問を何回も受けた。それに対する答えは、私が以前に二回旅をして、彼の国をかなりよく知っており、豊かな収穫が得られると信じていたからである。また、足の速い輸送手段として自動車を利用できるという確信をもっていたからである。中央アジア高地のその他の部分――チベットや中国領およびソ連領トルキスタン――にも同じ条件があれば、私たちは同じような成功の期待をもって、そこで探検を始めていたかもしれない。

モンゴルは優れた探検家たち――多くはロシア人――が再三踏査しているが、近代科学の厳密な方法を用いて研究が行なわれた場所はまったくないといってよい。このような状況は、主として次の四つの理由による。

第一に、モンゴルが広大無辺の大陸の中心にあって、他の地域と隔絶していることだ。最近まで、その国境に達するだけでも、かなりの大旅行が必要だった。

第二に、道のりが遠く、輸送手段は遅いことだ。米国の地図の上にモンゴルの地図を重ね、その東端がワシントンの上にくるようにすると、モンゴルの西端はグレート・ソールト・レークを越え、ほとんどネバダ州境に届く。南はテキサス州オースチン、北はノースダコタ州の半分までに達する。この広大な地域に、鉄道はただの一キロもない。輸送はラクダ、馬、それに牛車に頼っている。モンゴルの中心部に東西に広がるゴビ砂漠では、一年中使えるのはラクダしかない。ラクダのキャラバンは時速四キロ、条件に恵まれても一日に二五―三〇キロしか進むことができない。

第三に、気候がきわめて厳しいことだ。冬期には、気温は零下四〇―四五度にも達し、高地には北極海からの烈風が吹きすさんでいる。そのため、ただ生存するだけのためにももっとも強い体力が要求され、多くの種類の科学的研究は不可能である。科学的研究が効果的に行なえるのは、四月から九月の終わりまでにすぎない。

第四に、モンゴルの大部分を占めるゴビ砂漠は食料や水が乏しく、荒涼たる地域で、住民もきわめて少ないということだ。

このような難点を分析してみると、なんらかの足の速い輸送手段があれば、その大部分が解決することは明らかだった。また、そのような輸送手段がなければ、私が考えているような高度の知識をそなえた人々による探検を成功に導くことはできないと考えられた。私は自動車こそが、この問題に対する解答であると確信した。

道路で自動車が見られはじめたばかりの一九一八年、私はカルガン（張家口）からウルガ（ウランバートル）まで自動車で往復した。そのときは、多少冒険めいたものと考えられたが、一九二〇年には中国の会社と外国の会社が定期便を運行するようになり、この旅行は探検家にとっては平凡なものとなってしまった。カルガン―ウルガ間の道はよく、堅固で、大きな河や湿地もなく、砂もほとんど問題にならない。しかも、仮に事故を起こしても他の車が頻繁に通るので、助けを得ることができる。ゴビが本当の砂漠になるずっと西のほうでは、山や河や砂や岩があり、話は別である。角をまがれば修理工場があるといったわけにはいかない。実際には曲り角もないのだ。

それでも私は、彼の国についての知識から、適切な装備を整えた自動車探検隊をラクダのキャラバンで支援すれば、探検をうまく進めることができると確信していた。そして、これができれば、一〇年分の作業を五カ月で行なうことができるだろう。私の確信を断行するには、かなりの蛮勇が必要だった。私たちが一トン積みのトラック二台を含む五台の自動車でゴビ砂漠西部を探検しようとしており、五〇〇〇キロの旅を計画しているということが発表されると、ウルガまで何回も自動車を走らせたことのある人たちまでが、私のことを馬鹿呼ばわりした。彼らは、そんな計画が成功するはずがないという理由を何十とあげて見せた。しかしそれはすべて、準備と人員編成をしっかり整えれば解決できるものと私には思われた。

実際のところ、もっとも多い反対意見は、そのようなことは前例がないというものだった。しかし、これについては、ある有名人が次のようなことをいっているのを思い浮かべると励みになった。「広く一般に不可能だと思われていることがらがある。誰もがそれは実行不能だと信じている。そこへある日、何も知らない一人の馬鹿ものがあらわれて、めくら蛇におじずで、みごとにそれをやりとげてしまう――そういうことがよくあるものだ」というのである。

自動車の選択については、よく知られているイタリア製かフランス製の車がよいという意見が強かったが、私はこれが全アメリカ探検隊であることから、アメリカ製の車を使おうと考えた。慎重な検討の結果、私はミシガン州デトロイトのダッジ自動車会社の車と、ニューヨーク州ロングアイランドのファーミングデールのフルトン自動車会社が製作した一トン積みフルトン・トラックを選んだ。車底高が高く、つくりが頑丈で、砂地を走破できるだけの十分な力をもち、重量の軽い自動車が絶対に必要だった。私たちが使用したのは、なにも特別な装備をもたない、ふつうの在庫品の自動車だった。この自動車群が中国に着いたとき、私は完全に使いものにならなくなった場合に備えて保険をかけておこうと思って、片っぱしから保険会社に当たってみた。探検隊には技術者もいたし、通常程度の破損なら何でも修理できるだけのスペア部品もあったが、崖から落ちたり、火災その他の災害のために自動車が完全に壊れてしまうことも考えられたからだ。人為的危険率は高くないと私は主張した。生命がかかっているとまではいわないまでも、探検の成功が自動車輸送にかかっていることを考えれば、どうしてもやむをえないということでないかぎり、私たちが自動車を見捨てることは絶対にありえないのだから――。

しかし、保険会社はそのような考え方はできなかった。危険度が大きすぎるというのだ。前例もないし、私たちは幸い支援のキャラバンを持っているから、ラクダの背中に乗って帰ってくることになるだろうという。率のよい保険料を提示してみたが、保険会社の意思を変えさせることはできなかった。一年目の探検が終わった後でもまだ、保険会社は、私たちは幸運だったのであり、二度とこのようなことはできないだろうというのだった。

自動車輸送が成功であったことは、その後二回の探検でも、私たちが同じダッジの車とフルトンのトラックを使ったことによって示されるとおりである。未知といってよいこの国を、全自動車隊が九五〇〇キロ以上を走破し、ダッジの自動車は一万六〇〇〇キロも走った。カルガンに帰り着いたとき、私はなんの修理もせず、三日以内で、全車をアメリカ国内でよりも高い値段で売却した。今なおこの一群の自動車は中国の会社の手で、カルガン―ウルガ間を運行している。このような記録が、わが自動車群の優秀さを何よりもよく物語っている。探検に参加したすべての人々が、まるで自分たちの手でつくったものででもあるかのように、この自動車群を誇りに思っている。私たちは今後の探検のために、同じメーカーの新車群をすでに用意している。

自動車輸送と同様、科学的計画についてもずいぶん水をかけるようなことをいわれた。モンゴルでは、サイの歯がただ一本発見された以外、化石はまったく発見されていない。あそこは砂と小石ばかりの荒地であり、ゴビ砂漠で化石を見つけようとするよりも、太平洋の真ん中を探すほうがまだましだなどという人もあった。また、バーキーやモリスらの高名な地質学者を、岩石が草や砂でおおいかくされているようなところに連れていくのは罪悪に近いともいわれた。

しかし私は思った。過去にモンゴルを探検した人々は、私たちが使おうと考えているような近代的な手段を利用することができなかったのだ。彼らの業績はある点では優れているが、彼らの探検を基準にしてわが探検隊の科学者がモンゴルで何を得るかを推測することはできない――と。

私が東洋で得た経験は、時間と金が成功のための最大の不可欠の要素であることを教えていたので、私はこの二つが保証されないかぎりアメリカを発つまいと決心していた。作業のため、五年間の時間と総額二五万ドルの金が最低限の必要量と考えていた。

私が一九二〇年の初めにニューヨークに戻り、探検計画をオズボーン教授に提出すると、教授はそれに対していつもと変わらない熱意あふれる承認と支持を与えてくださった。彼の積極的な協力がなかったら、なに一つ実現されなかっただろう。私個人および探検隊全員からの感謝の気持は、とても十分に表わしきれるものではない。

彼の示唆にしたがって、私はアメリカ・アジア協会とその機関誌である「アジア・マガジン」を乗り気にさせるように努めた。「アジア・マガジン」誌の編集長ルイス・D・フローリック氏は私のもっとも誠実な後援者の一人となった。彼の事務所で何回となく行なった会議を振り返ってみると、同氏がいかに惜しげもなく私たちのために時間や知恵を貸してくださったかを痛感する。

探検家なら誰でも知っているように、大規模な探検のための資金集めにまつわる努力と神経の緊張は、実際のフィールド・ワークの苦労をはるかに上回るものだ。しかし、これは主として個人に関する問題だと思うので、このことについては何もいわないつもりだった。だが、少なくとも一〇人中九人までが、このような探検のための資金は後援する諸機関がすべて用意してくれるものと思っているのを知って、私はここで少しだけこの問題に触れておくことにした。一般の人々は、リーダーの任務というのは現地で指揮をとることだけだと信じているようだ。本当にそうであってくれたら！　もしそうだったら、探検家の数はずっと増えるにちがいない。

博物館もできるだけのことはしてくれた。しかし、二五万ドルの大部分は、民間の個人から集めなければならなかった。一九二一年二月下旬、中国に向けてニューヨークを発つまでに、私は寿命が一〇年ほど縮んだような気がした。私はたくさんの晩餐会や昼食会でスピーチをし、大勢の聴衆の前で講演をし、多数の実業家たちに面会し、中央アジア探検隊について何回となく話をし、文章を書き、ついにはそれがまったくの悪夢と感じられるようになった。それでも、その経験の中には楽しいことも少なくなく、もっとそれをエンジョイする時間があったならと思ったりした。私はアメリカの実業家たちが、一般に、その心底は冒険家であることを知った。彼らは冒険によって金をもうけてきたのであり、それの使い道についても冒険を欲している。やりがいがあり、心をとらえる目標をもつものであれば、彼らは冒険や探検を好む。

私はＪ・Ｐ・モルガン氏に会いに出かけた朝のことをけっして忘れないだろう。公的な事業のために金が欲しいと思っているアメリカ人なら誰でも、真先にモルガン氏か、ロックフェラー氏を思い浮かべるにちがいない。モルガン氏は三三丁目の彼の豪壮な書斎で私に会ってくれた。私は一五分間にわたって自分の計画と希望を話した。私は中央アジアの地図をもっていった。彼は少ししか質問しなかったが、それはいずれも要点をつくものだった。

「あなたは、どうやってそこへいくのです？」

「そこで何を見つけるつもりですか？」などというものであった。

私が答え終わると、彼はぐるりとこちらに向き直った。目が興味で輝いていた。

「それは大計画ですね。資金はどうするつもりですか？　私にどうしろというのですか？」と彼はいった。

彼の気前のよい資金援助と、彼の信頼が私にとってどれほどのものであったかをモルガン氏にわかってもらえたらと私は思う。それは探検家のための資金調達を始めたばかりのときだったから、私にとってとくに大きな意味があった。それから何カ月かの間に、数多くの成功とともに、数多くの失望も味わったが、私はこの最初の一幕をけっして忘れないだろう。

アメリカの人々が純粋に理論にもとづいた探検に喜んで資金を出したことは、アメリカ人が誇ってよい記録であると私は思う。この科学のレースでは、きわめて確率の低い賭けをしようとしているのだということを私は誰に向かってもはっきりと説明した。私が勝てば配当は大きいだろうが、まったく反対の結果に終わる可能性も大きいのだ。最初の三年間はまさにニューヨーク市探検隊というべきものだった。ペンシルベニア州ウィルクスバレから一口だけ寄付があったのを除けば、残りの資金はすべてニューヨークの人々から寄付されたものだったからだ。

資金集めと同時に、探検隊の編成と装備の準備も行なわなければならなかった。隊員の選抜がもっとも重要であり、もっとも困難な仕事であることはいうまでもない。各人の科学的能力とともに、この仕事に対する一般的適性を慎重に検討することが必要だった。個性、性格、他人とうまくやっていく協調性などが、その他の要因と同じく、この種の探検の成否を決めることになるからだ。

副隊長兼古生物学班キャップの選定は簡単だった。何年も前に私はアメリカ自然史博物館の化石哺乳類副部長ウォルター・グランガーに私の計画について話をし、彼は時期がきたらそれに参加することを約束していた。私たちは一五年間、同僚としてやってきた。彼の野外《フィールド》経験の長さはその二倍に達しており、化石採集者として、また友人として、世界中に彼にまさる人物はいない。

私たちは、探索がモンゴルのどこにおよぶのかを予測することができなかったので、補給のための食料とガソリンを運ぶラクダのキャラバン隊が必要だった。これによって私たちは移動基地をもつことができ、状況に応じてあちこちと場所を変えることができるだろう。

砂漠では、肉と動物からつくられたもの以外の食料を手に入れることはできないので、何から何までもって歩かなければならない。私は変化のある食事が摂れるよう、とくに細心の注意を払って食料を選んだ。夏の終わりになっても、私たちを満足させ、健康を保つための乾燥フルーツや野菜類がないという日はほとんどなかった。

補給物資を運ぶのに、私たちはふたつきの木箱をこしらえた。砂漠では木材がいっさい手に入らないからだ。食料がなくなると、この箱に化石やその他の採集物をつめた。一頭のラクダが約二〇〇キロずつ背負った。

ニューヨークのスタンダード石油会社の厚意によって、私たちは第一回目の探検のために一一キロリットルのガソリンと二〇〇リットルのオイルを提供してもらった。これが容器につめられてみると、補給物資を全部運ぶのに七五頭のラクダが必要であることがわかった。

私たちは、F・A・ラーソン氏の助力を得てラクダを買いつけた。キャラバン隊は一時間に四キロの速さでしか進めないので、自動車隊よりかなり先に出発することが必要だった。私はキャラバン隊に、カルガン—ウルガ路に沿って進み、カルガンから八八〇キロのところにあるトゥエリンの僧院で私たちを待つように指示した。キャラバン隊は自動車隊よりも五週間前に出発した。

私は科学者隊員たちが、それぞれの研究をベスト・コンディションで進めるためには、フィールドで皆がいつもいっしょに暮らすわけにはいかないことを知っていた。そこで自動車隊は三班に分けた。各班それぞれに、コック、モンゴル人通訳、テントその他の設備を整えた。これらの班は、かなりの期間、本隊を離れて単独で行動することができた。結果からみて、このやり方はきわめてうまい方法だった。時間をむだにすることなく、さまざまな性格の科学的作業を行なうには、この方法しかないと思われる。

この探検の計画が発表されると、私たちが原始人の遺物を発見する可能性があるということから、世界中の新聞はきわめてニュース・バリューの高い記事としてこの点に飛びついた。私たちはたちまち「失われた環《ミッシング・リンク》」探検隊として知られるようになり、本来意図していた幅広い科学的側面がすっかり消えてしまったことにはいささかびっくりした。

最初、私は憤慨し、抗議してみたが、効果はなかった。それどころか、このような状況は一般大衆の大きな関心を呼び起こした。他の方法では、これほどの関心を得ることはとてもできなかっただろう。また、探検隊に参加したいという申し込みが何千件も舞いこんできた。これはたいへんな仕事をもたらした。隊員はすでに選び終わっていたし、志願者の大部分は専門職以外のポストを望んでいたからだ。キャンプでの仕事なら、なんでも、現地人のほうが白人よりもうまくやるだろうし、安上がりだろう。白人がどれほど能力をもっていたとしても、土地の言葉や習慣を知り、簡単な食事でやっていける現地の人々にはかなわないだろう――というようなことをすべての人々に説明することは不可能だった。

手紙はすさまじい勢いで殺到し、私は全部に目を通すこともできないほどだった。ときには一日に一〇〇通もの手紙が舞いこみ、博物館に直接やってくる人も数十人にのぼった。私の秘書のミス・アグネス・モロイがこの人たちに会ってグループ分けをし、すべての手紙に目を通してくれた。中には言葉で表わせないほどおもしろい手紙もあった。私はそのような手紙は取っておくよう彼女に頼み、あまりくたびれて、笑うか、叫ぶかしなければいられないようなときにそれを見せてもらった。

探検の計画がニューヨークの新聞に初めて発表された朝、この町から八〇キロ離れたところに住む一人の画家は、どうしてもなにかの役に立ちたいと熱望するあまり、昼食後まで汽車がないと知ると、飛行機を雇ってアメリカ自然史博物館まで飛んできた。

セントルイスのある婦人は、次のような電報を打ってきた。

「失われた環《ミッシング・リンク》を探すには、占い板が役に立ちます」

約三〇〇〇件の志願が男性および少年から寄せられた。元軍人や飛行家が圧倒的に多かった。その多くは、次のように書いてきた。

「私は戦後、事務所にとじこもった仕事に打ちこむことができません。なにか刺激の得られるところへいきたいのです」

女性からの志願は一〇〇〇件近くあった。その中でもぴか一だったのは、真っ先に届いた手紙の一つだった。ある日、秘書が郵便物を調べていて小さな叫び声をあげるのが聞こえた。それから彼女はこういった。

「何というアイディアでしょう。あなたがおもしろいとお思いになるかどうかはわかりませんが、お読みになってみたらいかがですか。写真はここにあります」

その手紙は一人の婦人からのもので、次のように書かれていた。

「私は今までに二冊、本を書きましたが、まだ出版の引き受け手は見つかっていません。三冊目を書くための材料、なにか超自然的な、人の心を感動させるような材料を手に入れたいのです。あなたといっしょにいけば、それを見つけることができると思います。私は秘書の資格で参加できると思います。新聞でお写真を拝見しましたが、あなたはレディの扱い方を知っておいでの方にちがいありませんもの。でも、もし秘書が必要でなければ、私ができることは他にもたくさんあります。ただの『ウーマン・フレンド』としていくのもよいでしょう。私は、その荒野で、『家庭的雰囲気』をつくってさしあげられるでしょう。ここに写真を同封しておきます。いつかお仕事が終わってから、お茶でもごいっしょにいかがですか？　お目にかかった後は、あなたのご判断におまかせいたします」

新聞はPRの点で大いに私たちの役に立ってくれたが、私はある一点で彼らをひどく失望させたのではないかと心配している。新聞は、私たちがゴビ砂漠で遭遇するであろう危険や苦難など、スリリングな話を望んでいた。私がそのいずれをも予期していないと話すと、それでは未知のものをさぐる本ものの探検とはいえないと考えたようだった。探検家は冒険しなければならない！　それこそが一般大衆の期待するものなのだ！

冒険を求めて旅をする、いわゆる探検家はたくさんいる。彼らは間一髪の危機や、スリリングな体験を歓迎する。それこそが彼らの売りものだからだ。彼らは国に帰ると、その体験を本に書く。彼らはその旅を実りあるものとするような真剣な目的をもたずに出かけ、旅で出会った苦難の話をする。

私の友人である北極探検家のステファンソンは一つのモットーをもっている。それは短い文句の中に実に多くのことをいい表わしており、私はこれを引用しておきたい。彼はいう。

「冒険は無能力のしるしだ」

探検家が解決すべき明確な問題をもち、世界の学問になんらかの価値のある貢献をしたいという誠実な欲求を持つならば、彼は冒険を避けるよう準備を整えるだろう。それは新聞を失望させるだろうが、仕事は容易にするだろう。慎重な考慮と準備によってあらかじめ苦難を避けることのほうが、英雄的に困苦と戦い、仕事半ばで終わるよりも、はるかに賞讃に値する。

探検家はまず最初に、これから行こうとする地域や、その周辺地域について書かれたあらゆる記録をしっかりと頭にたたきこまなければならない。それによって他人の経験から、現地で遭遇する一般的状態を知り、最上の準備方法がどのようなものであるかを知る。問題点を知り、それに対する机上の作戦計画を立て、最良の装備を整え、何よりも肉体的、精神的にその仕事に適した人々を得ることができる。こうして、人間にとって可能なかぎり、予測される苦難に立ち向かい、克服するための準備をととのえる。そのあとは、予測し、準備することのできなかったもろもろの問題を解決していく自分自身の能力を信ずる以外にない。

最近の一五年間、私は世界の辺境の旅に多くの時間を費やしてきた。最初の八年間は鯨の研究と採集を行ない、小さな捕鯨船に乗って、始終、海に出ていた。その後その研究をやめ、アジアで陸地踏査を始めた。一五年間のうちに、危機一髪のところで死を免れたことがちょうど一〇回あった。台風の中で溺れそうになったことが二回、傷ついた鯨が突っかかってきたことが一回、夫婦そろって山犬に食われてしまいそうになったことが一回、狂信的なラマ僧たちに囲まれて危険な状態に陥ったことが一回、崖から落ちてきわどく生命拾いをしたことが二回、巨大なニシキヘビにつかまりそうになったことが一回、山賊に殺されそうになったことが二回ある。

一〇〇人中九九人は、苦難こそは探検家の生活にとって不可欠な部分だと思っている。しかし、私は苦難など信じない。それは大きな邪魔ものにすぎない。毎日の生活の原則は、できるかぎり、よく食べ、よく着、よく眠るということであるべきだ。苦しみを甘やかしてはならない。そうすれば精一杯、着実に働くことができる。その途中でもし、少しばかりの「苦難」がやってきたとしても、あなたは苦もなくそれを乗り越える腹がまえができており、苦しみの中でも笑っていられる。もし、中央アジア探検隊の隊員に、彼らの苦難について尋ねたら、彼らはあなたのことを笑うだろう。私たちはほとんどなんの苦しみにも出会わなかった。しかし私たちは肉以外にはなんの食物も得られない砂漠を探検していたのである。私たち二六人は二年間フィールドでやってきたが、病気はまったく起こらなかった。ニューヨークでそれと同じことができるだろうか？

探検隊の装備は、食料とテントを除いて、すべてニューヨークで購入した。私たちが北京に送った一八トンの荷物の中に、キャンプを快適なものとするためのあらゆる最新の発明品がつめこまれた。ゴビ砂漠ではどのような種類の野菜も手に入れることが不可能なので、私は乾燥した玉ねぎ、トマト、にんじん、ほうれん草、赤かぶなどを大量にアメリカから運んだが、その他の食料はすべてH・ダンラップ大佐とセス・ウイリアムズ中佐の厚意により、アメリカ公使館海兵隊分遣隊から手に入れた。

私たちはモンゴル式のテントと毛皮のスリーピング・バッグを使った。現地の人々がそれぞれの土地や生活環境にもっとも適した住居と衣服を考え出しているということは、ほとんどすべての探検家が認めるところだ。モンゴル人もこの原則の例外ではない。彼らは遊牧民であり、家畜の後を追い、あるいは定住することを知らない彼らの魂の命ずるままに絶えず移動している。ある場所の牧草の状態はある年にはよくても、次の年には悪いかもしれず、恒久的な住まいは役に立たない。遭遇するもっとも重大な気象条件は風と寒さであり、雨は草原ではめったに降ることがないので、心配する必要はない。したがって、ほとんどどのような暴風にも耐えるといってよいモンゴル式テントは、二重の綿布でつくられ、重量は軽いが、とくに防水性はない。

このテントの側面は梁材から長いカーブを描いて垂れ下って地面に達し、可能なかぎりのあらゆる角度の風に対して傾斜面をつくる。このため、テントがしっかりと杭でとめてあれば、吹き倒されることはない。布が裂けることはあっても、テントはちゃんと立っている。また、壁面のあるテントを建てることができないような強風の中でも、このテントなら建てることができる。ふつうの条件下なら、小型のモンゴル式テントは一人で建てることができる。最初に一方の側面を全部杭を打って固定し、それから梁材と支柱を入れ、ロープで引っ張ってテントを立てる。他方の側面を固定する間、テントはそのままひとりで立っている。

羊皮のスリーピング・バッグと毛皮の衣服は絶対の必需品である。夏でも夜は寒いし、冬から夏への急速な変化は驚くばかりだからだ。

私たちは一九二二年に現場《フィールド》に出たとき、装備と組織編成のあらゆる点について検討を加えた。そして私たちの大冒険のための準備は、人知のおよぶかぎり万全のものだと感じた。

第二章　本番前の余談

最初の年の夏からモンゴルで作業を始めることは考えられなかった。外交的接衝をすませ、このような大探検のための複雑な組織を回転させるための準備を整えなければならなかったからだ。そこで私は本隊よりも一足先に出発した。

私たちは、一九〇〇年いらいというすさまじい嵐に迎えられて、一九二一年四月一四日、北京に入った。砂塵ははるか南の上海にまでも達し、海岸から一〇〇キロも離れた海上まで黄塵におおわれていた。それは、一四カ月間ほとんど雨が降らず、すっかり干上がった陸地から運ばれてきたものだった。この旱魃《かんばつ》はまた、多数の人命を奪っていた。

汽車が駅に入っていくときも万里の長城はほとんど見えず、私たちが到着してから数日間、大気はまるでロンドンの霧のようだった。中国人はひじょうに迷信深く、私たちは、このようにほこりっぽい春から始まる夏はなにも良いことがないと聞かされた。それは不吉な前兆だった。飢饉や、戦争や、病気や、死がやってくるだろうというのだった。

おもしろいことに、外国人社会は常に中国人の迷信になにがしかの影響を受けており、私たちはさまざまな流言に出迎えられた。北京は軍隊の攻撃を受け、略奪を受けるにちがいない。その日にちや時間まではっきりと決められていた。奥地に入ることは不可能だ。天然痘が荒れ狂っている。あれをするのは危険だ。これをするのも危険だ――というわけであった。

それは昔と変わらない、古い、懐しい、ヒステリックな北京だった。ここでは私たちは小さな社会をつくり、刺激を必要としていた。今にもなにか政治的な大事件でも勃発するというのでなければ、クラブやホテルの屋上レストランで話のたねにするため、なにかをつくり出さなければならなかった。というわけで、砂塵や、戦争や、天然痘の噂を耳にして私たちは、むしろ夏が順調に始まりつつあるように感じるのだった。

したがって、私の心は元気いっぱいであった。あらゆる予測にもかかわらず、私は中央アジア探検隊が大きな困難もなく、その仕事を遂行しうるだろうということをこれまで以上に確信していた。砂塵はいつまでも続きはしないだろう。天然痘には適当な予防措置を講じることができる。戦争についてはーーたぶん、奥地の騒乱の現場に近づけば近づくほど、気にならなくなっていくだろう。

私は幸い、探検隊の本部にうってつけの家を見つけることができた。それを前に借りていたのは私の古い友人のG・E・モリソン博士で、彼はこれまで北中国に住んだイギリス人のうちでもっとも広く知られた人物の一人だった。その膨大な蔵書や、「ロンドン・タイムス」に書いたすばらしい記事、魅力的な人柄、科学や探検に対する関心などのために、彼の家はあらゆる国籍をもった旅行者たちのメッカとなっていた。モリソン博士はきっと、彼の愛したこの家が私たちの仕事に役立てられることを喜んでくれるだろう。

私たちが着いたとき、モリソン博士が亡くなっていらい閉じられていた大戸が開かれて、大工や、レンガ工や、その他の職人たちが入り、また、貨物自動車が研究用資材や、装備品をつめた箱などを外庭の日の当たる一角に運びこんでいた。屋敷のまわりはタイル張りの壁が取り囲み、その内側に住居や車庫、うまや、資材倉庫、研究室、映画スタジオなどがあり、今回の探検のさまざまな目的に捧げられた、私たちの小さな町があった。

北京に着くとすぐ、私は中国地質調査所を訪ねた。所長のV・K・ティン博士、ウォン博士、アンダーソン博士、グレーボー博士、その他同調査所のすべての人々が私たちを心から歓迎し、私たちの仕事を始めるに当たって、彼らの経験を喜んで役立てようといってくれた。

地質調査所は、いくつかの省にまたがり、広い分野を包含する新しい古生物学研究計画をもっており、すでに予備的な調査は始められていた。もし私たちがそれらの地域に手を出せば、それは好ましくない競争と、結果の重複を招くことになるし、それは礼を失し、非科学的なやり方ということにもなるだろう。アジアにはまだ探検されていない土地がいくらでもあり、二つとはいわず、何十という機関や団体が同時に作業を行なうことのできる余地があるのだ。そこで私たちは縄張りの分割をし、ある地域はすっかり彼らにまかせ、別の地域では私たちがなんの競争もなく作業を進めることができるようにした。この取り決めは実によい結果を生み、中央アジア探検隊がアジアにいた何年間かの間、ずっと相互の助け合いと協力が続いた。

一年目の夏からモンゴル行きを考えることは不可能であり、隊員たちが中国での作業のしかたについて、ぜひともなんらかの予備的な訓練を受ける必要があったので、地質調査所は親切にも四川省東部の万県《ワンシエン》の現場を私たちに提供してくれた。そこは興味のある化石が出ることが確実といわれるところで、手始めに作業をするにはこの上ない場所だった。揚子江に近く、洞窟がたくさんあることが知られている宜昌《イーチャン》の峡谷地帯の上流に当たっていた。この大河の峡谷がはるか昔から人が往来する通路であったことは疑いなく、洞窟はこの上ない住居となっただろうから、原始人の遺物がそこから発見されることは十分に考えられることだった。

中国で古生物学の研究を行なうことはけっして容易ではない。商業上の問題と、宗教上の問題があって、それを克服しなければならないからだ。

あらゆる種類の化石が、現地民にとっては商品としてひじょうな価値をもっている。化石は「竜骨」と呼ばれ、これを粉にして酸に溶かし、それにたっぷりと迷信を混ぜ合わせると、リウマチから銃創に至るまで、あらゆる種類の病気にすばらしい効き目のある薬となる。薬種商は化石でかなりの売り上げをあげており、もし中国人が化石の出る場所を発見したら、彼はそこをまるで金鉱のように秘密にしようとするだろう。外国人にとっては、先祖代々うけつがれ、長年にわたって採掘されてきたこのような地層を調べさせてもらう許しを得ることは不可能である場合も多い。

「風水《フエン・シユイ》」、つまり大地と風と水の精が中国のあらゆる墳墓の地を守っているという迷信も生きていて、これも科学的研究に対する重大な障害となる。人口密度の高い地域では「風水《フエン・シユイ》」の力がおよばない、墓地から遠く離れた場所を探すことはむずかしい。化石を採集する人はまず最寄りの村の同意を得てから発掘を行なうよう、よく注意しなければならない。化石採集には、無限の忍耐力と、優れた機知と、身を守るユーモアのセンスが必要である。

中国で古生物標本採集の草分け的な仕事をした中国地質調査所のJ・G・アンダーソン博士は、現地民との間で、一冊の本になるくらいたくさんの面白い体験をしている。あるとき彼は、必要とされるあらゆる儀礼をつくした上で、ある土地の発掘の許可を得たが、そこへ突然怒りに燃えた老婦人が現われて彼の仕事に待ったをかけた。腹を立てた男たちももちろん扱いにくいものだが、中国の女性が怒り出すと、すべての人が逃げ出すというくらいのものだ。この話の老婦人もひじょうに激昂しており、アンダーソン博士が掘った穴の中に坐りこんで動くことを拒否した。説得しても役に立たなかった。アンダーソンは、顔を引っかかれることなく、無事に彼女を引っ張り出すことはできそうになかった。彼はきわめて機転のきく男だったので、彼女のことをひやかしてやろうと思った。その日はひじょうに暑かったので、彼は傘を借りてきてそれを彼女の頭の上にかざした。見物人たちはこの冗談《ジョーク》を大いに喜んだ。しかし、老婦人は落ちついて坐りこみ、前よりもいっそう大声で叫んでいた。そこでアンダーソン博士はカメラのことを思い出した。中国の婦人は外国人に写真を撮られることを嫌うので、これを見ればどの中国婦人も急いで逃げていってしまうことは請けあいだった。

アンダーソン博士は見物人たちに、この老婦人は穴の中に坐っているところを写真に撮ってもらいたいにちがいないと静かに説明した。これで十分だった！　カメラのピントを合わせる前に、彼女は怒りの叫び声を上げながら穴から飛び出した。しかし、彼女は戦略拠点から追い出されはしたものの、最終的にはこの戦闘に勝利をおさめた。彼女は相変わらず妨害を続け、アンダーソンの中国人助手は、いったんこの戦場を敵の手にわたし、少なくとも戦火がおさまるまで退却することを勧めたのだった。

私はグランガー氏の最初の古生物学探検の助手として、また探検隊の公式の通訳としてジェームズ・ウォン氏を雇った。彼はアメリカ陸軍士官学校で教育を受けた若い中国人学生で、たぐいない精力と能力をもっているばかりでなく、魅力的な人柄の持ち主でもあった。

グランガー氏と私は中国地質調査所の親切な申し出を受け、四川省東部の万県《ワンシエン》の現場を最初の古生物学調査地点とすることを決めていたが、グランガーほど冷静で決断力のある男でなければ、中国内陸部への最初の旅行に揚子江峡谷のような動乱の地へいってくれと頼むことを私はためらっていただろう。彼が二冬にわたって重大な困難なしにその仕事を遂行したという事実それ自体が、彼の能力を明らかに物語っている。一九二一年九月二七日付の彼からの手紙は、万県《ワンシエン》への最初の旅行について次のように記している。

「宜昌《イーチャン》から万県《ワンシエン》への旅は、興味深く、スリルに満ちたものでした。宜昌《イーチャン》で私たちは地方軍閥間の戦争にぶつかり、デッキや船室の窓から町の反対側の丘の上でかなりの規模の戦闘がくり広げられるのを見ることができました。この町で船を乗りかえなければならなかったので、近くで戦闘が始まる前に私はなんとか装備を船の倉庫の一つに隠し、上流へ向かう船が到着する前に、それを倉庫からふたたび運び出しました。

ルン・モウ号は夜明けとともに宜昌《イーチャン》を出発しました。この町はいぜん守備軍の手中にありました。朝食の時間には、私たちは宜昌《イーチャン》の最初の峡谷にさしかかっていました。南京からきたブリティッシュ・アメリカン・タバコ会社の男と私は展望デッキに坐って、実にすばらしい断崖を眺め、少なくとも私たちが戦争の混乱から超越していられることをお互いに祝福していると、突然、前方からジャンクに乗った四川省軍の兵隊が河を下ってきて、バーン！ とその中の一人が私たちをめくら撃ちにしてきました。汽船の警報サイレンが鳴り、私たちは下へ降りなければなりませんでした。私はこのように展望デッキから四回も追いたてられ、最後にはそれがめんどうになったので下の一等デッキにいることにしました。それでも、あとでは、銃撃のため船員たちが神経質になってきて、私たちは船腹が鋼板で囲まれた安全なところまで降りるよう何回かいわれました。

私たちが出会ったジャンクに乗った兵隊たちは、きまって少なくとも一発はこちらを試し撃ちしてきました。何発くらい命中したかは知りませんが、弾丸の一発は後甲板に坐っていた私たち四人のそばを通り、はめ板を突き破って食堂に入り、リノリュームの床の上に落ちていました。問題は、蒸汽船が大きな波を立てるためジャンクが沈没し、ジャンクに乗っている兵士が溺れてしまうということがあって、蒸汽船に敵意が向けられるということです。最近もこのような事故が何回かあったそうです。

流れを上る汽船はジャンクに会うとスピードを落としますが、流れを下るときはかじのきく速度を維持しなければならず、沈没の多くはこのようなときに起こります。危険な地点には警報信号機が立っていて上流や下流から汽船が近づいていることを知らせますが、ジャンクは大ていこのような信号を無視し、トラブルが起こるのです。

汽船は通れるだけの幅があれば上り、下りを続けようとします。兵隊たちはそのことをわかっていてよいはずです。とにかく河の上を兵隊を運ぶことは無分別というものです。四川省軍が自分の国にじっとしていれば、万事穏やかなのでしょうに——。

河を上りながら、私はこの中国で売られていた「揚子江峡谷瞥見」という本のことを思い出しました。それこそ私たちの見たものです。私たちは二日目の昼に万県《ワンシエン》に着きました。すぐに私は税関長のアスカー氏の歓迎を受け、彼の住居に私の本部をおくようにと勧められました。そこは町のはずれにある大きな寺院なのです」

グランガー氏は、化石がすべて万県《ワンシエン》から一五〇キロほどのところにあるイェン・チン・カオという小さな村の近くからきていることを知った。彼はその村の寺にキャンプを張り、現地民から標本を買いながら、二冬の間、そこで作業を進めた。一九二一年一二月二六日付の彼の手紙は、まことに変わった標本採集の方法について次のように書いている。

「イェン・チン・カオの化石は、大きな石灰岩の尾根沿いに散在するたて穴から出てくるのです。この石灰岩の尾根は長さ約五〇—六〇キロにおよび、私たちのキャンプよりも六〇〇メートル以上も高くそびえています。これらの穴は石灰岩に対する水の溶解作用によってできたもので、あるものは深さ三〇メートル以上にも達します。その大きさはさまざまで、平均すると直径二メートルくらいあり、黄色や赤味がかった泥がつまっています。その泥は石灰岩の分解したものだと思われます。化石はこの泥の中のさまざまな深さのところ——一般には六メートルよりも深いところに埋まっています。粗末な巻き上げ機を穴の上に据えつけ、スコップ型のバスケットで泥を掘り出し、地表まで引き上げます。一五メートルも掘ると穴の中は暗くなり、作業は小さなランプの光の中で行なわれます。これは考えられるかぎり、もっとも条件の悪い化石採集作業です。化石の発掘はずっと昔から行なわれてきました。おそらく何世代にもわたっているのでしょう。これはかなり商売になるのです。発掘は冬の間だけ行なわれます。

一人が腰のまわりにロープを巻いて穴の中に降り、巻き上げ機には二—三人つきます。現地民はロープを手でたぐって登り降りしますが、これには熟練と身軽さが必要です。私がそれをやろうなどとしたらあなたの古生物学者が一人失われることになるでしょう。

今はちょうど、穴の発掘が大規模に行なわれはじめようとしているところで、これからは私たちが処理にてんてこまいするほどの量が発掘されるでしょう。発掘される動物はステゴドン象、野牛、牛、鹿、バク、イノシシ、サイ、その他多くの小型の反芻獣、大型、小型の数種の肉食獣、多数の齧歯《げっし》類《るい》などで、奇妙なことに馬は見られません」

J・G・アンダーソン博士が中国地質調査所ですばらしい研究を始めるまで、中国の古生物学に関する知識は、ほとんどもっぱらシュロッサーの業績にもとづくものだった。

シュロッサーの資料はすべて薬種商から買ったものであり、歯と骨の断片からなっていた。それらが発掘された場所について正確な情報を得ることは不可能であり、彼の仕事がそれほど優れたものであるはずはなかった。したがって、アンダーソンが埋蔵されているその場所で化石を発掘し始めたとき、彼の前にはまさに前人未踏の広野が広がっていたのだった。彼の研究やシュロッサーの研究から、北中国には少なくとも二つの明確に区別される動物群が存在したという証拠が得られている。おそらくこの両群は陝西省の秦嶺《チンリン》山脈によって隔てられていたと思われる。それより北に存在したのがいわゆるヒッパリオン動物群で、馬が多いのが特徴である。それより南は私たちが名づけたステゴドン動物群で、この原始象の遺骨が広く見られる。

中国地質調査所は、その作業をもっぱらヒッパリオン地層に限定しており、私たちは彼らの万県《ワンシエン》現場でまったく別のなにかを発見することを望んでいたが、まさにそのとおりになった。

私たちは揚子江の河岸沿いの洞窟で原始人の遺物が発見されるのではないかという期待をもっていたが、グランガー氏がそこを調査できなかったのは残念なことだった。彼は一九二一—二二年と、一九二二—二三年の二冬を万県《ワンシエン》で過ごしたが、洞窟のある地域には匪賊《ひぞく》がしばしば出没し、調査を試みることは極度に危険だった。

アメリカ自然史博物館の古生物学主事、W・D・マシュー博士は、グランガーが四川省で採集した標本を研究し、全体としてこの動物群から、この地域が更新世、すなわち氷河期に森林の状態にあったことが示されるという結論に達した。グランガーの採集標本の一部は、周囲の山々に今日なお住んでいるものと同じ動物たちであり、一部はそのもっとも近い類縁がマレーシアに見られる哺乳類である。これは中国中部に人類が現われ、人類の働きによって数がだんだん減っていく前のこの地域の動物群のようすを正確に表わすものであり、きわめて興味深い。

旧石器時代人が、この穴に落ちて化石になった動物たちと同じ時代に生きていたことは、一本の鹿の角によってはっきりと示されている。この角の枝のうちの二本が、石器で切り取られているのだ。したがって、私たちが人間の骨を発見する可能性は十分にある。ただし、知能の優れた旧石器時代人は、下等な動物たちほど頻繁には穴に落ちこまなかっただろうが——。それでも何人かは、このようにして死んでいったにちがいない。

原始象のステゴドンは、氷河期にこのあたりを歩きまわっていた最大の動物だが、現代の馬ほどもある大型のバクもこれに劣らぬ見ものであった。グランガーは穴からテナガザルとヤセザルの頭蓋骨も発掘しており、木の上では猿たちが飛びまわっていたこともわかっている。

私たちが野外作業《フィールド・ワーク》に出発する直前に、J・G・アンダーソン博士が一つの幸運に恵まれ、それによって古代人類史の領域で重要な発見がなされる可能性がひじょうに大きいことが明らかにされた。彼は満州への短期間の探検に出発しようとしているところだったが、私たちの通訳であるウォン氏をいっしょに連れていってくれると申し出てくれた。化石採集について予備的な訓練を受けておけばやがて彼がグランガー氏と仕事をするときに役立つだろうというのだった。この旅行に出てまもなく、ウォン氏はある洞窟の床から骨の堆積層を発見し、その中には多くの人間の骨片が含まれていた。アンダーソン博士はすでに湖南省でこれと似た文化層を発見しており、最近、甘粛省およびチベットのココノール地域から古代人の土器やその他の器具を大量にもち帰っていた。これは新石器時代以後のものだったが、それでも東アジアが考古学者にとっていかに実りの豊かな土地であるかを示すものといえる。

グランガー氏が四川省に向けて出発したのち、私は北京から一二〇キロのところにある東陵に小旅行を行なった。この旅行の目的は、中国での爬虫類や魚類の標本採集の方法をポープ氏に手ほどきし、標本の整理の方法を数人の中国人助手に教えることにあった。東陵では、中国でも最も美しい風景の中に壮大な陵墓が並び、そこに満州王朝の皇帝や皇后たちが埋葬されている。

高い壁で囲まれた陵の北側は、長さ一五〇キロにもおよぶ広大な狩猟区となっている。その中には起伏の激しい山々や、くすんだ谷々や、シラカバや、松や、トウヒや、カシなどの雄大な森がある。ここは何キロにもわたって木の生えていない土地の中にポツンと島状に取り残された森であり、動物学者にとってはひじょうに興味のある場所である。

その動物群の中には、はるか南方か、あるいは満州の大森林の中にいかなければ見られないような種類の鳥、爬虫類、哺乳類などがたくさんいる。これはすなわち、かつてはおおむね連続した森林帯が揚子江から満州国境にまで広がり、現在ははだかになっている平原や、丘陵地域をおおっていたことを示す強い証拠と考えられる。

この北中国に最後に残った美しい原始林が、斧や火のおよぶかぎりの速さで切り開かれつつあることは、近代中国史のもっとも不名誉な一ページである。私は一九一九年に初めてここを訪れたときいらいの破壊の進み方に胸が痛んだ。私たちが他では見たこともないほどすばらしい森の中でキャンプをした美しい谷が、今では一面のトウモロコシやコーリャンの畑となり、一本の木も残っていない。山腹には波打つ穀物の畑が傷跡のように広がり、ほとんど山頂にまでおよんでいる。あと数年もすれば、この国立公園にでもしておくべきであったすばらしい地域が、北中国の他の丘陵地帯と同じように、一本の木もない丸はだかになってしまうだろう。私は中国の農夫を愛する。彼らは中国国民の希望である。しかし、ときどき私は彼らの働きぶりを憎む!

私たちの最初のキャンプは、シン・リン・シャンという山村のはずれにおかれた。ポープ氏は彼なりの採集のしかたに慣れていたので、私たちが中国で用いる方法をみて心底から驚いた。テントのまわりには、すぐに何十人という物見高い男や、女や、子どもたちが集まってきた。私たちは彼らの興味をかきたてるようにした。彼らこそ私たちのために標本を採集してくれるはずの人々だからだ。

私たちは、カエルや、トカゲや、ガマをもってきてくれれば、一匹につき銅貨三枚、つまり約一セント払うこと、蛇ならばもっと払うことを彼らに知らせた。最初彼らは疑っていた。食べることもできないようなものに、そんなに金を払う馬鹿がいるだろうか? しばらくすると冒険心のある少年が一人、二人どこかへ消え、やがてカエルを数匹もって帰ってきた。彼らはまわりの友だちに馬鹿にされるのではないかというように、ドギマギした表情を表わしながら、それを私たちに差し出した。しかし、彼らにただちに金が支払われるのを見ると、見物人たちのようすは一変した。「この人たちは一時的に頭が狂っているのかもしれない。たぶんそうだろう。しかし少なくとも金はもっている。そして、もし彼らがそれを浪費したがったとしても、それは彼らの勝手だ」これは簡単に手っ取り早く利益を得るための、天から与えられたチャンスだった。何よりも中国人は商売人なのだ。その結果、その日の終わらないうちに、私たちのところにはとても処理しきれないほどの勢いで標本が集まってきた。

私たちがそのキャンプに留まっていた一週間、一〇〇人もの男や少年、少女たちが獲物を求めて丘や、畑や、谷を探しまわり、別の何十人かは私たちのテントの横の小さな渓流をせっせとあさった。あまり珍しくない種類のものが十分に集まったところで、私たちは買い値を下げるか、あるいは買い入れることをまったくやめ、もっと珍しいものに対して特別な割増金をつけた。私たちは一〇〇〇点以上の標本を採集し、シン・リン・シャン近辺の動物群を完全に代表する標本を得たという確信をもってそこを離れた。あの二〇〇人か三〇〇人の中国人たちでさえ発見できなかった動物は、本当にまれなものであるにちがいない。

その後、その夏、ポープ氏は安徽省で一人で調査を行ない、一九二一─二二年の冬には湖南省の洞庭湖で過ごした。一九二二年の夏には、探検隊の本隊がモンゴルにいる間に、彼は山西省で働いており、それから一年近くを香港に近い海南島で過ごした。

ポープ氏の注意深く、熱心な労働の結果、これまで中国で採集されたもののうちでもっとも大きく、もっとも完全な爬虫類、両生類および魚類のコレクションが得られている。これらの下等な脊椎動物については、真剣な研究があまり行なわれておらず、独創的な研究にとってこの分野が秘めている可能性はほとんど無限といってよい。あらゆる場所で新種や、生物史の興味深い新事実が研究を待っている。

さらにその研究は、動物や人類の移動に重大な影響をおよぼした動物地理学上の諸問題を解明する上できわめて重要な役割を果たすものである。

私たちは、ポープ氏に中国のすべての省で爬虫類学および魚類学の調査を続けさせる計画である。彼がモンゴル探検隊に参加できなかったのは残念だが、ゴビ砂漠の爬虫類や魚類はきわめて限られており、彼が参加しても時間の浪費であったろうし、私たちが彼のためにかなり完全な標本採集を行なうことができた。

彼は自分の研究を、ときにはもっとも困難でしかも危険な状況のもとで遂行した。一九二二年、彼は山西省のオルドス砂漠の近くのある町にいたが、そこが匪賊に占領された。彼は機転と勇気によって、生命と採集標本を守っただけでなく、研究さえ続行した。海南島では匪賊が跋扈《ばっこ》しているため、ごく狭い境界より外に出ることはきわめて危険であった。しかし彼はそこにまる一年留まり、すばらしい採集標本を持ち帰った。彼の仕事の経過をもっと細かく記すことができないのは残念だが、いずれ彼が自分で自分の経験を話してくれるものと期待している。

第三章　「黄金の毛」を追って

わが探検隊の目的の一つは、アメリカ自然史博物館の新しいアジア生物館に展示するため、アジアの珍しい大型哺乳動物や代表的な哺乳動物を手に入れることにあった。

それは動物学者である私の専門の仕事だった。一九二一年九月八日、私はターキン（Budorcas bedfordi）の標本を手に入れるため、W・F・コリンズ大尉といっしょに陝西省の秦嶺《チンリン》山脈に向かった。この動物は現代に生きる「黄金の毛」の持ち主であり、世界中でももっとも珍しく、もっとも興味深い動物の一つでもある。イギリス自然史博物館の指揮下に組織されたベッドフォード公爵の探検隊の故マルコム・アンダーソン氏によって発見された。

北インドや西中国の山岳地帯でも別種のターキンが発見されているが、陝西省のターキンを射とめた白人は多くても七、八人しかいない。それに、私たちは秦嶺《チンリン》山脈の偵察もしたいと思っていた。この山脈は中国の中央部を東から西に走っており、今日と同様、地質時代にも動物群を分ける分割線となっていたと思われる。

この森林におおわれた山岳地帯はこれまで詳しく調査されたことがなく、新種の発見と種の地理的分布のいずれの観点からみても、動物学的研究のためにもっとも魅力的な地域の一つである。

中国人はターキンのことを「野牛」と呼んでおり、実際外見的には、もっとも近い血縁であるシャモワ（アルプスカモシカ）やロッキー山ヤギ（シロイワヤギ）、シーロー（スマトラカモシカ）、ゴーラル（チヨウセンヤギ）などよりもずっと牛に似ている。これらの動物はRupricaprinae（ヤギカモシカ）という一風変わった亜科を形成している。山羊と本もののカモシカの両方の特徴を合わせもっているためだ。このグループは、起源をアジアにもち、一方の分枝（シャモワ）をヨーロッパに、もう一方（ロッキー山ヤギ）をアメリカに送り出した動物群の典型的な実例である。

本当は白くないシロサイや、青くないアオギツネとはちがい「黄金の毛」のターキンは少なくとも色は本当に黄金色だ。その巨大なワシ鼻の先端から短い尻尾の先まで、この陝西省のターキンは美しい黄金色をしており、少しの斑紋もない。私は、六頭の大きなターキンの群れが起伏の多い山腹の低い竹やぶを登っていくのを初めて見たときの強い印象をけっして忘れないだろう。長い冬毛が陽の光をいっぱいに受けて、くすんだ緑色の茂みの中で融けた黄金のように輝いていた。彼らはまさにギリシャ神話の中から抜け出してきたかのように、黄金の毛をまとっていた。

秦嶺《チンリン》山脈への途中、コリンズ大尉と私は、中国の古都である西安府周辺で荒れ狂っていた戦火を避けて旅をしなければならなかったが、二週間にわたるラバの旅ののち、ある夕方遅く、太白山のふもとにある霊台廟《リンタイミヤオ》という小村にたどりついた。

そこは貧しげな村で、曲りくねった道の両側に泥づくりの小屋がまばらに建ち、その中にはみすぼらしい犬や、豚や、ニワトリや、山羊が住民たちとごたまぜになって生活していた。人々を見るまで、私はどうしてこのように美しい環境の中に、こんなに惨めな場所が存在しうるのかといぶかしく思った。陝西省の農民たちは一般に愛想が良くなく、阿片で荒廃を示すものも多いが、この山岳地帯の人々はさらに程度が悪かった。

コリンズ大尉と私がキャンプした寺は、美しい谷間の黄金色の水田の真ん中にあり、そのわきにはごうごうと渓流が流れ、河べりにはまっすぐな白楊が並んで植わっていた。数百メートル先からは険しい丘陵が立ち上がり、いく重にも重なったその先は、灰色の雲のベールが低く垂れこめた太白山の頂上につながっていた。

その寺を使ったのは私たちだけではなかった。一〇人ばかりの村兵が中庭の両側の部屋に本部を設けていた。私たちは本堂の祭壇の前にもちものを広げた。そこには目のただれた老僧が、わらのベッドを一隅にしつらえていた。彼の仕事はもっぱら、仏像の足許で燃えている小さな灯明の火を絶やさないようにすることと、祭壇の上の食物の鉢を変えることだった。しかし、彼はまったく疲れきった表情をしており、いつも日暮れとともに隅に引っこみ、日が高く昇るまでずっと眠りつづけるのだった。

ある美しい朝、私たちは、食料や、採集用具や、スリーピング・バッグなどを運ぶかつぎ人足を八人連れて、この寺を出発した。道は本谷を登っていき、岩だらけの河床ではすばらしいキジ狩りができた。キジたちは山麓の丘から朝の水を飲みに絶えず舞い下ってきた。キジは身軽に飛びまわり、あまりたくさんいるので、まるでスズメのように見えた。本気で撃ったら、一時間に五〇羽も撃ち落とすことができたろう。私たちは山道から一〇〇メートル以上離れることもなしに、キジを一九羽と、ノウサギを一頭、ヤマシギを一羽射とめた。

道が急に東に曲がり、枝谷に入って、谷が急速に深くなるころ、本格的な登りがはじまり、私たちは興味深い一連の植物帯を通って進んだ。山の斜面の低いところは密に生えたシラカバ、カシ、ポプラ、トウヒ、カラマツなどの森がびっしりとおおい、約一八〇〇メートルになると背の低い竹やぶがはじまり、それを過ぎるとシャクナゲ帯となり、これが三三〇〇メートルの樹木限界線にまで広がっていた。私たちの頭上には、渓谷の狭い壁の間に緑色の峰々のぎざぎざのスカイラインが見えた。足の下には、山の激流の縁にごろごろと岩石や玉石が転がっていた。道はしばしば川を右へ左へと渡り、水の中にいるのと、水の外にいるのとどちらが多いかわからないくらいだった。七〇〇—八〇〇メートルもいくと、私たちはもうからだを濡らすまいとする努力を放棄した。太白山に降る雨とその山腹を流れ下る渓流は世界一冷たいと私は固く信じている。私たちが道から離れて巨大な岩壁のところまで登ってきたときには、あたりは暗くなっていた。その岩壁は私たちの頭上に確実に三〇メートルはそそり立っており、壁の下には狭い岩棚しかなかった。人夫たちはベッドをつくるための竹を伐り、私たちは火のまわりに集まって、びしょ濡れになった衣服をいくらかでも乾かそうとした。

　私たちは低い山々の頂きと同じくらいの高さにおり、その山頂の上には雪をかぶった峰々が星明りの中で白く光っているのが見えた。まったく静かだった。川の轟きも私たちのいる岩棚までは届かず、夜の闇の中には鳥の声も聞こえなかった。コリンズと私は毛皮のスリーピング・バッグに入り、岩壁に身を寄せて横になり、黙ってタバコを吸った。山の自然が私たちの原始的な本能をかきたてた。私たちはこれまでの状況をふり返ってみた。万事順調だった。

　翌朝、ほとんど四つんばいにならなければならないほどの急斜面を二時間登ると、丈の高い褐色《かつしょく》の草がびっしりと茂った美しい草原に出た。そこで、何年か前に木こりたちの野営地だったと思われる地点に私たちのテントを建て、また、猟師としてここに残る三人のためには、竹ざおの骨組みの上を草や笹の葉でおおって小屋をつくった。

　私たちの背後では、草原がやがてシャクナゲの叢林《そうりん》となり、褐色の草が濃緑色の木の葉に変わっていた。このシャクナゲの林は尾根の急斜面をおおい、その頂きを越えてはるか離れた山々の峰や谷まで続いていた。見ている分には何の害もなさそうだったが、やがて私たちは、密生し、からまり合ったその枝が恐るべきものであることを知った。東のほうには深い渓谷が切れこみ、雪をかぶった遠くの峰々と私たちとの間を隔てていた。西のほうには大量の花崗岩の玉石が堆積していた。かなり古く、苔の生えたものだが、中にはまだぐらぐらしているものもあった。これらは崖の上のほうからなだれのように崩れ落ちてきたものだった。そこは野生の土地だった。不思議な国のもっとも不思議な動物の住み家にいかにもふさわしい場所であった。

二日間、私たちはキャンプのまわりを猟をして歩いたが、なにも得るところはなかった。ターキンは何年も前にはそこにいたが、新しい形跡は何も見られなかった。三日目の朝、朝食をしているときに、私たちは猟師の一人で劉《リユウ》という名前の老人が、テントから数メートル離れた岩のわきでせっせと何かをやっているのに気づいた。彼は草と木の葉で小さな祭壇をつくり、それから線香を六本ほどつくった。彼はこれに火をつけ、口の中でお祈りや呪文をぶつぶつ唱えながら、祭壇の前で叩頭《こうとう》した。私たちはこの動作を多少面白がって見ていたが、猟師たちはこれをきわめて真剣に考えていた。それが終わるとこの老人は、私たちがその日まちがいなくターキンを発見するだろうと告げた。

一時間後、猟師たちは東の雪の山に向かって出発した。キャンプのそばの峡谷の上端をまわり、真っすぐにシャクナゲの叢林を突っ切って進んでいった。私たちは、穴に落っこち、隠れた岩にぶつかって傷をつくり、ロープのような木の枝の迷路の中を身をよじり、ねじ曲げ、はいつくばいながら彼らの後を追った。それは絶望的な追跡と思われた。正午に、私たちはくたくたに疲れ果てて、支持壁のように谷に突き出している、日光で暖まった花崗岩の上に坐りこんだ。

私たちがまだろくに落ちつきもしないうちに、猟師の一人である庸《ヨン》が「野牛だ！」とささやき、七〇〇メートルほど離れた竹の茂った尾根を指さした。私は黄色の斑点とその横にもう一つの斑点をちらりと見たとき、興奮のあまり岩からすべり落ちそうになった。双眼鏡でその姿がはっきりと見えた。巨大な黄金色の獣が、密生した竹の茂みの中をやすやすと動きまわっていた。そこはひじょうな急傾斜で、彼らはまるで角で宙にぶら下がっているかのように見えた。

くる夜も、くる夜も、私はターキンの夢を見ていた。しかし、それは私が実際に太白山の日の当たる峰で見た動物ほどに不思議なものではなかった。彼らのすべてが現実のものとは思われなかった。ターキンはこの世界の生物ではなく、ギリシャ神話にこそふさわしいものたちだった。これほど山岳地帯で生活するのに適していないように見える動物は考えられない。しかし彼らは、私たちが登れるかどうかわからないほどの、この険しく起伏の激しい山にいたのだ。

私たちはターキンがそこで日中の休息をとってくれることを望みながら、三〇分あまりこれを見守っていた。しかし彼らは竹の若葉を食いながら、絶えずゆっくりと上方へ移動を続けた。猟師たちはターキンのいるところまでいって、夜になる前にキャンプに戻ることは絶対に不可能だといった。私たちはそんなことはないと思ったが、安全のために二人の男をテントにやって、スリーピング・バッグと食料を少しばかりもってこさせることにした。そして私たちは追跡をはじめた。花崗岩の背が突き出している谷の上端をぐるっとまわり、河床へ下り、それから動物たちがえさを食っている峰に登っていかなければならなかった。こういえば、ごく簡単そうに聞こえるし、私たちにも簡単そうに見えたのだが、実際はそれどころではなかった。

私たちが這いずるようにして登り下りした斜面はほとんど垂直で、しかもシャクナゲよりもさらに手に負えない竹の密林と戦いながら進まなければならなかった。しの竹は高さが三―五メートル程度しかなく、茎は人の指ほどのものだが、ひどく密生していて一―二メートル以上先は見ることができない。私たちはあらんかぎりの力を振りしぼって、なんとかそこを進んでいった。むちのような茎は容赦なく私たちの手や顔を打ち、皮膚が破れ、血が滲んだ。さらにその上いやなことに、霧雨が降りはじめ、半時間もすると私たちは肌までびしょ濡れとなり、激しくからだを動かしているにもかかわらず、震えはじめた。

とにかく私たちは谷の底までたどり着き、そこから河床に沿って下っていった。要した時間の半分は、膝の深さくらいの氷のように冷たい水の中を歩いた。それからまた、動物たちがえさを食べていた何百メートルもの峰に向かってよじ登りはじめた。ターキンの踏み跡のあるところまでたどり着いたとき、そこに彼らの姿はなく、私たちはほとんどへたばりかけていた。ターキンはもっと高いところへいってしまったのだと庸《ヨン》がいった。

コリンズと私はどちらが先に撃つかを決めるためくじを引き、私が引き当てていた。しかし、このとき私は自分の幸運を呪った。猟師がいうのには、銃を撃つ人間はもっと上へいき、もう一人は動物が下りてきたらその行く手を遮るため下に残っていなければならないというのだ。

コリンズはそこらの岩の上に腰を据え、私は庸《ヨン》といっしょに登っていった。私たちはちょうど日暮れころに頂上に着いたが、そこには踏み跡がはるか山の奥へと続いていた。とにかく下りて、びしょ濡れの夜をなんとかしのぐ以外にしかたがなかった。

谷の向こうには、小さな草原の中に私たちの褐色のテントが見えていた。直線距離にすれば私たちのところから一・五キロもなかったが、星と同じように、見えてはいてもそこにいきようはなかった。せいぜい七〇〇メートルくらいのところでターキンを見たこの峰に登りきるのに、必死で登って六時間近くかかったのだ。私たちが谷底までたどり着いたときには、もはや真っ暗な夜になっており、雨は相変わらずびしょびしょと降っていた。幸い防水ケースに入れておいたマッチは濡れておらず、なんとか小さな火を起こすことができた。

私たちはまったく意気消沈していた。濡れた寒い夜のことを思ってではなく、明日食べるものが何もなかったからだ。私たちは二人とも食べものがないことですっかり弱気になり、食料がなければまたもう一日激しい作業に立ち向かうことは不可能のように思われた。ターキンを射とめれば、その肉を食べることができるが、問題は私たちの体力がこの動物を発見するまで続くかどうかだった。キャンプに食料を取りにやった男たちが私たちを見つける望みはほとんどなかった。昼間でさえ歩くことがほとんど不可能なようなところを、暗闇の中で人間が進むことができると考えるのは馬鹿げたことのように思われた。しかし一〇時ころ、叢林の中でガサガサという音が聞こえ、間もなく私たちがキャンプにやった二人の男が現われた。私は嬉しさのあまり、老中《ラオチユン》（彼はもともとわが探検隊に加わっていた男だ）を抱きしめたくなった。彼らは食料をもってきた。これで明日の朝、ターキンを見つけることができるだろう。彼らは私たちのたき火を見つけ、足もとの危なっかしい河床を一キロ半も、小さな明りだけを頼りに真っ暗な闇の中を下りてきたのだ。

次の朝太陽がすっかり高くなるころ、私たちは山の頂上に着き、昨晩私たちが引き返したターキンの踏み跡のところにやってきた。それはさらに高い尾根で囲まれた丸い盆地のほうへ向かっていたが、足跡は新しく、はっきりしていた。一一時に私たちはとりわけひどい密林をやっとの思いで通り抜け、すっかりくたびれ果てて日の当たる岩の上にへたばりこんだ。コリンズと私は二人とも少し震えていた。ほんの少し前、私はもうちょっとで命を落とすところだったのだ。小さな岩棚を越えているとき、私はハンティング・コートが木の枝に引っかかって、崖のほうへ放り出された。わずか三〇センチばかりのところで私は突き出した棚の上に倒れ、三本のしの竹をつかみ、安全なところまでからだを引き上げた。その竹がむちのように丈夫でなかったら、私は頭から真っ逆さまに一〇〇メートル下のごつごつした岩に落ちていっただろう。

少し休憩したのち、猟師たちはあたりを偵察するため、小高く突き出した花崗岩の上に登っていった。すぐに彼らは戻ってきた。興奮で震えていた。そこにターキンがいたのだ。私たちが今いるところから彼らを撃つことができるのだ。猟師たちが登っていった場所までたどりつくのは危険な仕事だった。岩の背から向こうをのぞいたとき、私は日光の中できらきら光っている竹やぶの他には何も見えなかった。それからはるか下のほうでかすかな動きがあり、一頭が隠れ場所から姿を現わし、静かに立って真っすぐ私たちのほうを見つめた。そのターキンはまだ小さかった。それは私にはわかっていたが、庸《ヨン》は私に撃てというし、他には一頭も見えなかった。

十分に狙いをつけ、発射した。ターキンは前方に突っ走り、大混乱が起こった。何が起こったのか私にははっきりわからなかった。叢林の中ではたくさんのもの影が走り、私がもう一丁のライフルを預けていた庸《ヨン》は、すっかりあわてて私の耳のわきで狂ったようにめくらめっぽう撃ちはじめた。私は撃つことができず、彼は銃が空っぽになるまでやみくもに撃ち続けることをやめなかった。彼のやったことがいかに大それたことであるかは、ハンターのみが知るところだ。

最初の一発で横になっていた六頭のターキンが飛び起きたが、その姿は、ところどころにある小さな空地を彼らが走り過ぎるときにちらっと黄色い影が見えるだけだった。それは最悪の条件下で、斜面の下へ向かっての遠距離の射撃だった。コリンズは彼のサベージ銃を冷静に発射したが、後でわかったところでは、彼も一頭も倒してはいなかった。

一分足らずのうちにすべては終わった。庸《ヨン》と私は獲物を確かめるために下りていき、コリンズは上のほうで見張りをしていた。私が最初に撃ったターキンが、背骨を打ち砕かれて倒れているのが見つかった。まだ乳離れしていない子どもだった。すこし下のほうで庸《ヨン》が、完全に成長したターキンを隠れ場所から追い出した。私たちはそれが負傷しているものと思った。私は急いで発砲したが、弾は当たらず、ターキンは斜面をかけ下りていった。すぐにまた、一頭のメスが私の前方五―六メートルのところから飛び出した。私は急いで発射し、後足に命中したが、その動物は立ちどまりもせずに走りつづけた。しかしついに一本の木の横で立ちどまり、私が竹の茂みごしにもう一度撃つと、彼女はその場で倒れて死んだ。

　私たちは茂みの中を注意深く探したが、その他には動物も、血痕も見つからず、獲物は私が倒した二頭だけだという結論に達した。コリンズにとっては不運なめぐりあわせだった。彼は真のスポーツマンらしく、一言も文句をいうことなく自分の責任を果たしたのだ。

　私は世界中の他のどの動物よりもターキンを撃ちたいと思っていたが、実際にその望みを達してみるとあまり心は躍らなかった。私は肉体的にまったく疲れきっていて、頭がぼうっとしていた。ただ狩りが終わったという解放感が感じられるだけだった。庸《ヨン》さえ邪魔しなければ、私たちはあの数分間のうちに博物館用の群れを完全にそろえることができたかもしれない。しかし実際には、私たちは母親と子どもしか獲ることができなかった。だが、いずれ別の成獣を手に入れて、完全な家族をそろえることができるだろう。

　午後の二時に、私たちはキャンプへの帰途についた。剝《は》いだ毛皮とスリーピング・バッグを持った私たちは、きたときと同じ道を帰ることができず、テントまでは直線距離にすれば一・五キロ足らずだったにもかかわらず、そこまで帰りつくのには二日かかった。

　コリンズと私は次の日、ターキンの群れを展示するのに適当な背景となる場所を見て歩き、写真を撮り、草や、木の葉や、岩や、その他の付属資料を採集した。

　私たちは、ターキンの標本を並べる背景は竹が茂った崖のような急斜面とすることに決めた。この動物たちは、そのような急斜面に続く岩だらけの尾根で好んで眠ったり、日なたぼっこをしたりする。遠景には、二日前にこの標本を射とめた峰を描くことにした。私たちは群れ全体に十分なだけの竹を採った。まず茎に薄いホルマリンをはけで塗り、それからその束を麻布で包んだ。乾いた苔のついたさまざまな岩石のサンプルを選んで採取し、特徴的な亀裂や地層構造を写真に撮った。私たちは水と、ホルマリンと、グリセリンの溶液の中に竹の小枝や草を漬けて保存した。これらから石膏で型を取り、ろうで葉っぱの模型をつくるのだ。それは楽しい仕事だった。さして遠くない将来に、今私たちが見ているこの風景を、私が監督して博物館に再現することになるのだから——。

私たちが出かけている間に、中国人の剝製師《はくせいし》はせっせとわなをかけており、私たちが帰ってくるとネズミや、トガリネズミや、モグラをトレイにいっぱい出してきた。そのうちの二種はそれぞれ一匹ずつしか標本はなかったが、既知のものであることがわかった。他の三種は間違いなく新種だった。この山の小型哺乳動物群は実に驚くべきものだった。たいていのところでは、ある一種の動物が他のあらゆるものよりも圧倒的に多く見られるものだが、ここではひじょうに多種のものが見られ、とくにどれか一種が図抜けて多いということがなかった。この地域の動物群はきわめて重要なものだが、まだほとんどわかっていないので、中央アジア探検隊が中国を離れる前に、この山岳地域全体をさらに細かく調べることになるだろう。

さらにもう一日キャンプの近くを探して歩いてみた結果、そこでターキンを探してもむだであることがわかった。コリンズと私は三人のかつぎ人足を連れて食料とスリーピング・バッグを持たせ、私たちが前の「野牛」を射とめた場所に近い山に入ることにした。剝製師は、私たちが村からかつぎ人足を迎えにやるまで、草原のキャンプで仕事を続けることになった。

山への道の中間地点で私たちは荷物の一部を洞窟の中に残し、三個の軽い荷物だけをもって雪をかぶった峰へ向かった。そこで狩りは終わりになるものと私たちは確信していた。午後になると雨が降りはじめ、私たちは早い時刻にオーバーハングしている岩の下にキャンプを張った。太白山の天候は常に驚きの種だった。太陽はいつも雲一つない空に昇るのだが、いつとはなくこぬかのような雨をともなった灰色の霧が、上から、あるいは下から忍び寄ってくるのだった。雨の降らない日は一日とてなかった。それは竹を濡らすだけくらいのものであったかもしれないが、それでも密生した茂みを押し分けて進む私たちは、完全にぐしょ濡れになってしまうのだった。

この二度目の狩りは期待はずれに終わった。私たちは新しい踏み跡を見つけて、それを何日間も追跡し、木におおわれた峰々を一寸刻みに探して歩いたが、一頭のターキンも見つからなかった。一度、二頭が私たちから五〇メートル以内のところにいたが、彼らは私たちがほとんど動くこともできないほど密生した竹やぶの中を音もなく立ち去った。牛ほどもある（完全に成長したターキンは体重が二五〇キロもある）動物が、このようにからみ合った茂みの中をどうして静かに移動することができるのかは、私たち二人にとって謎であった。

夜、私たちは岩棚や、オーバーハングした岩の下で眠った。ほとんど料理することもできないほど疲れて、毛皮のスリーピング・バッグにもぐりこむのだった。しかし、朝になると私たちは元気を回復し、一日の作業をすることができるだけの体力を取り戻していた。

ついに、ある朝私たちが目を覚ますと、あたりは新しく降った雪で一面の銀世界となっており、もう猟は終わりであることを知った。雪が残っている間は、このような山に登ってもまったくむだだろうし、きわめて危険でもある。村に向かって山を下りる私たちの心は重かった。いったん始めたこの仕事は、なんとしても終わらせたいと思っていたからだ。

私は二人の猟師をここに残すことにし、少なくともあと二頭ターキンを射とめるまでは帰ってくるなといい含めた。猟ができるくらいまで雪が融けるには何週間もかかるかもしれないが、彼らが成功をおさめることはまちがいないと私たちは思った。猟師たちのために必要なデータはすべて手に入れていたし、私は必要でなかった。猟師たちは十分に訓練されており、彼らが正確に指示に従うであろうことを私は信頼することができた。

この猟はひじょうに困難で、しかも体力の消耗のはなはだしいものだったので、ふたたび自分がターキンを撃ちにこようと考えることはないのではないかと思った。しかし、これを書いている今、あの高低の激しい峰々の魔力や、ひきこまれるような静かさや、野生の魅力が私の血の中に浸みこんでいるのを感じ、いつの日か自分があそこにまたきっと戻っていくにちがいないと思うのだ。しかしそれは冬ではなく、夏でなければならない。真夏こそ、四川省のターキン猟の季節である。この時期、ターキンは山の背の一番上の開けた場所にいる。問題は十分高いところまで登ることと、よく降る雨に備えることだけだ。ターキンを射とめた他の白人たちは、ただ一人を例外として、皆夏の季節を選んでおり、彼らは私たちが出会ったような困難にはまったく遭遇していない。

白人がターキンを追跡した例はこれまでにきわめて少なく、その生活史はほとんどわかっていない。私たちがこの動物を追ったのもごく短期間のことなので、新しい情報を得ることはできなかった。

現地人の話によると、発情期は八月の初めに始まり、翌年の春、四月に子どもが生まれるという。私は、これは正しいと思う。私が九月に殺した子どもが生後約六カ月と考えられたからである。

夏の間ターキンは、シャクナゲ林よりも上の一番高い開けた場所で過ごし、草や灌木を食っている。いつも雨や霧が降ってさえいなければ、この時期に彼らを撃つことはとくにむずかしくはないだろう。現地人の話から考えて、ターキンは羊やアイベックスほど用心深いとは思われない。秋から冬にかけて、彼らはずっとしの竹の中で時を過ごす。近縁のゴーラルやシーローと同じように、彼らは、後ろに岩壁がそそり立ち、目の下には何一つさえぎるものもなく、あたりの山野を見晴らせるような突き出した岩棚の上で、日の光を浴びながら眠るのが好きだ。私たちはこのような場所をたくさん見つけ、彼らがそこを長年使っていた形跡が見られた。

ターキンは太く、重たいからだをもちながら、密生した竹の茂みの中をやすやすと通り抜け、叢林の中には彼らがいつも行き来していると思われる踏み跡が縦横に走っている。驚いたときなど、彼らがすばらしいスピードでもっとも起伏の激しい地形を乗り越えていくのに私はびっくりした。

密生したやぶの中に隠れているときには、ほとんど蹴り出されでもしないかぎり、まったく身じろぎもしないでひそんでいる。現地人たちは、このようなとき、ターキンが向き直って向かってくることもしばしばあるという。私はそれは怪しいと思っている。そのようなことがあるとすれば、彼らが袋のねずみになったと感じた場合だけではないかと思う。

中国人たちの話によると、ターキンは夏になると一〇〇頭以上もの大群をつくるが、冬にはメスやオスや子どもがまじったいくつかの小さな群れに分かれるという。

太白山は、秦嶺《チンリン》山脈のターキンの生息地域の一番端に当たると思われる。猟師たちの話では、年によってはたくさん見られたり、ごくわずかしか見られなかったりするという。このことは、私たちの二人の猟師によっても確認されている。彼らはその後山の奥深く入り、ターキンをたくさん発見している。

西安府へ帰る五日間の旅は、獲物の豊富にいる楽しい旅であった。ガンは何万羽とやってきたし、どこの沼地もシギでいっぱいであり、ノガンや、ウズラ、ノウサギ、カモ、キジなどが、猟をバラエティに富んだものにしてくれた。私たちはハンターの天国にいて、本道から数百メートル以上離れることなしに、何でも自分の望みどおりの鳥を撃つことができた。私はアメリカのガン笛をもっていた。コリンズはこれをひじょうに面白がったが、これが実際に役に立つことは認めようとしなかった。

ある日、私が荷物を積んだラバの背中にのんびり坐っていると、左手遠くに五羽のガンが飛んでいるのが見えた。ガン笛をちょっとガーガー鳴らしてから美しい音色で吹くと、鳥たちは急旋回をして私のほうにまっすぐ向かってきた。必死でラバをとめたが、まだ降りることができないうちにガンは私の上までやってきた。ラバを驚かすのは覚悟の上で、私は二発発射した。一羽は空中で死に、もう一羽は深手を負って落ちてきた。これ以後、コリンズはもうなにもいえなくなった。

西安府に到着する前の日、私たちは膠《にかわ》のようなどろどろの道を進んでいた。降りしきる雨の中で一〇時間も荷物の上に坐っていた。ときどきあまり遠くないところにガンの群れを見たときに、ラバから降りて一―二羽それを撃つくらいだった。私たちは一〇〇メートルも進むごとに八羽か九羽ずつ撃っていたように思う。歩きまわることはほとんど不可能で、道を離れて野原にあまり入っていくことはできなかった。

西安府の西門で私たちは一時間もとめられた。私たちのパスポートにはまったく問題はないと兵隊たちも認めたのだが、督軍《トウチユン》（省の軍政長官）に電話をしなければ私たちを入れることはできないというのだ。それは外国人が陝西省で受けなければならない数多くの面倒のうちの一つにすぎなかった。寒さの中に濡れながら立っているうちにしびれをきらし、私たちはお役人仕事とは関係なしに町に入りたいのだと宣言して町に入った。

西安府での三日間はあまり十分ではなかったが、私たちは二人とも北京でするべき仕事がたくさんあり、ここでぐずぐずしてはいられなかった。一カ月後に二人の猟師が太白山から、ターキン三頭というみごとな収穫をもって北京に戻ってきた。老中《ラオチユン》は、彼らの幸運は王《ワン》という老人の力のおかげだといった。

私は霊台廟《リンタイミヤオ》を去るとき、老中《ラオチユン》にこれまでまだ使ったことのないライフルを与えた。彼の話によると、数日間、彼は何頭かの動物を撃って傷は与えたが、それを倒すことができず、何の収穫も得られなかった。これを見た王《ワン》がいうには、彼が失敗したのはその鉄砲が前に人を撃ったことのあるものだからにちがいないという。人間を撃ったライフルは狩猟には向かない。このような銃は「お清め」をしなければならないというのだ。王《ワン》は、その銃が人間の命を奪ったものであることを誰もが満足のいくように証明してみせようといった。

　彼は三本の竹の切れ端の片側を丸く、片側を平らにし、それぞれに九つの穴をあけた。この棒を空中に投げ上げると、この銃が人を撃ったものであれば、いつも平らな側が上になって落ちる。確かにそのとおりになった。この銃が人を殺したことはまちがいなかった。「お清め」のとき、王《ワン》老人は銃身の文字を指でなぞり、それからおまじないを唱えながら、ライフルを銃口から床尾までなでた。これでもう銃が狩猟に適した状態になったことを証明するため、彼はふたたび竹の棒を投げろという。一回目には二本とも平らな面を上にして落ち、二回目には両方とも丸い側を上にして落ち、三回目には一本は平らな面を、もう一本は丸い面を上にして落ちるだろうという。棒を投げるといわれたとおりになった。

「それから私はすぐに出かけ、一発目で野豚を倒しました。その後はまったく問題はありませんでした」と老中《ラオチユン》はいった。

　彼はまた、私たちの一回目のターキン狩りについても不思議な話をした。私たちがターキンを発見した日に、太白山のキャンプで神に祈りを捧げた劉《リユウ》という男は山を「開いたり」、「閉じたり」する力を持っているというのだ。山が閉じられると鳥や獣たちはすべてすぐに山を出ていく。山が開かれれば動物たちはすべてただちに戻ってくる。

　最後のターキン狩りで、老中《ラオチユン》は彼の銃を清めてくれた王《ワン》に会うまで、なんの成果も上げることができなかった。この老人も劉《リユウ》と同様山を開く力をもっており、老中《ラオチユン》がいっしょに猟にいってくれるよう頼むと、彼はその魔法の力をはっきりと証明して見せた。彼は三枚の細長い黄色い紙に文字をいくつか書き、それを丸めて土に埋めた。それから線香に火をつけ、不思議な言葉を唱えると山が開かれた。老中《ラオチユン》は王《ワン》老人といっしょにいるかぎり、獲物を探すのに失敗することはなかった。狩りがすむたびに、同じような儀式を行なって山は閉じられた。その後では動物たちはすべて人の知らないところへいってしまうので、誰が狩りをしてもむだであった。このような力を持っている王《ワン》やその他数人の人々は近隣の人たちには煙たがられていた。

老中《ラオチユン》はこのようなことをすべて心から信じていた。多くの中国の農民と同じように、彼は単純で迷信深く、きわめて想像力の豊かな精神をもち、人を驚かせるような話をするが、彼が嘘をいっているると責めることはできない。私は最初のターキン狩りのときの一つの例を思い出す。私はメスのターキンを倒したのち、傷を負ったものを探して山を下っていった。私がいない間に、老中《ラオチユン》はその死んだターキンにばったりとぶつかり、たぶん少し驚いたのだろう。即座に彼の想像力の豊かな脳が働きはじめ、私がそこに戻ってくるまでに一つの物語をつくり上げていた。このターキンが傷を負っていて突っかかってきたので、木の上に逃げたと彼はいった。

「しかし、その野牛が死んでいたのはわかっているんだ。私が撃ち倒したんだから――」

と私はいった。

こういっても彼の話は少しも変わらなかった。彼は相変わらず、自分が木に追い上げられるまで、この動物は死んではいなかったと固く信じていた。

彼は他にもおもしろい話を何十となくもっていて、気に入った友だちにそれを話して聞かせるのだ。ジェイソンも、タラスコンのタルタランも、老中《ラオチユン》にはかなわない。

第四章　出　発

探検隊は一九二二年四月一七日に北京を出発することになっていた。その前の数週間、本部には活気が満ちあふれた。誰もが砂漠での長い夏に備えて、それぞれの準備に追われていた。研究室の前の中庭には、動物の皮や、木箱や、装備類がいっぱいに広げられていた。ニューヨークに送るものや、モンゴルにもっていくものを荷造りしているところだった。コルゲートは中庭の真ん中に自動車をいっぱいに並べており、一日中テストするエンジンの音や、ハンマーの響きのため、そこはまるで野外の自動車工場のようだった。

私たちの旅行の安全を祈るかのように、中庭のライラックやその他の花木が、町の他の部分よりも一週間近くも早く満開となり、この屋敷はまさにこの世の楽園と化していた。

アメリカ公使館一等書記官のアルバート・B・ラドック氏が、私たちのために送別の晩餐会を開いてくれた。その席上、当時中国鉄道の取締役であった劉氏は、私たちの計画にひじょうに興味を引かれ、自動車や装備類を無料でカルガンまで送り、また隊員のために私用の車を二台提供すると申し出てくれた。北中国の空に戦雲は濃く、絶えず軍隊が移動しているために鉄道輸送がもっとも信頼できないものとなっているときだったので、彼の厚意は二重にありがたかった。私たちが北京を出発するころ、張作霖と呉佩孚との衝突が数週間以内に起こることはほぼまちがいないと思われており、実際にそうなった。私たちは中国外務省からいかめしげな書類を与えられていた。それは、私たちの自動車や装備類が税関検査なしにカルガンを発つことを許可してくれるもののはずだった。私たちがそれを峠への道に配置されている張作霖軍の兵隊に見せると、彼らは馬鹿にしたように笑っていった。

「これは北京からのものだ。我々は北京など認めていない」

そこで私たちは、カルガンの軍司令官から別の護照《パスポート》を手に入れるまでの間、三日間をむだに過ごすことになった。

四月二一日の朝六時に、私たちは三台の乗用車と二台のトラックで、カルガンのアンダーソン・メイヤー社を出発した。車が峠のでこぼこ道をできるだけ身軽で走ることができるよう、荷物の大部分はすでにカルガンから六〇キロのところにあるミャオタンの村へ送り出されていた。市の門を出る前に、別の二台の自動車が私たちに加わった。一台はチャールズ・L・コルトマン氏の運転する車で、仕事のためウルガへいく途中だという（一九二二年一二月、コルトマン氏はウルガへいく途中、カルガン近郊で中国兵に撃たれ、間もなく北京の病院で亡くなった）。もう一台にはグランガー夫人、シャックルフォード夫人、ブラック夫人が乗っており、私たちが無事出発するのを見送るため、峠の頂上までいくところだった。私は妻をウルガまで同行していた。彼女は、美しいモンゴル服を写したページェットのカラー写真を何枚か手に入れたいというのだった。北京医科大学のデービドソン・ブラック博士は、人類学の研究データを手に入れるため一時的に探検隊に参加したもので、ウルガから私の妻といっしょに帰ることになっていた。

七台の車がやっと街道に出て、高原に続く長い渓谷を曲がりくねりながら登っていくようすは壮観だった。私たちのうちで、この道を一番よく知っているコルトマンが先頭に立ち、私はシャックルフォードと彼の写真器材を乗せて、二台目の車を運転した。景色のよい場所にくるたびに、彼は何メートルかフィルムを回すので、水のない河床に沿って走る道はかなりよかったが、私たちの足は遅かった。峠は道が悪いと聞いていたが、まったく予想どおりだった。馬車のスパイクをつけた車の深いわだちや、ぬかるみや、丘の上から転がり落ちてきた大きな岩などのため、そこは自動車にとって悪夢のような場所となっていた。自動車隊にとって、これは最初の本当の試練であり、私は不安をもってようすを見守った。この峠を無事越えることができれば、トゥエリンへの道にはもう恐るべきものはなにもないだろう。この峠とカルガンを過ぎてからの一二〇キロの間ほど道路の悪いところは他にはないからだ。

高く登るにしたがって、すばらしいパノラマが広がってきた。エンジンを冷やすため小休止するとき、私たちは、点々と日蔭が散らばる荒れはてた盆地や、網の目のように刻まれた侵食谷や、陝西省境の紫色の山並を振り返るのだった。私たちの頭上には玄武岩の断崖が壁のようにのしかかり、その頂きには高原の切り立った縁に沿って万里の長城が大蛇がうねるように連なっていた。自動車は、あたかも私たちが骨を求めてやってきた有史前の怪獣たちのような唸り声をあげながら、最後の急坂を登りきり、万里の長城の狭い門をくぐり抜けた。

私たちの目の前にはモンゴルが広がっていた。蜃気楼の中に踊る色彩にあふれた砂漠の国、果てしない草原と雪をかぶった名もない山々の国、人跡未踏の森林ととどろき流れる渓流の国、モンゴル！　神秘と矛盾と約束の国！　目の前に広がる風景の中に、丘陵がはるかかなたまで美しい線を描いて波打ち、あたかも私たちが、地球の頂点にでも到達したかのように思われるほど果てしなく続くのだった。

新しい国への入り口として、これほど心を満たしてくれるところは他にはありえないだろう。しかし私たちは、あたりを見まわすだけの間しかそこに留まらなかった。バーキーとモーリスがすぐに、この峠の地質は念入りに調べてみる必要があることに気づいたからである。しかし、この峠はカルガンから簡単にこられるところなので、その調査はモンゴルから帰ってくるまで延期することに決めた。

私たちがこれから進む道は、青々とした冬の麦の植わった耕地を通り、数軒の褐色の小屋の間を抜け、やや大きな村の泥壁の中に消えていた。ミャオタンでは、先発隊の人足が、馬車で送り出したガソリンや、食料や、その他の物資をもって、一軒の中国旅館の中庭で私たちを待っていた。それから数時間、全員が力いっぱい働いた。匪賊の略奪を受けた農耕地域を通っても、草原で野営しても大丈夫なだけの荷物を自動車に積みこんだ。大量の必要物資が、キャラバンで送り出すのに間に合わないころになって、ニューヨークから到着していた。そこで、すべてのものを自動車に積み上げたとき、コルゲートと私は肝を冷やした。トラックはそれぞれに、少なくとも二トンは積んでいたにちがいない。トラックはその半分しか積めないように設計されたものであった。しかし他に方法はなかった。積荷はガソリンや、写真器材や、自動車のタイヤなどで、残していくわけにはいかなかった。

私たちがしとしと降る雨の中をミャオタンを出発したのは午後四時だった。雨や雪のため旅行や作業が不可能になる日も何日かはあるだろうと思われた。コルトマンが、ハロン・ウスにあるスウェーデンのミッションまでいくことにしようと提案した。そうすると暗くなってからまだ走りつづけることになるが、道路はきわめて平坦で、しっかりしていたので、私の判断とは多少食いちがったのだが、走りつづけることに私も同意した。私たちはまだ小麦とカラス麦の耕作地域を抜け出していなかった。中国人は年々、このような耕作地を内モンゴルの草原地帯に押し広げてきていた。

泥づくりの村々はごくまれにあるだけで、カルガンにやってくるキャラバン隊を襲う匪賊がたくさん出没するのはこの耕作地域である。ずっと砂漠の中に入ると、匪賊の危険はほとんどなくなる。そこでは道が少なく、匪賊団がたっぷりと獲物を手に入れるだけの交通量がないからだ。ミャオタンを出発してから、私はずっと不安だった。旅の初日が、調子よくいきすぎるからだった。人間も装備もまだ旅に慣れていない第一日目はうまくいかないというのが、探検のほとんど避けがたい原則であり、私は初日が悪ければ悪いほど、後がよいと信じるようになっていた。しかしその夜、私たちが眠りにつく前に、探検の大成功を保証するような試練にぶつかることになった。

私たちは雨の夜の墨を流したような暗闇の中を走っていた。ハロン・ウスまではまだ四〇キロあった。先頭にいたコルトマンは突然軟弱な地盤の上にいるのを感じ、次の瞬間には、自動車はステップのところまで泥にはまってしまった。彼は急いで引き返し、他の車に危険を知らせたが、踏み固められた道に戻ろうとしている間に、どの車も皆、泥にはまってしまった。私たちは再三再四、車を一台ずつ地盤の固そうだと思われるところに引き上げたが、次の車を引き上げたときには前の車がふたたび深く沈んでしまっていて、それを引っ張り上げるのにはヘラクレスのような力を必要とするというありさまだった。それは果てしない仕事のように思われたが、真夜中には、コルトマンの車以外、すべての車を私たちが見つけた小高くなった土地に引き上げることができた。コルトマンの車はもとのままの場所にあり、さらに深く沈んでいた。はるか遠いところで犬たちが吠えていた。私はモンゴル語を少し話せる男をそこにやって、コルトマンの車を引き上げるため、牛を借りてこさせることにした。ようやく彼が三頭の小さな牛と五―六人の現地人を連れて戻ってきた。牛を自動車につないだが、自動車は一寸たりとも動かなかった。滑車装置を組み立てる以外に方法はなかった。間の悪いことに、それは積荷の一番下に入っていた。

隊員たちは皆、肌までずぶ濡れとなり、泥にまみれ、寒さのため震えていた。それでも誰も不平をいうこともなく、全員この運命を陽気に受けとめ、歯をガチガチいわせながらも、その合間には、ゴビ砂漠のへりでの最初の経験が泥と雨であったことについて、冗談をいい合った。隊員たちのスポーツマンらしい態度は、この探検隊の顔ぶれについて私の意を強くしてくれた。

大きな滑車装置を使って私たちはようやくコルトマンの車を泥の中から引き上げた。私はこの場所でキャンプをすることにきめた。もう少し乾いているところに移動しようとすると、さらに悪いことが起こらないともかぎらないと思われたからだ。しかももう午前一時を過ぎており、私たちは昼食の後、サンドイッチを少し食べただけだった。テントを張るため、いちばん乾いた場所を探しているうちに、このキャンプ地がすばらしい場所であることに気がついた。唸り声をあげながら少しずつ場所を移動している自動車や、墨を流したような闇に黄色い光条を投げているヘッドライトや、犬の鳴き声や、私たちのまわりにたくさん集まってきたモンゴル人たちの意味のわからない叫び声などが、この情景を非現実のもののように感じさせた。私は濡れて疲れ果てていたが、それでもこれをはっきりと感じることができた。テントが建つと、車を運転していなかったブラック、グランガー、シャックルトン、それにモーリスが、朝までの寝ずの番に全員一致で選ばれた。その日の朝、怪しげな重武装の現地人の一隊が、私たちとすれ違っていたので、見張り番が必要だと思われたのだ。彼らが匪賊であることはまちがいなく、行進中の私たちは攻撃するには強敵すぎたが、彼らが夜の間に戻ってくる危険性はあった。

やがて、湿っぽく寒い朝が明けた。隊員たちが一人ずつテントからはい出してきて、あたりを見まわした。私たちは一部に乾いたところの残っている湿地のへりから少しはなれた場所にいたが、どうやって闇の中で泥の中を通り抜けることができたのか想像もつかなかった。私は、昨晩激しく働いたにもかかわらず、隊員たちが皆元気そうで、ある程度休息がとれたように見えることを嬉しく思った。なにも損害はなかったし、私はこの事件が起こったことを深くは後悔していなかった。このことが、暗くなってからの前進は無益であることを全員に印象づけ、苦しい状況のもとでの中国人とアメリカ人からなる全隊員のみごとな行動の実例を示してくれたからだ。私たちのコックはすばらしい朝食をつくり、全員が車に乗りこんで、一一時に出発準備ができたときには、太陽が明るく輝いていた。

私たちは草の生えた丘陵地帯にいたが、バーキーとモーリスは地質調査に大忙しだった。カルガンを出発したときから、彼らは地形断面図を書き、この土地の地質構造や地形の特徴を一マイルごとに記録した。この地質学者チームは彼らの機材をいっさい積みこんだ専用車をもっていた。私たちの進み方が速かったので、彼らの作業はひじょうに困難であり、バーキーやモーリスほど経験を積んでいない人々にはほとんど不可能なことであったろう。彼らはしじゅう道から外れて走っていっては、起伏する草地にどのような岩の露頭があるかを調べなければならなかった。彼らはいつも他の車より何キロも遅れ、私たちは一時間ごとにとまっては、彼らが追いつくのを待たなければならなかった。数日が過ぎると、モーリスは主として地形調査に当たり、バーキーは地質の変化を記録するようになった。

彼らが見たところによると、全般的な地質構造は複雑にいり組んだ古い岩石からなり、そのうちでも花崗岩が主体をなしていた。そして、その上に化石の骨が含まれることの多い比較的新しい堆積層が乗っかって、盆地のような地形をつくっていた。中国地質調査所がしばらく前からこの地域の調査を行なっていたので、私たちはもっと未知の外モンゴルの調査に注意を向けていた。

私たちは夕方五時にキャンプを張った。そこは美しい円形の盆地で、盆地の背後の花崗岩の向こうには、草におおわれた低い丘陵が黄緑色のなだらかな波を描いてはるかに起伏していた。モンゴルの春にはきわめてまれな、まったく風のない夕方だった。その朝コルトマンがカモシカとガンを射とめていたので、私たちは夕食に新鮮な肉を食べることができた。テントは手品のように建ち、三〇分のうちに草の敷きつめられた谷間に小さな町が出現した。早くキャンプを張ったので私たちは人員編成を決めたり、必要な品物を探したり、前の晩にたまった泥を取り除いたりする時間ができた。雲一つない空に星が輝きはじめたころ、私たちはアルグル（動物の糞の乾燥したもの）の火のまわりに集まり、初めての本ものの食事をいっしょに始めた。皆、疲れてはいたが幸せだった。たき火が赤い灰の堆積になってしまってからも長い間、私たちは草の上に横になり、これから迎えようとしている砂漠の中での期待に満ちた日々のことを話し合った。

私たちはもう十分草原の真ん中に出てきているので、次の日が終わるまでにカモシカを見ることができるだろうと私は仲間たちに保証した。彼らは、この動物が時速一〇〇キロ近いスピードで走るという私の話を多少疑っており、私はカモシカの群れに出会って、みごとな走りっぷりが見られることを期待した。話が正確だという私の評判が危うくなっていた。動物が翼ももたず、ガソリンタンクももたず、ただ四本の足だけで一時間に一〇〇キロ、一分間に一・六キロものスピードで走ることができるなどと考えられるだろうか？

キャンプをたたんでからあまりたたないうちに、私たちは道路の東側の広い谷底に二〇頭ばかりの黄白色の動物の姿を発見した。数人が乗った乗用車が、ところどころに短く固い草の生えた斜面をガタンガタンと跳ね飛びながら下っていき、他の車はそのまま前進を続けた。最初、ガゼル（カモシカの一種）たちはもの珍しそうに自動車を眺め、数メートル走っては立ちどまり、また車を眺めた。カモシカや、野生ロバや、その他いくつかの動物たちは、両側に広い平地が広がっていて、どちらへでも簡単に逃げられるような場合でも、かならずのように自動車の前を横切ろうとする。そこで、私は斜めにその群れに向かって進んでいった。私たちが四〇〇メートル以内にまで近づいたとき、彼らはやっとそこを離れなければならないと思ったようだった。彼らは、ときどきまるでゴムのタイヤでもはめているかのように空中に飛び上がりながら、気のりがしないように走っていったが、それでも私たちはぐんぐん離されていった。シャックルフォードは喜んで叫び声をあげ、「もっとふかせ」と私にいうのだった。車はすでに時速五〇キロで走っており、波立つ海にいる船のように、でこぼこの地面の上でめちゃくちゃにはずんだ。間もなく長い黄色の列は、好奇心に負けて私たちのほうに向かってきた。そこで私は半分車からからだを乗り出しているブラックとグランガーに向かって叫び、両方のブレーキをかけた。車がまだ完全に止まりきらないうちに私たちは皆地面に飛び降り、銃を撃ちはじめた。このような経験のなかった他の人たちは幸運に恵まれなかったが、私は群れが射程外に逃げていってしまう前に一頭だけ撃ち倒した。地面の凹凸が激しくて、カモシカを本当に追いつめるほどのスピードを出すことはできなかったが、ただこれだけの経験でも、半信半疑だった連中に私の話を信じさせるのに十分だった。

もちろん、ガゼルは一分間に一・六キロ走ることはできない。そんなことのできる動物は実際にはいない。しかしおそらく四〇〇メートルほどの短距離のダッシュならば、ゴビのガゼルがひじょうに驚いた場合には、時速一〇〇キロ近いスピードを出すことはまちがいない。一般に彼らは自動車がもの珍しく、したがって、ある程度の距離を保つことができるくらいの速さでしか走らない。しかし二—三発撃って、何が起こるか見てみればよい。彼らはからだを水平にし、軽々と地面をなめるように飛んでいく。その足はまるで扇風器の羽根のように、ぼやけて見えるようになる。

彼らがどのくらいの距離を走れるかは知らないが、シャックルフォードと私はそれを明らかにする一つの経験を持っている。私たちは足場のしっかりした平原で、一頭のオスを見つけた。それを追いかければ、その耐久力について信頼のおけるデータを得ることができるように思われた。このオスを群れと引き離したとき、彼はやすやすと時速五五キロで走っていた。私たちはスピードをあげてそのあとを追った。彼はびっくりし、また何ものかが自分を本気で走らせるということに多少気分を損ねたようでもあった。そこで彼は、アクセルを少しばかりふかして時速六〇キロほどにスピードをあげた。私たちも同様にした。ガゼルはさらにびっくりし、私たちのほうではガソリンの消費が多少増えた。車はそのとき全力を出しきっており、スピードメーターは六六キロを指していた。ガゼルはもう問題を終わりにするべきときと思ったかのように、急にスピードをあげて私たちの前を横切り、急速に走り過ぎた。私たちは、上下に揺れる彼の尻の白い斑紋が視界から消えてしまわないようにするのがやっとだった。しかし彼はすぐにスピードを落とした。私たちはあえぎながらも、時速六六キロで着実に彼の後を追いかけた。レースは耐久力テストとなった。彼は私たちの前方約二〇〇メートルの距離を保ち、一五キロ走りつづけた。そこで私たちの車はパンクしてしまったが、彼にはそんなことは起こらなかった。ガゼルがどこまで走ることができたか、私には答えられない。

射とめたカモシカを車のステップに積んで私たちが道に戻ったとき、ちょうど地質学者のチームが丘を越えてやってきた。私は彼らにパンキャンで昼食のため彼らを待つと告げた。そこはゴビ砂漠の南端にある最初の電報局である。もしゴビ砂漠にはっきりした端があるというのが適切ならばの話だが——。草原はきわめて徐々にゴビの乾燥地帯に変わっていくので、実際どこからがほんとうの砂漠なのかをいうことはむずかしいのだ。しかし、カルガン—ウルガ路がゴビ砂漠を横断している地域では、南のパンキャン、北のトゥエリンがその両端をかなり正確に現わしている。

中国の新聞がしばしば「パンキャン市」と呼ぶこの町は、私がこの前一九一九年に訪れていらい、いくつかの重要な事件の舞台となった。ロシア人はウルガから中国人を追い払ってのち、内蒙古に戦争を持ちこみ、パンキャンは何カ月かの間中国の防衛の第一線となった。電信局の反対側の長い丘の斜面には、セメントで固められた大きな馬蹄形の窪地が規則正しく並んでいた。これは、一九二一年の長い冬に、中国の兵士たちが暮した宿舎の地下部だった。五—六軒の泥の小屋が集まったパンキャンはいくらひいき目に見てもさびしい場所でしかなく、それが戦争による破壊のため、なおさらに陰鬱であった。

朝の間ずっと、私たちは近づきつつある春の最初の気配を見せて黄緑色になった、気持よく起伏する草原を走りつづけた。パンキャンに近づくにつれて、あたりのようすがしだいに変わっていった。草は短く、まばらになり、ゴビのヤマヨモギが多くなっていった。しかしわれらの地質学者たちは、ここが楽しめそうなところであることに驚いていた。私たちがやってきたのが砂の砂漠ではなく、基盤岩があらわれた砂漠であることを知ったからである。彼らの報告によると、私たちはしばらくの間、堆積層の上を通ってきたという。そこには切れこみや窪地が見られたので、ここで午後を過ごして、踏査してみる価値があるとグランガーは考えていた。そこで私たちは電信局の上の砂利の平地にキャンプを張った。

シャックルフォードとコルゲートは無線機を組み立てて、最初の試験を行なった。私たちはアメリカ公使館との間で、毎晩七時に定時交信を行ない、面白いニュースを知らせてもらうよう話をつけてきた。時間がとくに重要だった。地質学者たちが、緯度と経度の観測に用いる時計をチェックするためだ。私たちは北京で無線受信機を買ったが、その性能についてはかなりの疑いをもっていた。テントのポールをつないでアンテナが立てられると、いかにもてきぱきと仕事をしそうなようすに見えたが、シャックルフォードとコルゲートはなんの音も捕えることができなかった。

結局この受信機はうまく働かず、探検隊が砂漠にいる五カ月の間、公使館は頻繁に送信を行なっていたのだが、私たちはウルガを出発して以降、ニュースをまったく手に入れることができなかった。幸い、時計をチェックできなかったことも、重大な結果を生じないですんだ。誤差が信じられないくらいわずかだったからだ。五カ月間全体で、誤差はわずか四五秒だった。剝製師は小型哺乳動物をつかまえる長い一列のわなをかけ、こうして探検隊は初めて実際の仕事を開始したのだった。

次の日、パンキャンを出発してすぐ、私たちは道端の泉のところでとまった。そのかたわらには小さな寺院があった。ウルガへの前の何回かの旅では、私はいつもこの絵のように美しい場所にくるのを楽しみにしていた。好奇心が強いが気立ての良いラマ僧たちが、徒歩あるいは馬に乗ってぞろぞろと平原に出ていき、その赤や黄色の僧衣が日光を受けて燃え上がるように見えた。私はシャックルフォードにここでよい写真が撮れるだろうといっていた。しかし今、一人の人影も見えなかった。白い壁を赤く縁どった寺も、ラマ僧たちの住居も見捨てられ、あちこちが壊れていた。平原には何十という兵士の軍服やラマ僧の僧衣が散らばり、中には風化した白骨が入っているものもあった。不運な死者たちの運命の冷酷な証明であるのら犬たちが、壁の大きな破れ目から出入りしていた。ここを破壊したのは「リトル徐《シュウ》」配下の中国兵だと思われるが、なんの害も与えない僧たちのうちで生きて逃れたものはほとんどなかったにちがいない。私たちはこの悲劇の寺を早々に立ち去り、ほっとした思いでふたたび日のさんさんと輝く平原の広く開けた路へ戻った。

しばらくすると、私たちは初めて北部モンゴル人に出会った。彼らは大きなキャラバン隊で、一日の行進を終えてキャンプを張ったばかりのところだった。ラクダたちはごちゃごちゃと一カ所にかたまり、まだ積荷のわきに坐りこんでいた。私たちはまるで、曲線を描いて立つ首と毛ば立ったからだの林をとおして向こうを見ているようだった。そのからだからは、すでに長い冬毛が少しずつかたまって落ちはじめていた。その群れの中を御者たちが歩きまわり、ラクダの背中に積荷のロープを締めつける留めくぎを引っ張ってはずしていた。その間ラクダたちは鼻を鳴らし、まるで拷問にかけられてでもいるかのように悲鳴をあげるのだった。キャラバンの外側では、何人かのモンゴル人たちが砂漠の唯一の燃料であるアルグルを集めて歩き、あるいは脂尾羊の群れを狂ったように馬であちこち追っていた。羊たちは自らの肉と毛をカルガンの市場に運んでいく途中だった。

これは私たちが出会った最初のキャラバン隊だった。一九一九年の「リトル徐《シュウ》」による中国人の侵入と、それに続く戦争と恐怖政治が始まる前の平和な時代には、カルガン―ウルガ路は交易の大動脈だった。何十というラクダのキャラバン隊や、何百、何千という牛車や馬車が平原を絶えず流れていた。どこの泉にもドーム型のユルト（天幕。組み立て式の移動住居）が巨大なハチの巣のように群れ集まり、木蔭のある谷間には、羊の群れが雪のようにまっ白なかたまりをつくっていた。しかし二年間の戦争と政治の変化が、この未開の自由な土地に大きな爪跡を残した。交易は麻痺し、ユルトはどこかへ消え、平原の騎者たちは人の通る道を避けた。電信線さえも、内モンゴルの境界のすぐ内側にあるイレン・ダバス、中国名エルリエンから先は切れていた。

私たちはエルリエンでキャンプするつもりだった。私はキャラバン隊に電信局にラクダ二頭分のガソリンを置いていくよう命じていた。電信局は大きな塩沢になった盆地にある。平原に面した断崖を下る前に、私は自動車が全部到着するのを待った。地質学者たちの話では、その日の午後ずっと、私たちは堆積層の上を走っており、彼らの経験の深い目から見ると、この断崖には化石の骨が露出している可能性がありそうに見えるという。彼らがこの盆地の縁を調べている間に、私たちは先に八キロ離れた電信局までいってキャンプを張ることにした。ガソリンは電信局で私たちを待っていた。中国人局員の話では、キャラバン隊は二週間前にここを通っていったという。私たちはさらに西一キロばかりのところにある、なにか期待のもてそうに見える尾根のところまでいき、そこにテントを建てた。

妻と私が、空を金色と赤に染めて落ちていく日没を見ていると、最後の二台の自動車が褐色の土手をまわり、唸りをあげてキャンプに走りこんできた。私たちは彼らを出迎えにいった。誰もひとこともいわないので、私はなにかふつうではないことが起こったのを知った。グランガーは目を輝かせ、はた迷惑なパイプを激しくふかしていた。それで私は、その「なにか」はよいニュースにちがいないと思った。彼は静かにポケットの中を探り、ひとにぎりの骨のかけらを取り出した。シャツからはサイの歯が出てきた。上着のあちこちからも、その他の化石が出てきた。バーキーとモーリスも同じように化石をもっていた。グランガーが手をさし出していった。

「おい、ロイ、やったぜ。ものはここにある。一時間で骨を二〇キロも掘り出したんだ」

それから私たちは皆、声をあげて笑い、叫び、握手をし、お互いの背中をたたき合い、とにかく人間がこの上なく幸せであるときのあらゆるしぐさをした。私たちは砂金取りが選鉱なべに残った砂金を調べるとき以上の興味をもって、わずかな化石の骨の山を扱った。サイであることはまちがいなかった。ティタノテリウム以外のものではありえない歯があった。これは人間の時代よりもはるか以前に絶滅した大きなサイに似た動物だ。しかしティタノテリウムがアメリカ以外の場所で発見されたことはない。オーストリアで疑わしい破片が発見されている例があるだけだ。その他の化石は小型の哺乳動物のもので、はっきりとは鑑別できなかったが、私たちは骨の一つ一つについて、それがなんの骨と考えられるかをくり返し論じ合った。夕食の用意が行なわれている間、グランガーはキャンプの西側に爬虫類が寝そべっているような形で横たわっている灰色の岩の露頭のあたりをぶらついた。暗くなりつつある光の中でさえ、彼は五―六個の化石のかけらを見つけた。私たちのドアのすぐ前に新しい鉱床があることがわかった。

私たちは皆、翌日の作業のことで頭がいっぱいで、なかなか眠れなかった。そして夜が明けると、すぐにキャンプはざわめき出した。朝食の前に、妻と私は盆地の底の砂の小丘にしかけた一連のわなを調べに出かけた。新種のスナネズミ（Meriones）一匹、大型のハムスター（Cricetulus）数匹、カンガルーネズミ（Dipus）六匹の興味深い標本が手に入った。すべて私のコレクションにはない種類であった。私たちが忙しくわなを見まわっているとき、バーキー博士が頭を垂れ、手を背中にまわして、キャンプの近くの尾根のあたりをぶらぶらと歩いているのが見えた。間もなく彼は、両手にいっぱい化石をもって朝食に帰ってきた。グランガーはどうもわからないといった顔をしてそれを調べた。

「これはどうしても爬虫類以外のものとは考えられない。もしかすると鳥のものかもしれないが、その鳥は爬虫類のような足の骨をもったものにちがいない。哺乳類でないことは確かだ」と彼はいった。

彼がさし出したのは、下脚のうちの一本の三分の二ほどのものであった。これはキャンプのすぐ上のところで発見された。それからすぐ後、ブラック博士が自分のテントへいく途中で、その残りの部分をもう少しで踏んづけそうになった。これで標本は完全なものになった。この化石は風化して露出し、尾根の上から転がり落ちてきたものにちがいなかった。もう、それが爬虫類のものであることは確かだった。地質学者たちはグランガーとブラックといっしょに、バーキー博士が骨を見つけた尾根に登っていった。妻と私がちょっとした猟に出かけようとしたとき、バーキー博士がキャンプに戻ってくるのにぶつかった。

「私といっしょにきてください。発見をしたのです。大発見です」と彼はいった。

彼は露頭の頂上に着くまで、それ以上なにも教えてくれようとしなかった。そして彼はグランガーのほうを指さした。グランガーはひざまずいてラクダの毛のブラシで何かを払っていた。

「あれを見てください。なんだと思いますか?」

とバーキーはいった。

大きな骨がみごとに保存され、その輪郭が岩の中に認められた。今度はまちがいなかった。それは爬虫類であり、しかも恐竜だった。

「つまり、私たちは爬虫類時代の末期の部分である白亜紀の地層の上に立っているということになります。そしてこれはヒマラヤ山脈以北のアジアで発見された最初の白亜紀層であり、最初の恐竜です」とバーキー博士はいった。

科学者でないかぎり、この発見の重要性を評価することはむずかしい。これは、私たちが中央アジアの大陸の構造に関する知識に、まったく新しい地質時代をつけ加えたということであり、古生物学の輝かしい展望を開いたということであった。この恐竜の骨は、前の日に見つけたサイやティタノテリウムの歯やその他の化石の断片とともに、私たちがこの探検隊を組織する根拠となった仮説、すなわちアジアはヨーロッパやアメリカの生物の母であるという仮説が真実でありうることを示す最初のしるしであった。

グランガーが骨を取り出す用意をしている間に、私はキャンプに戻り、シャックルフォードにこの発見を映画に記録するよう頼んだ。バーキーとモーリスは探索を続け、昼食に戻ったときには、大量の標本をもち帰ってきた。尾根全体に大量の化石があることが明らかだった。この地域では、数日間などというのではなく、もっと時間をかけて慎重な調査を行なう必要がある、ということで皆の意見が一致した。

この白亜紀層地域を識別し、その上に重なる層や隣接する地域にあるもっと新しい哺乳類の時代の地層をその後確認したことは、バーキーや、モーリスや、グランガーの個人的な功績であるだけでなく、アメリカの科学の勝利でもあった。他の地質学者たちも、この同じ地層の上を歩きながら、彼らは、この地層の時代を正しく判定し、そのはかりしれない重要性を認識することができなかったのだ。わが隊員のすばらしい業績は、共同研究の価値を示すみごとな実例でもあった。それこそは、この探検隊を組織する基礎となった原則だった。地質学と古生物学はきわめて密接な関係があり、どちらか一方が欠ければ他方は不完全なものとなる。地層の正確な位置づけは、そこに含まれる化石に大きく依存しているのだ。

化石を見つける方法は、素人には神秘的に見える。実際には、それは単に科学的知識と訓練の問題にすぎない。まず第一に、地質学的条件が適切でなければならない。火山岩や変成岩には、化石は絶対に含まれていない。このような岩は熱やその他の影響を受けていて、化石を保存するどころか破壊してしまう。したがって化石は砂岩や、頁岩《けつがん》や、石灰岩のような堆積層にしか認められない。化石は一〇〇万年前と同じように、今日でも形成されつつある。動物が死んだとき、その骨格が砂やその他の堆積物でおおわれることがあるだろう。堆積物はしだいに厚くなっていき、最後には固まって岩となる。それからきわめてゆっくりと変化が始まる。骨の中の有機質成分が細胞の一つずつ、ケイ酸塩鉱物によって置きかえられ、骨格は石化する。つまり石に変わる。堆積層は、あまり古い時代のものであってはならない。すなわち、それが脊椎動物の出現以前に堆積したものであってはならない。さもなければ、当然のことだが、このような動物の骨が含まれるはずがない。その地域の年代や地質構造が、化石を含むのにちょうどよいものであることが必要であるだけでなく、峡谷や涸《か》れ谷が地層を刻みこんで深い地層を表面に露出させていたり、あるいは断崖や尾根があって、堆積層の構造を示すような断面をみせてくれていたりしなければならない。

イレン・ダバス盆地に着くずっと前から、私たちは堆積層が分布する地域を走ってきたが、そこの土地は侵食によって、地層の断面が露出していなかったため、化石が発見される可能性はほとんどなかったのだ。塩湖が広がった平原に下っていく断崖を見たとき、バーキー、モーリス、グランガーは即座に、これこそが彼らの求めていた場所であることを知った。私たちがその上を何キロも走ってきた岩や堆積層の断面が、深いところまで露出していた。その瞬間から問題は、風と雨のはたらきで露出した骨を目で探すことだけとなった。

一般に信じられているのとは反対に、古生物学者たちは、化石を自分の目で見ないかぎり、発掘を始めることはほとんどない。彼らの目をとらえるのは骨のほんの小さな一部にすぎないかもしれないが、それが骨格全体の発見のいとぐちとなることもあるのだ。化石が完全に地表に露出していることもあるだろうし、あるいは雨や水の流れのために最初に埋まっていた場所よりもはるか遠くまで流されているかもしれない。バーキーは最初の恐竜の骨をキャンプの上の露頭のてっぺんで発見した。ブラックは残りの断片を露頭のふもとで見つけた。明らかにこれは雨水で流されて落ちてきたものであり、それはおそらく私たちが到着したときよりもそれほど前のことではなかっただろう。私たちがそのかたわらにテントを立てた長い尾根には、大小さまざまの肉食や草食の恐竜たちの骨や、歯や、爪が埋まっていた。

ゆっくりとしたものではあるが、抵抗しがたい風と天候の作用によって、かつてこの尾根の上をおおっていた何十メートルという岩や堆積層が剝ぎとられ、爬虫類時代の終わりに近い何百万年という昔に堆積された地層が露出されてきたのだ。もっと西方のこの尾根の根っこに当たる断崖のほうでは、風化作用がまだそれほど進んでおらず、白亜紀の岩石の上を哺乳類時代である第三期中期（古第三紀）の堆積層が今なおおおっている。私が立ち去った後で、地質学者たちはまた別の化石を含んだ地層を発見した。これは断崖の地層よりもはるかに古く、哺乳類時代の黎明期にまでさかのぼるものだった。

現在、この塩湖盆地はこの上なくものさびしい地域である。とげの生えた灌木やゴビヤマヨモギの草むらがまばらに散らばる円錐形の砂丘が点々と散在し、夏の太陽のもとでは燃えるような砂漠となり、冬には極寒の荒野となる。この土地も、六〇〇万年前には今とはまったくちがっていた。この盆地は明らかに一つの大きな湖か、もしくはいくつかの湖や沼地の底になっていた。その周囲には植物がうっそうと茂り、私たちが骨を発見した恐竜や、カメや、ワニたちの住みかとなっていた。気候は、ここばかりでなく中央アジア高原全体が疑いもなく今よりも暖かくて湿気が多く、今日のような寒い冬や極端な乾燥は、比較的新しい時代まで、広く見られることはなかった。

このように、毎日はるか昔のようすをかいま見させてくれる魅惑的な場所を離れることはむずかしかったが、さらに外モンゴルに進む許可を得るまでには、ウルガでいろいろ面倒があるにちがいなかったし、また探検全体を遅らせないためにも、時間をむだにはできなかった。そこで、バーキーと、グランガーと、モーリスと、動物採集を続けるための剝製師を一人残し、私は残りの隊員を連れてトゥエリンまで五六〇キロの旅に出発した。そこで私たちはラクダのキャラバン隊に出会うはずだった。

トゥエリンに着くずっと前から、ごつごつした花崗岩の岩塊が見えてきた。それはすばらしいお城のように、まわりの平原から三〇〇メートル近くもそそり立っていた。私たちは昼少し前にその岩山のふもとまでやってきた。道路のわきに大きなキャラバン隊がとまっているのが見えた。近づいていくと、荷物の上にアメリカの国旗がひるがえっているのが見え、私たちの木箱が見えてきた。それは私たちのキャラバン隊だった。ラクダの御者のチーフであるメリンは、たった一時間前にここに着いたばかりだといった。彼らは三月二一日にカルガンを出発し、四月二八日に私たちは出会った。まさに予定どおりだった。私は五週間前に、この日にトゥエリンに着くようメリンに命じたのだ。

メリンは優秀な現地人だ。彼はモンゴルで他の二つの探検隊のキャラバン隊を率いたことがあり、この仕事を愛している。彼は誠実で機転がきき、スポーツマン精神に富み、何でもやってみようという姿勢をもち、よく動物の世話をし、時計のように時間に正確である。私は彼に対して心から好意を感じている。何度も彼はラクダ隊を引き連れて、未知の平原を何百キロも旅をし、指定の日に指定の場所にやってきた。この上なく貴重な採集標本をゴビ砂漠の真ん中から、一箱も傷つけることなく運んだ。彼は果たしうる以上のことはけっして約束しない。昨年の夏、彼は燃えるような砂漠を六〇〇キロほど横断して英雄的な行軍を行なった。出発した七十余頭のラクダのうち、着いたのは疲れ果てた一六頭にすぎなかった。ここまでこられないのではないかと私が心配していたと私がいうと、彼は答えた。

「心配なさる必要はありませんでした。たとえラクダが一頭になっても、私はなんとかやりとげます。」

私はくるといいました」

それは彼の考え方のすべてを表わしていた。彼はくるといった。それでこないなどということは、彼には考えられなかったのだ。

キャラバン隊にはそこにそのまま留まるようにいって、私たちはさらに数キロ、電信局まで前進を続けた。私たちはその近くでキャンプをするつもりだった。最近の戦闘で電信線が切れ、イレン・ダバス以北の通信は途絶えていたが、電信局には気だてのよいモンゴル人が留守番をしていた。彼はラーセンからの手紙を差し出した。その宛先は「ロイ・チャップマン・アンドリュース殿。モンゴルのどこか」となっていた。この手紙は私のひじょうによい友人であるK・P・アルバートソン氏がトゥエリンまでもってきてくれたものだった。彼は電信線の復旧の交渉のためウルガにいったのだ。ラーセンの手紙によると、万事は探検隊にとってつごうよく進んでいるが、私がウルガにいってパスポートをとり、その他の外交的な問題を処理しなければ、西に向かって出発はできないという。

電信局はトゥエリンの岩盤のすぐ外側にあり、私たちはキャンプ地を探して、狭い斜面を走っていった。これほど荒れ果てた起伏の激しい場所を考えることはむずかしいだろう。例の岩山そのものは、古代の山の根っこに当たるもので、ずっと昔にはひじょうに高かったものが、風と天候によって削られて、現在のごつごつした花崗岩の山になったのだ。そこは理想的なキャンプ地となっていた。テントが建つと、私は、キャラバン隊を連れてくるため、コルゲートを車で迎えに出した。シャックルフォードは「映画」の準備を始め、三時半に彼は「ラクダがやってくる」と歌いはじめた。

妻と私が平らになった岩棚の上に登ったとき、アメリカ国旗をもって先頭に立った白人の大男が、この平地の入口にある岩の後ろから現われた。ラクダたちは一列になって、堂々と岩の間を進んできた。列は長く伸びてまるで果てしない線のようだった。この光景に私の血は騒いだ。それは他の何にもまして、この探検が現実のものになったという感慨を私に与えたのだった。ラクダはテントの横を通り過ぎ、兵隊の隊列のように別れて三列となり、荷物を下ろしてもらうためにひざまずいた。それからいつものような叫び声や不平の声をあげながら立ち上がり、草を食《は》みながら丘の斜面を平地へと下りていった。

トゥエリンまでの道中、私たちは地面の上で眠り、食事をしてきたが、今やラクダの荷物の中から折りたたみのテーブルや、いすや、簡易ベッドが取り出され、新しい新鮮な食料も手に入って、豪勢な生活が始まった。私はコックの劉《リウ》に、夕食にはノガンをローストするようにいいつけ、二人の剝製師には小動物用のわなを一〇〇個しかけるようにいった。それから妻と二人で日没を楽しむため岩を乗り越え、小さく囲われた窪地へいった。美しい夕方だった。暖かく、そよとの風もなかった。小さな窪地に立ち、一段ずつ積み重ねたような周囲のみごとな胸壁を見ていると、妻がいった。

「これは劇場の舞台装置にちがいないわ。マクベスのようななにか運命的な悲劇の舞台だわ」

彼女がほんのふたこと、みことといったとき、私たちは北の方角にかすかな唸り声を聞いた。すぐにそれは大きくなり、ごつごつした山脈の上に黄色い雲が沸き起こった。空気が急に冷たくなった。

私は恐ろしいモンゴルの嵐が襲ってきたことを知り、大声で妻を呼び、キャンプに向かって走った。必死で岩山を越え、大きな岩の縁をまわったとき、風がどっとテントに襲いかかった。それは黄色い砂塵を巻き上げながら、まるでサイクロンのようにやってきた。五メートル先も見えなかった。しかし、ブリキかんのガラガラいう音や、布の裂ける鋭い音、それからベッドや、テーブルや、いすや、袋や、バケツなどが丘を転がり落ちていく音が聞こえた。ある程度身を隠す場所となった大きな岩にしがみついて、黄色い雲が競走馬のような速さで斜面を下り、平原を吹き過ぎていくのを見ていた。すさまじい強風はなお北の岩山の上で唸りをあげていたが、砂塵をとおしてものが見えるようになると、人々は急いでキャンプ用の装備品の中でも大事なものを助けに走った。モンゴル人たちはテントにしがみついてテントが倒れないようにしていたが、どれも布が裂けていた。

コックのテントは片面が完全にちぎれ飛んでいた。気の毒な劉《リウ》は彼がローストしていたガンのことばかりを考えていた。小さなスタンダード・オイルのブリキ製のオーブンが岩にぶつかってひしゃげ、半分砂がつまっているのを見たとき、さすがの彼の東洋的な静けさも破れた。

「ああ、ああ、ガンが、ガンがだいなしになってしまった」と彼は嘆いた。

キャンプがきちんと片づいたのは一時間後、すっかり暗くなってからのことだった。気温は一五度も下がっていた。あの冷たい最初の突風で冬がまた戻ってきた。最終的に冬が過ぎていったのは、六月二二日のことだった。

第五章　生き仏の町

私たちがキャンプしたごつごつの岩場のすぐ西に、トゥエリンの僧院があった。三つの寺院がすり鉢のような窪地に身を寄せ合い、そのまわりを何百何千という赤や黄色に塗ったマッチ箱のような家が取り囲んでいた。そこには一〇〇〇人近い住民と、その二倍にものぼるラマ僧が住んでいるにちがいない。北側には、これを抱えこむように低い丘陵が伸び、この淋しい砂漠のとりでを生活の場所として選んだ半ば未開の人々の住み家を守っていた。

トゥエリンに着いた翌日、シャックルフォードが映画を撮りたいというので、私たちは僧院に出かけた。車が大きな窪地の縁にとまるよりも早く、何百人という赤や黄色の衣服のラマ僧たちがユルトや寺院からぞろぞろ出てきて私たちを取り囲み、私たちは息がつまりそうになった。モンゴル人は好ましい人々だが、彼らのいくら熱心な弁護者でも、彼らが清潔だということはできないだろう。モンゴル人は風呂に入らない。指は衣服になすりつける。彼らの食料は主として羊の肉なので、それが酸敗した脂肪の悪臭を発する。トゥエリンの僧院を、ふくいくたる没薬《もつやく》や乳香の香りの立ちこめるところと想像している人にとっては、これは幻滅かもしれない。それでも、薄暗い内部は黄色いろうそくの光に照らされ、祭壇や壁に掛かった色鮮やかな長旗が絢爛と輝き、魅惑的な情景を描き出していた。

ラマ僧は狂信的なので、あまり心を許すことはできない。私はこれまでの経験から、寺の近くで映画カメラを使うのは慎重にしたほうがよいことを知っていた。シャックルフォードのカメラは、レンズがずらりと並んだ、きわめて恐ろしげなしろものだった。しかしシャックは魅力的な笑顔と、鋭いユーモアのセンスで迷信的な恐れを和らげることができるのだ。彼はラマ僧たちの住居の間の狭い露路をたどり、寺の中や祭壇の間を歩きまわって、自分の望むあらゆる場所、あらゆるものを写すのだった。その後には、いつも大勢の僧たちが笑いながらぞろぞろとついて歩いた。

モンゴルの宗教であるラマ教は、チベットから入ってきたもので、現在のモンゴル人の衰微のおもな原因となっている。どの家族でも、長男はかならず僧にならなければならないし、ときには男の子が全部ラマ僧になる場合もある。彼らが生活している寺では、チベット語の祈りを唱えて時間を過ごすが、彼らにもその意味はわかっていない。彼らは人間の寄生虫であり、精神的にも、道徳的にも退廃しており、一般の民衆の迷信を食いものにして生きているのだ。若干の僧は毎年二―三カ月の間寺院で過ごすだけだが、もしそうでなかったなら、家で生活のための仕事をする人間が足りなくなってしまうところだろう。なにしろモンゴルの男性人口の少なくとも三分の二はラマ僧なのだから――。

モンゴル人は世界でも最も不潔な人々の仲間に入るが、その寺はいつも隅々まできれいである。本陣の一番奥には祭壇の上に仏像があり、常にろうそくで照らされている。床の上には、中央に向かって祈禱《きとう》用のマットが並べられ、天井からは華やかな色をした絹ののぼりが下がっている。壁にはさまざまな男神、女神の絵が描かれているが、中にはひじょうにわいせつなものもある。高位の僧は祭壇の右側に坐り、ラマ僧たちはその下のマットの上に坐る。ときどきドラや太鼓の音をはさみながら、しわがれ声の単調な読経が続き、それが薄暗い室内で行なわれる礼拝を荒々しく印象的なものとしている。

私はどこの国でも、モンゴル人ほど狂信的な迷信深い人々を見たことがない。彼らはその宗教的儀式をちょっとでも邪魔されると猛烈に怒るが、中国人と同様、彼ら自身はその神を冒瀆《ぼうとく》してもよいと

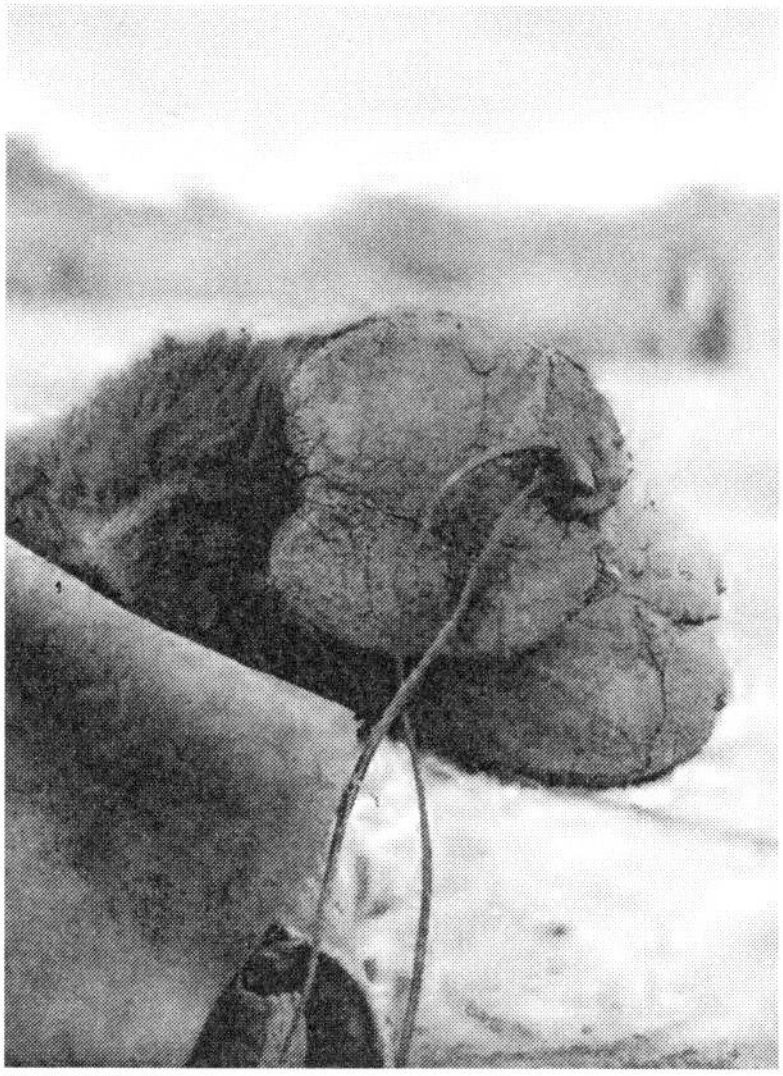

ラクダ隊の有能なリーダー、メリン。彼は約束したことは必ず達成する男だった（上・右）
傷ついたラクダの足は、きれいな皮を当てて縫いとめる（上・左）
仏教の祭典で集まった人たち（下）

考えている。ある宣教師から聞いたところによると、彼はある日、何人かのラマ僧たちが寺の中で酒を飲み、不道徳この上ないような話をしているのを見たという。どうして仏像の前でそんなことをしたり、話したりするのかと尋ねると、彼らは次のように答えた。

「ああ、かまわないんですよ。仏像の目は紙でおおっておいたし、私たちはチベット語ではなく、蒙古語でしゃべっているから、仏像には私たちがどんな話をしているかわからないのです」

僧というものはけっして生き物を殺さないものと考えられている。しかしラマ僧の中には、その仏教徒の原則を忘れているものがいる。アルタイ山脈で私はラマ僧の案内人を連れていた。彼はかつて猟師だったが、重い病気にかかったとき、もし治ったらラマ僧になることを仏に誓った。その誓いを守って彼は頭をそり、毎年二―三カ月ずつ寺に入っていたが、四年目が終わるころには山の魅力があまりにも強くなり、彼はふたたび猟に熱中するようになった。

いつか妻と私がウルガ北方のある谷でキャンプをしていたとき、私たちが連れていた猟師の妻が赤ん坊を連れてきた。子どもは湿疹だらけだった。ある放浪のラマ僧が、子どもが治るよう神に祈っていたが、効果はなかった。私は酸化亜鉛と硫黄をつけてやった。二週間のうちに病気は治ってしまった。するとラマ僧は五〇ドル相当の羊と山羊を私の猟師から取った。

「あなたの子どもが治ったのは、ラマ僧のお祈りのおかげだと思うか？　それとも私の外国の薬のおかげだと思うか？」と私は彼女に尋ねた。

彼女はすぐに、それが膏薬のおかげであることを認めた。

「では、なぜ坊さんにお礼を払ったのか？」

「もし私が払わなければ、彼は私たちの家族に呪いをかけるでしょう。羊や山羊も皆死んでしまうでしょうし、私たちは大きな災難に出あうでしょう」と彼女は答えた。

同じ村のもう一人のモンゴル人が肩を脱臼した。私が骨をもとに戻してやると、ラマ僧は羊を二頭徴収した。そのようにして夏じゅう私が病気を治し、その僧が謝礼を受け取るのだった。

ラマ僧は独身であると思われているが、寺で暮していないときは、一時的に、もしくは生涯を通じて、妻をめとるものも多い。モンゴル人は不道徳なのではなく、道徳というものと関係がないのだ。彼らは自然の子であり、動物の本能をそのままにもっているのだ。女性たちは、からだを露出しないように気は使うが、貞節はとくに美徳と考えられていない。放浪のラマ僧や旅行者が泊めてもらったユルトで女性を要求することはしばしばあり、それが拒絶されることはめったにない。その結果、性病がひどく蔓延している。

私たちがトゥエリンの寺を訪問してキャンプに帰ると、メリンが一頭のラクダの足につぎを当てていた。それはまことにおかしな手術だった。まず、四本の足のまわりにロープをかけ、それを締めていきながら、三人の男が力を振りしぼってラクダを押し倒した。それから前足の間から後足の一本を引っ張り出し、しっかりと縛った。足の裏の大きく平らな肉趾の一つに小さな切り傷があった。十分ラクダがびっこをひく原因になるくらいのものだった。メリンはまず砂をすっかりかき出し、それから厚い皮切れを傷の上に縫いつけた。衣服の破れたところにつぎを当てるのとまったく同じだった。彼は長さ二〇センチほどの曲がった針と、生皮のひもを使った。ラクダは足に縄をかけられるとき、鼻を鳴らし、唸り声をあげて暴れたが、やがて静かになり、ただ哀れなうめき声を出し続けた。ラクダが鳴き声をたてるのはこわがっているためであることを私たちが知らなければ、それは悲痛な場面に見えただろう。しかし、蹄鉄をつけるときに馬が痛くないのと同じように、ラクダもちっとも痛くはないのだ。だが、どのような状況のもとでも、とにかくラクダはこのように哀れな声を出す。巨大なからだをしているくせに、ラクダはまるでハツカネズミのように臆病なのだ。

キャラバン隊が荷物を積み直している間に、私たちはキャンプのそばの岩山のいちばん奥を調べてみた。いたるところに空の薬莢や薬包クリップや、衣類が散らばっており、戦闘の行なわれたことを物語っていた。あの恐ろしかった一九二一年の冬に、数千の中国人がこの電信局の近くにキャンプをしたのだ。彼らを攻撃するため男爵《バロン》ウンゲルンがコサック兵を派遣したが、ロシア人が到着する前に、モンゴルの将軍が強行軍の末、平原を横切り、三〇〇人の兵士を率いてトゥエリンに達した。彼らは、中国兵のほうが数の上でははるかに優勢であることをものともせず、ただちに攻撃をかけた。のちに私は、この将軍にウルガで会ったことがあるが、このときのようすを次のように語った。

「私たちは全速力でキャンプを駆け抜け、目に入るものをすべて殺した。それからまた、私たちは駆け戻った。中国人は羊のように走り、私たちは彼らを何百人も血祭りにあげた」

武器が現代のものであることを除けば、この話は一〇〇〇年前の話と考えることもできるものであった。この方法は、彼らがジンギスカンから受け継いだ戦争の方法だった。長時間にわたる難行軍のあとで、睡眠や食物のことも考えず、いきなりつむじ風のように襲い、情容赦もなく殺戮するのだ。

探検隊がゴビ砂漠の西部にいた一九二二年の夏、私たちは、南のほうで匪賊の大部隊が動きまわっているという報告をしじゅう受けた。彼らはある有名な首領の指揮下にあった。この首領はすべてのロシア人と、ソ連の支配下にあるモンゴル政府の支持者に対して戦いを宣言していた。捕えられたロシア人は、すべてもっとも残虐な方法で拷問を受けた。ここでロシア人というのは、実際には白人を意味していた。モンゴル人にとっては、すべての白人がロシア人なのだ。ある男は、生きたまま皮をはがれた。私たちはこの地域にはあえて入らなかった。一九二二―二三年の冬には、匪賊の跳梁があまりにはなはだしいため、トゥエリンで戦った例のモンゴルの将軍がその討伐に派遣された。

私は昨年の春、F・A・ラーセン氏からその襲撃の話を聞いた。匪賊たちは一〇〇〇人以上もいた。

将軍は六〇〇人の手勢を率いていた。彼の方法は単純明快で、独特のものだった。彼は匪賊のキャンプから数キロのところで部下を留め、わずか六人だけを連れて出かけた。彼らは首領のユルトの戸口まで馬を乗りつけ、馬を降りて中に入っていった。三人のモンゴル人が首領といっしょにいた。

「こんにちは」

将軍はそういいながら自動拳銃《けんじゅう》を引き抜き、相手が動くこともできないうちに、四人全員を撃ち倒した。それから外に出て、匪賊たちに自分が何ものであるかを名乗った。彼の名前と、彼が生き仏から与えられたという魔力の話は誰もが知っていて皆、恐れをなし、将軍を殺そうとするものもなく、彼の部下の兵士たちがやってきたときにはなんの抵抗もしなかった。将軍は、自分といっしょにきてモンゴル軍に加わるならば、命は助けてやると約束した。大部分のものはこの条件を受け入れたが、数人はいっしょにいくことを拒否した。彼は、「全員一致のほうがよい」といって、いやがったものたちを射殺した。

五月二日、私たちは一台の車に乗り、ウルガに向かってトゥエリンのキャンプを出発した。この生き仏の町は、一九一九年に私たちがそこを訪ねたときに比べて、多くの点で変わっていた。当時は、私たちはまるで平原の中と同じように自由に入っていくことができた。今は衙門《ヤーメン》にいく度となく出かけ、秘密警察の果てしない尋問や、荷物の調査や検査などを受けなければならず、まるで敵のキャンプにでも入るような感じだった。それでもウルガは、その不思議な魅力を失ってはいなかった。私たちがやっと城外の検査所から解放されてロシア人居住区を走っていくとき、コルゲートとブラックとシャックルフォードは、私が期待したとおりの強い印象を受けていた。三キロの間は、道路はまったくロシア風である。それから道が大きな広場に出ると、今までの個性がなくなり、モンゴル風と中国風とロシア風が混然と入り混ってくる。祈禱の旗が華やかにひらめいている柵で囲まれた屋敷や、装飾のほどこされたロシアの家や、フェルトでおおわれたモンゴルのユルトや、中国の店などが雑然と並んでいる。

到着した翌日、私は、探検隊と同行することになっていたモンゴルの司法大臣バドマジャポフ氏に会った。彼はまじめそうな好男子で、その魅力的な人柄はたちまち私たち全員を引きつけた。私たちが政府の求める必要な条件をすべて満たし、パスポートを手に入れることができたのは、まったくバドマジャポフ氏とラーセン氏の尽力のおかげだった。

外交的な折衝が進められている間、私たちは皆多忙だった。シャックルフォードは映画を撮影し、アンドリュース夫人はカラー写真に忙しく、ブラック博士は病院で人類学的な計測と観察の結果を記録していた。私たちは飽きることもなく、ラーセンの家のすぐ裏にあるモンゴル人居住区の狭い露地を、カメラをもってぶらつくのだった。小さな現地人の商店の前にはチベット人の巡礼、満州のタタール人、トルキスタンからきたラクダの御者、赤と黄金色の僧衣のラマ僧たちなど、さまざまな民族衣装を着たモンゴル人たちがいた。ここではあらゆる種類のかぶりものが見られた。黄色と黒の高く尖った帽子から、クジャクの羽根のひらひらするヘルメットにいたるまで、ありとあらゆる奇妙な帽子があった。やはりこの町でも、陽気な自由な雰囲気は失われていた。「気違い男爵《バロン》」のウンゲルンの支配下にあった恐ろしい日々、街路は血に赤く染まり、人間の生命が羊の命よりも価値がなかった日々のことは、すぐには忘れられないだろう。それでもウルガは、今なお、世界のあらゆる未知の国々を歩きまわりながら私が見てきた町のうちでも、最も魅力的な町である。

ある日バドマジャポフ氏と私はトラ・ゴルにかかっている長い橋を渡り、ボクド・オラのふもとにある生き仏の宮殿の一つに向かった。私はプレゼントとして一丁の銃をもってきていた。フトゥクトゥは目が見えず、年を取ってひじょうに弱っていたが、それでも今なお銃を好むと聞いていたからだ。

私は聖なる生き仏に拝謁できるものと期待していた。贈りものが中に運びこまれ、私たちは宮殿の隣にある小さな建物でひどく寒い思いをしながら一時間も待たされた。建物のまわりは何百何千という信心深い巡礼たちが取り囲み、ときどき平伏しては柵で囲まれた中庭から両手にいっぱい聖なる土をかき集めていた。生き仏は最近の政治的なできごとによって現世での権力は奪われていたが、モンゴルの民衆の心の中では、かつての栄光が保たれていた。やっとラマの高僧である役人が出てきて、聖下は病気が悪いため私を引見することはできないが、贈りものには感謝しており、お返しに絹のスカーフと聖下御夫妻の写真を私に賜わると丁重に述べた。その写真は明らかにずっと昔に撮ったものだった。

五月九日は一年に一度行なわれるマイダリの大祭の日と定められていた。私たちは全員、ぜひこれを見たいと心待ちにしていた。この祭りを天然色写真や映画に撮ったものはこれまで誰もいないのだ。マイダリ、すなわち来たるべき仏陀は、もっとも聖なる菩薩である。その金色像がウルガの壮麗な寺院に置かれている。大祭はその化身を祝って行なわれるもので、この仏像を大きな玉座に乗せ、いっぱいに装飾し、さまざまな趣向をこらした行列の本尊として町中を引きまわす。

マイダリの進む道は長いので、祭りは早朝に始まる。一〇時に私たちが中央広場に着いたとき、行列はまだ現われていなかったが、太鼓のドンドンという音とほら貝の深い響きに空気は震えていた。音の波に私たちが圧倒されていると、東のほうから、色とりどりの色の大集団がゆっくりと進んでくるのが見えた。間もなく、いくつかのグループが見分けられるようになった。それから細い列と日光の中で輝いている大きな傘が見えてきた。絢爛たるラマ僧の行進の中には、あらゆる色がくり返しくり返し見られた。行列が私たちに近づいてくると、金で織った僧衣を着、頭の上には値も知れないほどの黒テンの帽子をかぶっている総理大臣が見えた。その横には、この国を統治する四人のカーン、すなわちモンゴルの王たちがおり、その後からは王子や、公爵や、さらにもっと下位の貴族たちが、華やかなそで飾りとひらひらするクジャクの羽根のついた濃い青いガウンを着て二列に並んで進んだ。

マイダリを乗せた大きな玉座には虹のような七色の絹の傘がかざられ、そのまわりを黄金の衣服をつけたまばゆいばかりの最高位のラマ僧たちが取り囲んでいた。玉座の両側には華やかな色合いの絹の大傘をもった赤や黄色のラマ僧たちの列がつきそい、玉座と彼らとの間を絹の綱がつないでいた。マイダリの後ろには、その他のラマ僧たちが何千人と続き、さらに婦人たちが、豪華な衣服をまとい、首には真珠の首飾りを巻き、宝石のはまった金の髪飾りをつけて続いた。ほぼ一万人ほどのラマ僧がマイダリに従い、二〇〇〇—三〇〇〇人の老若男女が後に続いた。行列が開けた広場に到着すると、玉座がとまった。そこは丘の上にある大きな寺院から見下ろされる位置にあった。ラマ僧たちは祈禱用のマットの上に坐り、一色の塊まりとなって一カ所に集まった。総理大臣と、統治者であるカーンと、これよりも多少位の低い王子たちは中心に、高位のラマ僧たちはマイダリのわきに坐った。

坐りこんだ僧たちにはお茶と食物が捧げられた。マイダリの乗りものの中にいる赤い僧衣を着た一人のラマ僧が、一端にやわらかいパッドをつけた長い棒で人々の頭をせっせとたたいていた。祝福を求める人々の胸のうちには、彼らの頭に棒の端の丸い玉が当たったとき、彼が祝福されたのだということに、ほんのわずかでも疑いがわくことはありえなかった。その役目をおおせつかったラマ僧は、犠牲者たちの頭をぐらつかせるほどの力でそれを振り下ろすことに大きな喜びを味わっていた。それでも何千人という民衆は玉座のまわりに群がり、その僧は一時間も元気よく人々の頭をたたき続けた。

王女たちや高位の貴族の妻たちは、息を飲ませるほどのすばらしさだった。とくに偉大なカーンの一人の妻は、これほど美しく飾りたてた人間はこれまで見たことがないと思われるほどだった。北モンゴルの女性の習慣によって、枠を入れて髪を編み、二本の大きな平らなおさげを結っていた。それはオオツノヒツジの角のように彎曲し、金の棒で補強してあった。それぞれの角の先端には宝石をちりばめた金の飾り板がつけられ、その先には乗馬用のむちのような飾りひもが下がっていた。このひもは長い金の円筒で包まれ、これにもびっしりと宝石がちりばめられているのだった。頭の上には、二本の角の間に金線細工の小さな帽子を乗せ、それにもルビーや、エメラルドや、トルコ石がはまっていた。そしてまたその上に、黒テンの毛皮で豪華な縁どりをした黒と黄色の皿型の帽子をかぶっていた。耳のすぐ上には金の帽子から太い真珠の首飾りが垂れ下がり、腰までの半ばくらいはあるようだった。彼女のスカートや上着は豪華な絹製で、その上に肩を恐ろしくふくらませた目もくらむような錦のコートをはおっていた。

貴族の婦人たちはその高い身分にまったくふさわしい気品をそなえていた。行列の中で、彼女たちはその夫の特権は何一つ与えられていなかったが、それぞれに一人ずつ従者を従え、大勢の民衆のただ中を威厳をもってしずしずと歩いていた。ときどき立ちどまっては友人とちょっとの間しとやかに言葉を交わし、あるいは男や女たちからの丁寧な挨拶に対して、わずかに頭を下げ、かすかな微笑を浮かべてそれに答えるのだった。

祭りの翌日、私の妻とブラック博士はウルガを発ち、カルガンへの帰途についた。二人はブランダウェル氏の運転する大型車に乗り、ブランダウェル氏の自動車はドイツ人の運転手が運転し、一群の中国人を乗せていた。二日後の早朝、私は妻からの手紙を受け取った。ブランダウェル氏の車が大事故を起こしたという。中国人が一人死に、負傷者の中にはキャラバン隊をウルガ郊外の会合地点まで案内するため私が送った年とったモンゴル人も含まれていた。彼は頭蓋骨が骨折し、鎖骨も折れたという。

同時に、張作霖と呉佩孚との間で大きな戦闘があり、張作霖が負けたというニュースが、どこからともなくウルガに伝わってきた。ブラックと私の妻の帰りの旅が、最初からこのような不運に見まわれ、彼らが北京の近郊で激しい戦闘に巻きこまれることになるだろうと思うと、暗澹たる気持になった。彼らが無事に家に帰りついたかどうかを、私は何カ月も知ることができないのだ。

やっとラーセンと私は、外務省でモンゴル内閣の人々と会うようにいわれた。そこで探検の許可の最終的な細部についての打ち合わせを行なうというのだ。総理大臣や外務大臣、その他大勢の役人たちが、厳粛な秘密会議のため、テーブルについていた。私は、探検隊がこれこれのことだけをし、これこれのことはしないと誓約する協定書を提示された。多少条件を改めたのち、外務大臣と私はこの協定にサインした。

それから総理大臣が、もしできたら、モンゴル政府のためにアレゴルハイ・ホルハイの標本を手に入れてくれないかといい出した。科学の知識をもった読者でも、この動物がなんであるかわかる人が一人でもいるだろうか。私は、今までにもしばしば聞いたことがあるので、これを知っていた。ここにいる人たちは誰もこの動物を見たことはないのだが、皆その存在を固く信じており、それがどのようなものか、細かく説明するのだった。この動物は長さ六〇センチくらいのソーセージのような形をしており、頭も足もない。ひじょうに強い毒をもち、さわっただけでもたちまち死んでしまう。私たちがこれからいこうとしているゴビ砂漠の中でも、最もへんぴな場所に住んでいる。これはモンゴル人にとって、ちょうど中国人の竜のようなものなのだ。総理大臣は自分では見たことはないが、これを見たという男を知っているという。また、ある大臣は自分の「死んだ妻の妹のいとこ」がやはりこれを見たことがあるといった。私は、どこかでアレゴルハイ・ホルハイにぶつかったらきっと採集してくることを約束した。そして、採集用の長い鉄の狭み具を使って、どうやってそれをつかまえるかを説明した。さらにまた、濃いサングラスをかければ、見ただけでもひどい害を受けるというその動物の強烈な毒を避けられることも説明した。会議はきわめて和気あいあいたる雰囲気のうちに終わった。私たちはアレゴルハイ・ホルハイをつかまえることに共通の関心をもつことになったからだ。私はとくに幸せだった。今や、外モンゴルへのドアは探検隊の前に開かれたのだ。

ラーセンの家で、トゥエリンへの途上、自動車事故のため負傷した年をとったモンゴル人が私たちを待っていた。彼はコルゲートからの短い手紙をたずさえており、それが私をひじょうに満足させた。コルゲートの手紙によると、この勇敢な老人はひどくからだを打ったにもかかわらず、傷はたいしたことはないといい張り、ウルガの西三〇キロの指定された会合地点まで自動車を案内する任務をあくまでも遂行しようとしたという。彼らは数日前そこに到着し、隊員は全員元気だということだった。

二日後に私たちがそこにいき、なだらかな斜面に私たちの青いテントが建っているのを見たとき以上の喜びはなかった。遠くには大きな雪の山が輝いていた。はるか向こうには小さな寺院があり、そのまわりを五―六張のモンゴルのユルトが取り囲んでいた。ここはボルクーク・ゴルと呼ばれるところだった。

私たちがキャンプに着いて二時間とたたないうちに、メリンが大きな白いラクダに乗って走ってきた。キャラバン隊はここからわずか一キロ足らずのところにおり、ラクダはみな元気だと彼は報告した。間もなく丘の上にラクダの長い列がシルエットとなって見えた。先頭のラクダの背には、アメリカ国旗がはためいていた。こうして探検隊の全員が初めて一カ所に集まった。これもキャラバン隊と自動車隊との間に夏中保たれたきわめて緊密な連繫プレーの一例であった。

次は二五〇キロはなれたツェツェンワンの領地に着くまで、ラクダ隊にふたたび会うことはないだろう。そこで私たちは日没後もずっと遅くまで働き、食料や、ガソリンや、その他の資材をラクダの積荷から取り出し、その代わりにこれまで採集した標本を全部積みこんだ。豪勢な晩餐で再会を祝し、私は平穏と感謝を胸に抱いて眠りについた。最後の障壁はすでに乗り越え、私たちの前には大いなる未知への路が開けていた。

出発前に、私は、カルガンからいっしょにきたフランス人技師をウルガに送り帰すという気の進まない仕事をしなければならなかった。彼を雇ったのは、彼が車のことを知っており、モンゴル語、ロシア語、中国語、という最も役に立つ三カ国語を話すことができたからだった。

彼はモンゴルの魅力にとりこになった男たちの一人であった。それは強力であると同時に、逆らいがたい、えたいの知れない魅力だった。この国に入ることを禁じられ、入国したら死刑と宣告されながら、なおその魅力に負けてしまったような人々を私は知っている。この技師は北京に数年間住んでいたが、モンゴルの平原と砂漠に戻ることが一生の念願だといっていた。自由と大いなる広がりの土地！　チャンスに満ちた土地！　彼は背がやっと一五〇センチに達するほどの男だったが、話をすると感激でからだが大きくふくらんだ。

私たちがカルガンへ出発する直前に、彼はモンゴル人に売るため、ストリキニーネやその他の薬をもっていってもよいかと尋ねた。もちろん私は許可しなかった。探検隊はなんにしても商売と関係をもつことはできないし、特に薬はまずかった。彼はその決定を冷静に受けとめ、私はそれきりこの問題を忘れてしまっていた。

彼は地質学者たちの車を運転していたが、何日もたたないうちにバーキーとモーリスには、彼の偏狭な心のうちがちらちら見えてきた。彼はアナーキストであることを自分からしゃべった。あらゆる種類の政府を憎み、モンゴルを愛するのは、ここでは誰にとっても自分自身こそが法律であるからだった。彼は一般に生物をきらっていた。ヒバリが楽しげに歌を歌っていると、ピストルを撃ったり、カートリッジが空っぽだと石を投げたりするのだった。彼は一晩中テントにろうそくを燃やし続けた。

暗闇は彼の心を陰鬱にし、頭の中が「黒い想念」でいっぱいになるというのだ。地質学者たちの科学的な作業が遅々としてはかどらないと、彼は気違いのようになった。ある日彼はグランガーにいった。「岩、岩、ここから先は岩だらけだ。でも彼らはいこうとしない。見てくれ、一時間に私たちはたったの八キロしか進んでいない」

「気にしなさんな」とグランガーはいった。「次の一時間には五キロしか進まないかもしれないぞ」

私はモンゴル政府からパスポートを手に入れるまで、このようなことをまったく知らなかった。私が隊員としてこの小男のアナーキストの名前を示すと、外務大臣とソビエト人顧問の顔に驚きの表情が走った。彼らはモンゴル語で早口にしゃべり、ロシア人は席を立った。私は後で、彼がモスクワへ電報を打ちにいったのだと聞いた。ウルガでのこの男の記録は間もなく知らされた。彼は西部で匪賊に加わっていたことがあるということだった。男爵《バロン》ウンゲルンの流血の日々に、白軍、赤軍を問わず略奪を働いていた連中だ。彼は匪賊の非戦闘隊員で、略奪品のおかげで細々と生きている人間のジャッカルだった。ソ連は、私にはそうはいわなかったが、彼を捕えたくてうずうずしていた。もちろん私はすぐに彼を送り帰すことを決め、代わりに中国人の運転手を雇った。

私がこのアナーキストに帰るようにいったとき、彼はろうのように真っ青になった。

「私がウルガにいったら、首をくくられてしまいます。あなたは私の血で手を汚すことになりますよ。あそこにいくことは、私にとっては死ぬことなのです」と彼は訴えた。

「こんな前歴があるのに、なぜモンゴルにきたのですか? 殺されることはわかっていただろうに――」と私は尋ねた。

「私にもわかりません。帰ってこないではいられなかったのです。平原が私を呼んだのです。アメリカの国旗が私を守ってくれると思っていました」と彼は泣くように訴えた。

彼の寝具の間から一〇〇〇個のストリキニーネのびんが発見されなかったら、私は彼の恐怖に心を動かされていたかもしれない。彼はそれを毛皮動物を毒殺するのに使うため、モンゴル人に売るつもりだったのだ。これが決定打となった。このような密輸品をこの国にもちこむことは、探検隊の破滅にもつながりかねないのだ。私はこの探検が純科学的な性格のものであることをモンゴル当局者に強調してきたし、彼らも私たちのキャラバン隊の税関検査を免除してくれていた。なすべきことは一つしかなかった。外務大臣への事情説明書をつけて、ストリキニーネとともに、この男をウルガに護送することだった。その後私は、彼が死刑執行人の到着する一日前にウルガから脱走したことを聞いた。私の話に出てくる他の人々と同じように、彼は今でもモンゴルへの入り口であるカルガンに住んでいる。危険を冒して国境を越えるわけではないが、そうかといって遠く離れることもできないのだ。

リトル徐《シユウ》や、気違い男爵《バロン》のウンゲルンや、ボルシェヴィキ前衛隊の流血の日々に、女や子どもたちがウルガの街角で虐殺され、あるいは自分の家の門口で絞首刑になり、横丁のいたるところで凍った死体を犬がかじっているのを見てきた人々、いかに強い神経の持ち主でも震え上がらせるような悲劇の中を通ってきた人々、戦争や政治の変化から事業に失敗した人々が、平和の兆しがちょっとでも見えるとすぐにモンゴルに戻っていった例を私は何十と知っている。彼らになぜかと尋ねれば、こう答えるだろう。

「私にもわかりません。好きなのです。私はこの国を信じています」

彼らは口にこそ出さないが、フロンティア・スピリットの持ち主なのだ。それは、アメリカ西部を征服し、アラスカを征服し、すべてが開発しつくされるまで地球上の荒野を征服し続ける開拓者魂と同じものなのだ。このような人々は山々や砂漠に、広漠たる土地に、果てしない空に魅惑を感じるのだ。何ものにもとらわれない、野生の生活が、彼らの人間の原始的な本能に呼びかける。人工的なものをすべて取り去った自然のままの生活、そこでは力と忍耐力と勇気とが最終的に試され、最後に頼るべきものは人間自身なのだ。

第六章　ラマ僧の国にテントを張る

五月一九日の朝、ボルクーク・ゴルのキャンプで目を覚ましたとき、私のからだには喜ばしい興奮がみなぎった。そしてその日の行程の終わりには、私たちは新しい地域に入っていた。

低い山脈の尾根に連なる長い斜面を登り、岩の門を通り抜けて、私たちは草地がなだらかに起伏する土地へと入っていった。丘の頂きに登ると、かならずのようにカモシカの群れが草を食んでいるのが見え、ときには数百頭もの群れが見られた。マーモットはあやつり人形劇の動物のように巣穴からひょこひょこ頭を出したり、引っこめたりし、またあるときは、狼が二頭私たちの前の道を横切っていった。

ボルクーク・ゴルから四〇キロのところで、美しい谷間の一番低いところに泉を見つけ、そこで足をとめることにした。私たちはまだ先カンブリア時代の火成岩の地帯におり、それは時代と成り立ちからいって化石を含むわけもなかったが、バーキーとモーリスはこの地域の複雑な地質を調べるため少し時が必要だといった。大きな円形の窪地の真ん中にテントが建てられた。そこは草におおわれた丸い丘で囲まれ、多少風が遮《さえぎ》られるようになっていた。私たちはそこで二日過ごした。グランガーと私は、ひとつながりの長いわなをかけ、ハムスター、ハタネズミ、ジリス、ウサギ、カンガルーネズミなど、私の採集標本の中にまだない種類の、さまざまな興味深い小動物を捕えた。コルゲートと、ラーセンと、バドマジャポフはカモシカを追っていき、五頭を獲って帰ってきた。バーキーとモーリスは、日中は気違いのように働いて、周辺一帯を一五〇キロも走りまわり、夜は遅くまで星の高度を測定し、私たちの地理学的位置を調べた。シャックルフォードはマーモットを撃ち、剝製師につぎつぎと標本を供給した。

北部の草原地帯やアルタイ山脈の斜面では、マーモットが飽きることのない楽しみを与えてくれた。この動物はアメリカのウッドチャックときわめて近い類縁関係にあり、肺ペストを伝播するといわれている。その毛皮は商品価値をもち、毎年何百万枚という皮が中国やロシアに出荷され、世界中に販売されている。秋毛は灰褐色で柔らかく、ひじょうに密生している。冬眠をして春に姿を現わすときには、毛は明るい黄色に変わっており、これは平原の緑色の草の中でいちじるしく目立つ。

マーモットは簡単にわなで捕えられるが、モンゴル人はかならずこれを銃で撃つ。この動物の好奇心と犬を嫌う性質が猟師にしばしば逆に利用される。私はある日、年とったモンゴル人が火打ち石銃を背中に背負い、犬の毛皮を鞍に乗せてマーモットの群生地に向かうのを見た。彼は三〇〇メートルほど離れたところで馬を降り、背中に犬の皮をかぶって四つんばいになった。彼はいちばん近いマーモットに向かって進みながら、ときどきとまっては犬の吠える声をまねるのだった。

マーモットは後足で立ち上がり、興奮したように高い鳴き声をあげ、それから自分の巣穴の近くの土の塚に走っていって、もっとよく見えるようにそこへ登った。モンゴル人はしわがれた声で吠えながら、少しずつ、少しずつ近づいていった。それから彼は突然地面に身を伏せ、古い火打ち石銃を自分の前に構えた。

マーモットは興奮に耐えきれないように見えた。土の塚のてっぺんに登ってつま先で立ち、ピーピー鳴き声をあげながら「犬」がどうなったかを見ようとした。その肥った小さなからだは空を背景にしてくっきりとシルエットを描き、この上ない標的となった。モンゴル人は銃を発射し、突進して、マーモットが断末魔の苦しみにもがきながら穴に逃げこむ前にそれをつかまえた。

現地人のもっとふつうの猟の方法は、まずマーモットを穴に追いこみ、それから五―六メートル離れたところに寝ころがって銃を構えて待つのだ。ときにはマーモットが穴から顔を出すまで、一時間待つこともある。ときには数秒ですむこともある。しかし何時間だろうが、何分だろうがモンゴル人にとっては何の変わりもない。半分眠りながら日の光の中でそこに寝ころがって、事態の進展を待っているとき、彼はまったく幸せなのだ。私は白人からも、現地人からも、マーモットがときに踊るというダンスのことを聞いたことがある。しかし自分ではそれを見たことがない。

地質学者たちが彼らを悩ませていた地質構造上の問題を解決したと報告してきた。そこで私たちはさらにツェツェンワンの領地への路を進み、草におおわれた美しい丘を越え、うまい、澄んだ水が流れる、さわやかな谷間を進んだ。しかし、路沿いには住民はほとんど見られなかったので、長い坂を登りきって突然、目の下の丸い丘のふもとに僧院を見たときにはびっくりした。それはまるで小さな家々や、寺院や、とんがり屋根のやしろを並べてつくったミニアチュアの町のようだった。そのまわりは巨大なアルグルの山で囲まれていた。私たちはラマ僧たちが驚きの叫び声をあげるだけの余裕しかないうちにその寺院の横を通り過ぎ、私たちのキャンプ地へと急いだ。そこはさらに三キロほど先の深い谷の入り口にあり、風からは完全に遮蔽されていた。

この地域は古生物学的に見ると期待はずれだったが、とにかく私たちはツェツェンワンの領地でキャラバン隊の到着を待たなければならなかった。ここもやはり、ひじょうに古い変成岩と火成岩でできていた。バーキーとモーリスとグランガーは、私たちが地層の露頭と平行に走っているので、急角度に南に向かって曲がらないかぎり、堆積層を見つけることはできないだろうという結論に達した。それでも彼らはこの土地が地質学的に興味深いものと考え、わずかな時をも惜しんで忙しくしていた。

キャンプの近くの尾根や丘の斜面には、考古学的にひじょうに興味深い古代の遺跡がたくさんあった。実際、この地方はいたるところにこうした遺跡が点々と散らばっていた。これらには二つの種類のものがあった。一つは小さな石が大きな円を描きその中央に岩山があるもの、もう一つは花崗岩の石板を直立させて地面を四角く囲ったものだ。前者はおそらく部族の会議の場所、あるいは儀式的な記念碑であり、後者はまちがいなく墓場だろう。現地人たちは、これらがひじょうに古いものであって、モンゴル人がここにくるずっと以前に住んでいた人々がつくったものだということ以外、これについて何も知らなかった。バドマジャポフの話によると、ここから西のほうの土地でコズロフ探検隊の隊員が同じような墓を多数発掘し、その中には人骨の他に鉄器や青銅器が入っていたという。ダグラス・カルーサーズは彼の「知られざるモンゴル」の中で、ツェツェンワン領の西北西に当たる草原に見られる遺跡について論じ、私たちが見つけたのとまったく同じような廃墟の写真を発表している。彼はこれらを「トゥムリ」もしくは「クルガンス」、すなわち「見知らぬ人たちの墓」と呼んでいる。南シベリアや、私たちがキャンプを張っている場所の西方の地域が、古代人種の繁栄にきわめて好都合な場所だったというのが彼の結論だ。確かにトゥムリの数は、ここには人間がたくさん住んでいたことを示している。バーキーとモーリスは、私たちのキャンプの北にある二つの湖の間で、よく保存されたひじょうに古いダムを発見した。それは長さ八〇〇メートル、高さ五メートルもあった。私はいつか、考古学のスタッフの力を借りてこの地域のトゥムリを調べることができる日のあることを願っている。これを研究することは、まちがいなくモンゴル人以前の人々の歴史を解明する上で役立つだろう。

私たちは二四〇キロ離れたサイン・ノイン・カーンの居住地に向けてツェツェンワン領を出発し、さらに西へ向かったが、踏み跡はきわめてかすかとなり、ときにはまったく消えてしまった。それでもこの路はウルガからウリアスタイまで何百キロも続き、いつからとも知れぬくらい古くからの路なのだ。地質学者たちはほとんど絶望していた。彼らが見つけた岩は、ひじょうに複雑なきわめて古い一連の岩石で、めちゃくちゃに褶曲《しゆうきよく》し、粉砕されていて、その地質構造や地形について地図をつくることはきわめて困難だった。

たたきつけるような雷と、鮮やかな稲光りと、滝のような雨と雹《ひよう》のさなか、私たちはサイン・ノイン・カーンの居住地に着き、本谷の支流になっている小さな谷間にテントを建てた。そこは支配者であるカーンの宮殿とラマ教寺院から一キロ足らずのところだった。丈の高い草におおわれた丘の頂上まで登ると、突然眼下の緑の平原に、金色の尖塔とそり返った寺の破風が虹色に輝いているのが見えた。そのすぐ向こうには、一枚岩の台地を削って川が流れており、遠くには雪をかぶった山々がいく重にも波打っていた。「町」の中央にはいくつかの寺が並び、その両側にはラマ僧たちの小さな木造の家が大きな翼のように広がっていた。この美しい場所に、一〇〇〇人以上の僧たちが暮らしているのだ。中心の寺はチベットの建築に共通の低くてがっしりとした基礎を持っていたが、その上には典型的な中国風のパゴダのような建物が乗っていた。そのすぐ後ろには、四角く平屋根のチベット風の大きな建物が建ち、黒と白と赤とで装飾が施されていた。この町には寺が一〇あり、その大部分はチベット風、いくつかは純中国風であり、二つの様式を組み合わせたものもあった。「町」の中央にある広場には、宗教的な建造物が何十となくあり、その中には壁面にスタンダード石油のブリキを張り、てっぺんには金箔をびっしりと張った丸屋根を乗せている大きなやしろもあった。聖句を書いた小さな旗がどこの屋敷にもはためいており、ほとんどどこの寺にも回転礼拝器がある。寺の前の丘には、私がこれまで見たうちで最も大きいオボがある。それは巨大な円形の石の台の上に、もう一段小さな台があり、中央に円錐形の石が載っている。そこには祈禱の旗と、小さな布切れや木の枝が飾られている。この種の宗教的記念碑は、モンゴルではひじょうに広く見られる。土地の高くなったところや、丘の頂上などに――、とくにそれらが通り路や道路のわきにある場合には、かならずのようにそれぞれにオボがつくられている。そして、そこにやってきた旅人が皆その上に石を一つか二つ載せ、だんだんに大きくなっていく。

カーンの冬の宮殿はこのラマ僧の町の北東隅にあり、そこは専用の寺といっしょに高い柵で囲われている。カーンがこの宮殿で暮らしているときは、宮殿の庭にあるユルトにいることが多い。モンゴル人は、どれほど地位の高い人でも、フェルトの家の中にいないと本当にくつろぐことができないのだ。

ユルトは巨大な蜂の巣のような外見を持ち、丸い形をしていて、風にさからうような平らな面がない。これは三〇分で建てることができ、また三〇分で取り壊してラクダに積むことができる。フェルトはきわめて秀れた断熱材で、冬でも鉄板のストーブや火鉢に火を燃やしていれば、気温が零下四〇度まで下がっても、ユルトの中は暖かい。夏には壁のおおいを巻き上げれば、風が家の中を自由に通り抜け、もっとも暑い日でも家の中は心地よく涼しい。

ある日、私はあるモンゴルの王子のユルトに坐っていた。入口と反対側のいちばん奥の上座には低い壇があった。右手には、衣服や個人的な持ちものを入れるための彫刻した木の箱がおいてあった。左手には祭壇があって仏の絵がかかっており、その前には二本のろうそくが燃えていた。床には羊と狼の毛皮が敷かれていた。私はこの大型テントの屋根を支えている細いポールの先端が、槍の先のように尖っているのに気づいた。

「どうして屋根のポールの先をあんなふうに尖らせてあるのですか?」と私は王子に尋ねた。

彼はちょっとのあいだ考えていたが、最後に、「どうしてか私は知りません。私の祖先がいつもそうしてきたのです」といった。

「それは、偉大なる戦士であったあなたの祖先が、いつも槍と盾をもっていたためではないですか？　そして襲撃にいく途中で夜になると、槍の手もとを地面に刺して、先端に盾を立てかけ、その骨組みの上に皮をかけて寒さや夜露をしのいだのではないでしょうか？　あなた方のユルトは、この古い習慣を模倣したものにすぎないと思います」

「たぶんそうでしょう」と彼はいったがこの考え方には興味を示さなかった。

モンゴル人はものごとの原因を突きつめようとはしないのだ。彼らはこれまでずっとやってきたとおりにすることで満足し、その理由を問うことはしない。

私たちがカーンを訪ねたとき、まだ一〇歳にしかならないカーンは町の東方のはるか離れたところで暮らしており、私たちは彼に会えなかった。彼のおじの高僧は、私たちのキャンプから二五キロほど離れた温泉にいっていた。バドマジャポフは一九二〇年にウルガで中国兵の拷問を受けていらいリウマチに悩んでおり、私たちがキャンプを北へ移動している間に、この温泉につかりにいった。

テントは、長さ一・五キロ以上にわたって続く美しい森の中に建てられた。ここは北極分水界に近かった。ふたたび木を見ることは、のどの渇いた人間が冷たい水を飲むようなものだった。わずかな風もなく、林の中の空地は日光を浴びて暖かく輝き、大気には落葉松《からまつ》の芳香が甘くただよっていた。オレンジ色や、青や、黄色や、紫の豪華な花のカーペットが丘の斜面を一面におおっていた。毎晩、私たちは大きなたき火のまわりに集まって、夜遅くまで語り合った。私たちは、できればずっとここにいたい気分だった。しかしある朝、メリンが丘に登ってきて、バドマジャポフが私たちを待っている温泉にキャラバン隊が着いたというニュースを伝えた。もはやここに留まる口実はなかった。私たちはこの木々と花々のパラダイスを発ち、南へ、ゴビの砂漠へと進まなければならなかった。

温泉まではわずか七〇キロしかなく、私たちは午後早くそこに着いた。バドマジャポフが私たちを熱狂させる情報をもっていた。モンゴル人たちの報告によれば、ここから南に一五〇キロほどいくと、私たちがいくつもりでいたまさにその地域に化石層があり、人間のからだほどもある骨が見られるというのだ。彼らの説明を聞くと、大きな堆積層のように思われた。

キャンプができると、グランガーと私はすぐに温泉に入浴にいった。湯は丘のふもとから湧き出し、何十条もの小さな流れに分かれて、岩の斜面を流れている。あちこちの岩の間に湯だまりがつくられ、それぞれテントでおおわれている。水は透明でかすかに硫黄の色合いをもつにすぎないが、匂いははっきりと感じられる。温泉の近くの斜面からは冷たい水も流れ出しており、それもうまく流路をつくって、それぞれの湯だまりに湯と水が両方絶えず流れるようになっていた。泉源にいちばん近い湯だまりはラマ僧である王子の専用で、その上には彼が使うために広々としたユルトが建てられていた。

丘の斜面から温泉が湧き出している地点のすぐ上に、半円形の城壁の形をしたオボがある。真ん中には石の祭壇があって、その上には三枚の平らな石板が立てられ、その上に仏像が立っている。何十枚という絹の布切れが風に吹かれて色あせ、リボンのように裂かれて、祭壇のまわりにたくさん下がっている。これは、温泉につかったり、飲んだりするためにやってきた巡礼たちが供えたものだ。そこには、やしろの上の空のように真青な新しい布切れもある。王子は私たちに、ここはひじょうに神聖な場所であり、この聖所の内側に入ってはならないといった。彼の話では、この湯は仏が丘から流れ出させているもので、熱く、聖なる治癒力を豊かにもっており、その聖所は仏に対する感謝を表わすためにつくられたものだという。私たちは、このように泉を崇拝することに別に驚きは感じなかった。ひどく寒い冬の日のキャラバンのことを想像してみるがよい。風が白熱した焼きごてのように肌を刺す冬の日に、彼らは丘を越えてやってきて、流れのほとりの平地にテントを建てる。疲れ果てたラクダから荷物を下ろしたのち、凍りつくように冷たくなった放牧者たちは谷を横切り、この温泉を探す。それは凍った大地からほとばしり、温かさと安らぎとを与えてくれるのだ。温泉の背後にある山を、いかなる生命をも奪うことのできない聖地としたことになんの不思議があるだろうか。

流れの下流の片側に、大量の石がごろごろと堆積している場所があった。最初それは突然の豪雨で押し流されてきたもののように見えたが、中でも最も大きな石を見ると、かつてはそれがきちんと積み上げられていたものであることを示していた。さらにその中には、この山には見られない石もあった。はるかな昔、ここに大きなやしろか寺院が建っていたにちがいない。この山と泉が、モンゴル帝国の時代以前から神聖なものとされてきたことは確かだった。

王子は細心の注意をしながら、祭壇の土台になっている岩の下にとぐろを巻いていた暗褐色の毒蛇を私たちに示した。モンゴル人たちはこの蛇の牙に致命的な毒があることを知っており、もしこれが流れの反対側の岸で見つかったならばたちまちたたき殺していただろう。しかし、神聖な場所をすみかに選んだため、この毒蛇は注意深く保護されるのだった。流れの下流にある入浴テントやユルトなどにも、この種の爬虫類はしばしば入りこんでくる。バドマジャポフのところには、その前の日に二匹もやってきた。彼は猛烈に蛇を恐れているが、この二匹には外に出ていくよう静かにお願いしたという。

この王子は、単なる迷信からではなく、深い感情からラマ教を信じている、数少ないラマ僧の一人だった。彼は小さな男で、繊細な先の細い指と、整った顔立ちと、ほとんど白といってよい皮膚をもっていた。彼はいつも親切だったが、私は彼が笑ったところを見たことがないと思う。そのやや悲しげな顔は不思議な静けさをたたえ、身のこなしや動作は気品に満ちている。坐ったときには無意識のうちに仏像のような姿勢をとる。その姿勢は、瞑想と精神の静けさを最大の教義とする宗教の教えを強調しているものだ。彼はたばこを吸わず、酒も飲まない。生まれながらに科学的な精神をもっている。シャックルフォードのカーバイド・ランプを見て喜び、コップの水の中に灰色の小石をいくつか落とし、火をつけたマッチをそれに近づけたとき、彼はアセチレン照明の原理を完全に理解した。バーキーとモーリスが彼のところにお別れをいいにいったとき、モーリスはそのユルトをスケッチする許しを求めた。彼は絵の中に入れる本や、儀式のための道具を選んだのち、独特の仏像のような姿勢をとり、身動きもせずに坐った。ときどき小さな太鼓をたたくために体を動かすだけだった。その音にともなって彼の従者たちが、絵がどのくらい進んでいるかを見にくるのだった。

私たちが温泉で過ごした時期は、モンゴル人にとって「移動の週間」であった。何十という村落が夏の放牧のため、丘陵や山岳地帯に移動していた。秋にはまた、雪から逃がれるため、平原や砂漠に戻ってくるのだ。モンゴル全体が動いているように見えた。ある朝私たちがテントから外を眺めると、谷は目の届くかぎり、北へ向かって移動していく羊や馬やラクダであふれていた。昼には、日の照る斜面に生物の影は見られなくなったが、日暮れ前にはまた別の群れがやってきて、白いユルトがあたりの風景の全体に点々とばらまかれた。私たちはただそこに留まり、モンゴル人の生活の一大絵巻が目の前でくり広げられるのを見守るだけだった。それはシャックルフォードにとってはすばらしい被写体となった。

私たちが温泉を発った日、彼はユルトを建てるところをすばらしい映画に収めた。一人のモンゴル人が妻と年とったラマ僧を連れ、美しい草の茂った丘に彼らのラクダをとめた。まず、格子になったユルトの骨組みが広げられ、それから家財道具やかごに入れた赤ん坊が中に運びこまれた。女性が長い棒で丸いものをいちばんてっぺんに押し上げ、彼女の夫は骨組みに次々と棒を差しこんで円錐形の屋根をつくっていった。それからドアをはめたのち、フェルトの側壁を縛りつけ、屋根の上の細長い

オロク・ノールの東端付近で見かけた遊牧民のユルト

アルタイ山脈北方の干上がった湖床から塩を採取するモンゴル人

フェルトにロープをかけた。ユルトは三〇分で完全に建てられた。

モンゴル人の風習のうちのあるものと、初期のアメリカ西部の平原住民の生活習慣との間に似たところがあることは、ひじょうに印象深かった。お客を歓待することはモンゴルのおきてである。旅人が夜、モンゴル人の村に近づいたら、彼は馬の鞍をはずして草を食うよう追いやり、いちばん手近なユルトに入っていく。食事と宿が得られることはまちがいない。料金のことなどは考えない。誰もが同じような状況に立ちいたることが多いからだ。ある夏、私たちの隊のモンゴル人の一人は、キャラバン隊を探して一カ月近く旅をしたが、彼はその間全部で食べ物のためにたったの三〇セント使っただけだった。私が知っているあるモンゴル人は、私がいこうとしている方向にまったく水がないことを知らせるため、あるいは夜の間に見えなくなってしまった私の馬を連れ戻すために、何キロも馬を走らせてくれた。彼は同じような状況のもとで、同じような親切さを私にも期待するだろう。

馬泥棒はモンゴルではもっとも重い罪であり、泥棒はその場で射殺される。泥棒の心配なしに馬を草原に放すことができなければ、きわめて重大なことになるからだ。モンゴル人が馬を盗まれたと訴え出れば、兵隊がその足跡をつけ、家畜の群れを一つ一つたどり、犯人を見つけるまで、追跡に何週間かかってもあきらめない。

モンゴルでの生活はけっして楽ではない。熱帯の森林地帯のように、一日で一週間暮らせるほどの食料を手に入れることはできない。生きるためには馬に乗り、射撃をし、疲労と空腹と寒さとのどの渇きに耐えることができなければならない。ジンギスカンの時代にモンゴル人の大軍が全ヨーロッパの恐怖の的となりえたのは、このような図太さのためだった。大族長の兵士たちは補給部隊などなしに旅をすることができ、乾燥した馬乳で命をつなぎ、何も食べるものがなければベルトをしめて、空腹を笑いとばす。休みをとることもなく何時間も馬に乗り、星のもと、あるいは雪の中で眠り、敵に電光石火の攻撃を加えるモンゴルの襲撃部隊は、今日ここにいたかと思えば、明日はどこかにいってしまう。彼らが征服されるようになったのは、彼らが征服した西方の人々から手に入れたぜいたくの毒に、その力がむしばまれ始めてからのことであった。

バーキーとモーリスは温泉の周囲約八〇平方キロの土地の地理学的ならびに地形学的な地図をつくった。彼らはきわめてエネルギッシュに働いた。南西にあるといわれる化石地層に早くいきたくて私がうずうずしていたからだ。私は温泉に着いた翌日にキャラバン隊を送り出し、化石地域から約八〇キロほどのところにある小さな川のほとりで再会することになっていた。

草の斜面を登り下りして続く路のあらゆるところで、モンゴル人たちはよい草を求めて旅を続けており、カモシカの大群は私たちが向かっている砂漠から北方へゆっくりと進んでいた。西へ二五キロから三〇キロ走ったのち、私たちは急角度に南へ方向を転じた。すぐにあたりの風景が変わりはじめた。草はしだいに薄くなり、ところどころにやぶが見られるだけとなり、岩の露頭が目につくようになった。ほどなく、私たちはある丘の上から双眼鏡でキャラバン隊の青いテントを見つけ、それから砂漠地帯へと下りていった。盆地の中央には塩湖と広大な堆積岩団塊の原があった。西方には荒々しく、ごつごつとした花崗岩の峰々があり、遅い午後のもやの中にぼうっとかすんだ姿を空に浮かべていた。足もとには細かな砂利が広がり、ところどころにはヤマヨモギの茂みと、まるで針金のように固くて丈の高い草むらが点在していた。メリンは、ここはラクダにはとくによい草があるだろうといっていた。ラクダというのは説明のしようのないおかしな動物だ。からだの形からみても、ラクダは有史前の時代の遺物、更新世からの生き残りのように思われるし、また、外見と同じように、味覚も独特だ。青々とした草の中にいると、ラクダは元気がなくなってやせてくるが、ヤマヨモギやとげだらけの植物に囲まれていると彼らはひじょうに幸せなのだ。

砂漠には生物がたくさんいた。わなにはさまざまな新しい哺乳動物がかかり、三人の剥製師はいつも標本づくりに忙しかった。湖には繁殖中の水鳥があふれ、地上にはほとんど一歩歩くごとに三種のトカゲがちょろちょろ逃げていくのが見られた。私たちがここへくる前にいた森は、たくさんの生物が暮らすのに特に好適な条件と思われたが、わなを一〇〇かけても、小さな哺乳動物を三—四頭以上捕えることはむずかしく、森はカッコウの鳴き声や、カケスのけたたましい叫び声を除けば静かだった。私はこのようなケースをしばしば見てきており、森ではなく、アジアの砂漠こそ真の採集家のパラダイスだと思うようになった。

カルガンからウリアスタイへのサイル・ウス路は、キャンプから一〇〇メートルしか離れていなかった。ある美しい、風のない夕方、ちょうど昼が夜に変わりつつあるころ、私たちはラクダの鈴の甘い音を聞き、空を背景に浮かんだ大キャラバン隊の黒い影を見た。鈴の音を除けば静かに、大きな動物たちは夕闇の中から現われ、西の空の夕映えの中に消えていった。私たちは全員、なにか中国からのニュースを聞けないかと思って道端に集まり、二人の男が立ちどまって話をした。彼らは茶とたばこをもってウリアスタイへいく回教徒の商人だということだった。五カ月後には皮と羊毛を持って戻る。彼ら一六人の人間と二〇〇頭のラクダがカルガンを出発してからすでに九〇日たっているという。彼らはこの商売に全財産を注ぎこんでいる。これには並みはずれた事業的な勇気を必要とする。しかし彼らは、マルコ・ポーロの旅よりもはるか昔から、砂漠を越えて大交易路をたどってきた祖先たちの習慣に従っているだけのことなのだ。

静かなラクダの列が闇の中を通り過ぎていくのを見ながら、私はこれまで以上にはっきりと実感した。中央アジアは今なお中世に生きているのであり、この隊商路は今日もなお、二〇世紀も昔と同じ目的に役立っているのだということを——。しかし、彼らの時代はこの先長くはない。私たち自身、自動車輸送に頼っている「路の破壊者」であり、そのあとには鉄道がやってくるだろう。こう思うと私は、誇りに身を震わせるのではなくて、自分たちが砂漠の神聖さを犯し、モンゴルの神秘を破壊しつつあることを悲しく思うのだった。

第七章　ゴビ砂漠でのケンタッキー・ダービー

中央アジア最大の山系であるアルタイ山脈は、東南に向かってゴビ砂漠に入りこんでいる。東に進むにしたがってしだいに山は低く、凹凸が少なくなり、ところどころで尾根や峰が切り離されるようになり、しだいに山脈らしさを失い、やがて起伏する砂漠の中に消えていく。私たちが探し求めている化石地域は、東アルタイの山群の一つであるバガ・ボグドのすぐ北にあるといわれる。そこには路一つなく、私たちの自動車がバガ・ボグドまでいきつくことはまず望み薄と思われた。しかし、メリンが草の状態がひじょうによいと報告したので、私は疲れて背中のすりむけているラクダたちをここに残していき、ヤマヨモギやイバラを思う存分に食わせ、その間、私たちは自動車での旅を試みることにした。

ベイヤード・コルゲートとバドマジャポフは二五―三〇キロ離れたところに住んでいると思われたある金持の男を探して一日むだに過ごした。彼らはこの男から情報を手に入れ、バガ・ボグドへの案内人を探してもらおうと思っていたのだ。しかし、彼らが見つけた村はユルトが六つ建っているだけのところで、この地域でももっとも貧しい男のところを教えられた。彼のユルトはフェルトを数枚寄せ集めただけのものであり、彼の財産といえば、一人の妻と、一頭の馬と、一頭の羊と、一頭の山羊がそのすべてだった。

私たちは一四日間分の食料とガソリンとその他の物資を十分にもって、六月二一日の水曜日に出発した。モンゴル人の案内人はトラックの一台に得意げに坐っていた。彼はこれまで自動車を見たこともなかったが、人生が楽しい驚きの連続であることを知る心の用意はもっており、なんでも一度は試してみようという心構えはできていた。

昼少し前、遠くにきらきら輝く大きな湖が見えてきた。岸辺にいってみると、それは塩水湖ではなく、塩そのものの湖だった。その東の端近くに、六頭のラクダと四人のモンゴル人がいた。彼らは一〇以上もの美しい塩の山を日に乾かしており、その塩は食卓用に精製したかのようにきれいで、雪のように真白だった。塩をいっぱいつめて、ラクダに積むばかりになった袋もあった。結晶させる方法からみて、これはほぼ純粋な塩化ナトリウムだとモーリスが断言した。湖の表面はすべて厚さ二・五センチ以上もある固い塩の表層でおおわれ、その下は泥になっていた。

この土地の南のほうを見渡して、コルゲートと私はここをいったいどのようにして自動車で進むことができるだろうかと思い悩んだ。それから四時間、私たちが乗用車とトラックを走らせた場所は、それについて書くだけでも身の毛がよだつ思いがする。そこには、谷があり、溝があり、壁があり、岩があり、崩落跡があった。コルゲートの巧みな運転と工夫のおかげで、ようやく私たちは大事故を起こすことなく、ここを通り抜けることができた。ダッジの車は山羊のようによく登った。コルゲートと私は感激のあまり、もし雪さえなかったら、この車でエベレスト登山でも喜んでやってみるだろうということで意見が一致した。

山脈を越えると、すぐに砂の川にぶつかった。これは手ごわい相手だった。シャックルフォードと私は土手に上がってあちこち偵察したが、他に路はまったくなかった。その砂地を渡るか、さもなければ今いるところに留まるしかなかった。結局、私たちはトラックのうちの一台で試してみることに決めた。この大きな図体のトラックは、怒った獣のように唸《うな》り声をあげ、鼻を鳴らして土手を下り、砂地を突っきって向こう側へ上がった。ためらうようなようすさえ見られなかった。他の車もその広い踏み跡をたどり、五分のうちに自動車隊は全部無事その砂の川を渡った。

その近くの泉には、南方の砂漠からきたというモンゴル人たちがいた。その朝、彼らが自分たちの馬を連れていくと、馬といっしょに野生ロバの群れがいるのを見たという。それは嬉しいニュースだった。私はアメリカ自然史博物館のアジア生物展示室に展示するため、なんとかして野生ロバを何頭か手に入れたいと思っていたのだ。野生ロバはアジアとアフリカにしか見られない。モンゴル種については不完全な知識しか得られておらず、アメリカの博物館でその標本をもっているところはない。ずっと以前に、ラーセンと私は、野生ロバを投げ縄で捕えて、生きたままニューヨークに連れて帰る計画をたてていた。地面が十分に固くて車を高速で走らせることができれば、今こそ私たちの計画を試してみることができると考えられた。とにかく私たちはその皮と映画がほしかった。この動物の野生の状態を写した写真は今まで一つもないのだ。

次の日、地質学者たちは、グランガー、コルゲート、ラーセン、それに案内人を連れて車で谷を下り、モンゴル人たちが化石があるといった地点に向かった。夕方、七時半に踏査隊が帰ってきた。彼らの報告によると、道中はきわめてきつかったが、自動車が走ることの不可能な道ではないということだった。三時間探して、数個の骨の破片が発見された。それはとくに珍しいものではなかったが、そこが化石のある地層であることを示すのには十分だった。さらに、グランガーは双眼鏡で、野生ロバが尻尾を振ってハエを追いながら、日の光を浴びて気持よげにまどろんでいるのを見た。幸先は上々だった。

キャンプの近くで一日作業した後で、地質学者たちは化石を見つけたといったが、詳しくは夕食のあとまで教えず、私たちに気をもたせた。夕食後、彼らは戦利品をテーブルの上に広げた。骨はたくさんあったが、ひじょうに小さな破片になっていて、それをはっきりと鑑定することは不可能だった。それでもグランガーは、バーキーが見つけた肋骨の一部は恐竜のものにちがいないと考えていた。そうだとすると、この骨が出てきた地層はおそらく白亜紀、すなわち爬虫類の時代のものだろう。この発見は、私たちの最大限の期待以上にこの地域が豊かなものであることを示していた。なにしろ、それは哺乳類の時代と爬虫類の時代の両方の化石層を含んでいるのだ。モーリスは葉状頁岩《けつがん》から珍しい昆虫と魚の化石を採集していた。その一つには一匹のカが完全な形で封入されていた。一〇〇〇万年か一二〇〇万年ほど前に生きていたものだ。バーキーもそれに負けず、ひじょうに美しく保存されたチョウの羽を手に入れていた。レンズで見ると、最も繊細な静脈まではっきりと見えた。

地質学者たちによると、このような葉状頁岩は、山などに囲まれたひじょうに静かな池でできたものと考えられるという。その水面で死んだ昆虫が底に沈み、堆積物のおおいがその上を静かにおおっていったのだ。動物性物質が腐敗していく間に、昆虫の小さなからだがこの基質の中に完全な型を残した。ちょうど熟練工が石膏で鋳型をつくるのと同じように――。葉状頁岩は水平な層に沈積したきわめて細かな堆積物でできている。紙のように薄い層に剝がすことができ、きめが細かいため、昆虫の型を残すのに特に適している。

私たちは夜遅くまで起きていて、標本を調べ、その日の仕事がどのような可能性を示唆するものであるかを話し合った。私たちが重要な地域にいることは明らかなので、バーキーとモーリスは、モンゴルの地質の見本図として役立つような地質図と地形図をつくることになった。地質学者たちは助手をもたず、この起伏の激しい土地では自動車も使えないので、これは時間がたっぷりあったとしてもたいへんな事業だったが、彼らが思い立ったことはやりとげるだろうことを私は知っていた。

六月二六日、残りの隊員はグランガーが化石を見つけた谷の南端にある泉のほとりにキャンプを移した。私のテントの戸口からは、南にバガ・ボグドを見ることができた。その雪をかぶった峰々は、いつもそのあたりに浮かんでいる雲よりも白かった。前景の遠いところには、上が平らになった長い尾根が横たわり、それは上のほうが灰白色の地層になっている以外は赤レンガ色をしていた。もっと近くには、赤や、白や、黄色の堆積地層の小さな山や丘が起伏し、風と雨で侵食されていた。西のほうには砂利の準平原が広がり、砂漠の草がまばらに散在しているその向こうは黒い熔岩《ようがん》流の原に接していた。東には崩れた河谷の向こうに、同じような砂利の平原が目の届くかぎり果てしなく広がり、たえず姿を変える蜃気楼の中に消えていった。

一日で夏がきていた。流れる熱波が岩や草に幻想的な形を与えていた。カモシカたちは空中で踊っているように見え、空を飛ぶ鳥たちは地面に衝突するかのように見えた。湖などないことがわかっている場所に、岸辺にアシの生えた湖や、木の茂った島影が現われ、暗い森が木蔭におおわれた谷の涼しさを与えた。それは非現実の世界であった。

私がこの恐るべき、しかし魅惑的な荒野を見渡していると、空が暗くなり、北のほうから押し殺したような唸り声が聞こえてきた。私は突然冷たい風が吹いてくるのを感じ、振り向くと河谷のほうから突風が吹いてきて、砂を巻き上げながら競馬馬のような速さで西へ吹き過ぎていった。その後には狭い白い路が残されていた。それは小石のような大きさの雹《ひょう》だった。一瞬ののちには、砂漠には黄色い日光が満ち溢れた。それは平原に降りそそぐ前に琥珀色のガラスを通り過ぎてきたかのように見えた。

ラーセンは私の横に立って、突風が吹きすぎていくのを双眼鏡で見ていた。突然彼が叫び声をあげ、一・五キロほどのところの砂塵を指さした。その真ん中には三頭のこげ茶色の動物が見えた。確かに野生ロバだ！　一頭は静かに立ち、一頭の大きなオスが円を描いてもう一頭を追いかけていた。

五分後に私たち四人は自動車に乗り、ロバのところに急いでいた。私たちがまだ七〇〇―八〇〇メートル離れているうちに、彼らは西南のほうに走りはじめた。比較的ゆっくりと走り、ときどき立ちどまっては私たちを振り返って見ていた。彼らはひじょうに身ぎれいで、短い夏毛はよく身づくろいしてあり、サラブレッドのようにゆうゆうとギャロップで走った。突然、狭い岩の門のある浅い窪地に姿が消えた。ふたたび反対側に彼らの姿が現われたとき、私たちは射撃を始めた。しかし四〇〇メートル以上離れており、弾は一発も当たらなかった。彼らは南の砂地に走り去り、私たちは完全にしてやられたことを認めないわけにはいかなかった。

「野生ロバ《ワイルド・アス》・キャンプ」と名づけたこの泉に到着した次の日、私は最初の重要な化石を発見した。私たちはテントから一〇メートルほどのところで化石を探すことができた。テントは赤と白の露頭のすぐわきに建てられていたのだ。その朝シャックルフォードが深い谷底で、きわめて保存のよいサイの足の骨を見つけ、私は彼の発見したのよりももっとよいものを見つけてやろうと思った。泉の近くの谷底に一連のわなをしかけたのち、私はゆっくりと谷の斜面を歩きながら化石を探した。テントからほんの数メートルのところで、上層の灰色の地層に独特の色の変わった部分を見つけた。それは少し白っぽく、歯のエナメル質の崩れたもののように見えた。柔らかい粘土のような土をかき取ると、三本の大きな歯の咬合《こうごう》面が露出した。私は、これは重要な標本にちがいないと感じた。まわりを支えていた土を取り除くと、歯は文字どおり粉々に崩れ、何百という小さな破片になってしまった。

もっと掘って、その下に何があるかを見たいという強い誘惑にかられたが、もしそんなことをしたらグランガーの猛烈な怒りをかうであろうことを私は知っていた。そこで私は自分を抑えて彼を大声で呼び、ここへきてこれが何であるか判定するようにいった。保存状態が良くないため、最初彼はこれを取り出す価値があるかどうか危ぶんでいたが、ついにやってみることを決めた。ウォルター・グランガーのような化石採集技術の達人にしてはじめて、これをすっかり取り出すことができた。そしてその彼でさえ、この作業に断続的に四日間を要した。彼は細いラクダの毛のブラシを使って、砂をほとんど一粒一粒取り除き、歯が少し出てくるたびに、アラビア・ゴムで歯を湿らせ、割れ目には丈夫な日本製の薄い上質紙を少しずつつめこんだ。ゴムと紙が乾くと、砂粒のようなエナメル質の粒がしっかりと固まり、さらに大きく掘り出しても安全になる。それからグランガーは細長く切った麻布を小麦粉の糊に浸し、ちょうど折れた足か何かのように化石に包帯を巻いていく。一日太陽に照らされると、この包帯は固い殻となり、標本はその中で安全に守られる。作業が進むにしたがって、ひとそろいの歯などよりもはるかに多くのものがこの丘に埋まっていることが明らかになってきた。口蓋の片側が現われ、つづいてほおを形づくる頬骨弓、最後には頭蓋の前部と下方に曲がった一対の長い鼻骨が出てきた。その歯は、この動物が私たちの誰も知らない種類のサイであることを示していた。のちにオズボーン教授がこれについて研究し、バルキテリウム・モンゴリエンゼ（Baluchitherium mongoliense、現在ではパラケラテリウムと呼ばれている）と名づけた。

私は古生物採集家としての初体験に奮いたち、暇なときはいつも荒地をぶらぶら歩き、何か新しい宝物を探した。露出した骨のまったくの断片から頭蓋骨や骨格が見つかるかもしれないのだ。ただ一つの標本が中央アジアの先史時代の新たな一ページを明らかにするかもしれないのだ。しかしアマチュア採集家として、私はシャックルフォードにはるかに遅れをとっていた。彼はどこにいちばん良い化石があるかを正確に知っているかのようであり、いつも他の誰も気がつかなかったような歯や骨を手やポケットにいっぱいもってキャンプに帰ってきた。彼には特別な感覚が発達していて、二〇〇万年前に死んだ動物の匂いを嗅ぐことができるのにちがいなかった。

化石を発見しようとする私たちの努力は是認されたが、それを取り出そうとすることはまったく許されなかった。私ならつるはしを使いたいと思うところで、グランガーはラクダの毛のブラシや、針とたいしてちがわない大きさの尖った道具を使うのだ。貴重な標本が発見されると、彼はたいてい野生ロバを狩りにいくよう勧めたり、何か私たちが彼の仕事の場所からできるだけ遠く離れるような仕事をすることを勧めるのだった。

「野生ロバ《ワイルド・アス》・キャンプ」での最初の一週間、私はするべきことがたくさんあり、ほんのときおり化石を探して歩くだけだった。ラーセンと、コルゲートと、シャックルフォードと、私は一日の大半を狩りをして過ごし、ごく短期間のうちにこの土地をよく知るようになった。キャンプの東の砂利の準平原で、私たちは子どものガゼルを追って痛快な追跡を味わった。このチビは生後まだ一〇日ほどで、オオウサギと変わらないくらいの大きさだった。母親といっしょに広い丘の斜面にいるのを見つけたが、すぐに母親は子どもを残して自動車の前をあちこちと走りまわり、私たちを別の方角へ誘導しようとした。私たちはそれに惑わされるわけにはいかなかった。私はホーナデイ博士に、もし幼い子どもをつかまえることができたら、ニューヨーク動物園にガゼルと野生ロバを連れてこようと約束していたのだ。子どものガゼルは黄色い稲妻のように走ったが、車の速度を時速六〇キロまであげると簡単に追い抜くことができた。すると彼は急に右や左に方向転換し、私たちが方向を変えるまでに何百メートルか引き離すのだった。最初彼は、母親といっしょにいた場所のあたりを大きな円を描いて走り、六キロぐらいの間は時速四〇キロより遅くなることはほとんどなかった。それからしだいに疲れはじめたが、さらに八キロは平均時速二五キロで走った。やがて彼はかなり疲れ、しばしば立ちどまり、首を高く伸ばして地面にうずくまったりしたが、自動車が近づくとふたたび全速力で走り出すのだった。最後に彼はすっかりあきらめて寝そべってしまった。シャックルフォードが自動車からからだを投げ出してガゼルの足をつかまえ、頭から落ちていきながらそのからだを押さえこんだ。私たちは自動車の床にコートでベッドをつくってやり、この小さな動物をキャンプに連れて帰って、すでに大家族になっていた私たちのペットの一員に加えた。

子どものガゼルをつかまえた日に、私は最初の野生ロバを手に入れた。昼食のすぐ後、ラーセンがキャンプから二・五キロほどのところで、美しいオスが日光を浴びてうとうとしているのを見つけた。ロバはときどき尻尾を振り、長い耳をものうげに動かす他はじっと立っていた。私たちはしばらく双眼鏡でこのロバを見ていたが、やがてラーセンと、コルゲートと、私が車で出発した。前の経験にこりて、私たちはほとんど真南に走り、彼が低地の砂地にいかないようにした。彼はすぐに私たちの意図を見抜いたように、全力でバガ・ボグドに向かった。コルゲートはアクセルをふかし、自動車は時速七〇キロで突進した。ロバは私たちの前を突っ切ろうと全力を出しても、六五キロ以上は出せなかった。彼は平原のほうに向きを変え、一・五キロほど西の黒い熔岩流に真直ぐ向かった。このみごとな動物のわずか数メートル以内のところを走るのはスリリングだった。これほど間近に活動しているロバを見るのは初めてだった。私は止まれといいたくはなかったが、すでにロバは危険なところまで熔岩に近づいていた。ちょうど彼が私たちの前を横切ったとき、コルゲートがブレーキを力いっぱい踏んだ。最初の一斉射撃で彼は北に向きを変え、私たちはふたたび自動車に飛び乗って追いかけた。彼はスタートでは四〇〇—五〇〇メートル私たちを離していたが、目に見えて遅くなっていた。私は三〇〇メートルのところでふたたび銃を発射した。彼は一瞬がくっとし、数歩走ってから転がり、足が激しく空をかいた。ロバが静かになっていくのを見ながら皆歓声をあげた。それは大レースであった。そして私がアジアで撃った獲物の長いリストに、新しい動物が書き加えられたのだ。

私はこの標本を調べるのが待ちきれないほどだった。このロバはよく肥え、健康状態は完全で、モンゴル馬と同じくらいの大きさがあった。枯れたヤマヨモギや砂漠の植物を食べながら、どうしてこのように健康でいられるのか、私たちには不思議だった。実のところ、私たちはこれほどみごとなオス馬をこれまでに倒したことはなかった。上のほうの淡黄茶色がしだいに薄くなっていき、腹は純白だった。背中には幅の広い暗褐色の縞があり、まっすぐ尻尾のつけ根まで伸びている。尻尾の先端はブラシのようになっていた。短い夏毛は美しく、絵の具の刷毛を植えたように見えた。外皮には、首のところに古い闘争の名残りである小さな傷跡が二つ三つある他は、まったく何の汚れもなかった。彼の感嘆ぶりは留まるところを知らなかった。ラーセンは専門の馬商人の目で、この耳の長いみごとな体型をした動物を値ぶみしていた。彼は即座にその場で、子馬(子ロバというべきか)を何頭か揃え、それを繁殖用に使う計画をたてた。どれほどすばらしいラバができることだろう。

ラーセンがロバの死体のところでトビがこないように番をし、コルゲートと私は急いでテントに戻った。テントまでは三キロほどしかなかった。皆ひじょうに興奮していた。彼らは丘の上から双眼鏡で追跡のようすをずっと見ていたのだ。トラックに剥製師を乗せて出発したとき、そこにはコック以外のキャンプの全員が乗っていた。かわいそうなチビ! 彼もロバを見たい好奇心で身が細る思いだったろうが、雄々しくも自分の仕事を守ったのだ。皮を剥ぎ、骨を大ざっぱに取り出すと、私は肉の大きな塊りにストリキニーネをたっぷりと入れて毒入り肉をこしらえた。

翌朝、コルゲートと私は毒を入れた肉のところへいったが、ひじょうに驚いたことに、それはまったく手つかずで残されていた。しかし次の夜は成果があった。二〇メートルと離れていないところに一頭の大きな狼が倒れ、北のほうにはもう一頭が倒れていた。死の苦しみの中で山へ戻ろうとしながら力つきたようだった。それは六月二九日のことだったが、二頭とも長い冬毛をところどころにつけ、きわめて汚らしかった。

二頭の狼の他に、トビが四羽、イヌワシが一羽、巨大な黒いハゲワシが一羽、毒入り肉のため死んでいた。温泉でラーセンはこのハゲワシと同じような標本を撃っていた。それは広げた翼の端から端まで二メートル九〇センチあった。

この種のハゲワシ（Vultur monachus）は世界中でもっとも大きな鳥の一種である。この鳥が羽をほとんど動かさず、円を描きながら人間の目にはとらえられないほどの高さまで上り、砂漠の動物が死ぬのを待っているのを見ていると飽きることがない。彼らはゴビのこの地域にとくに多い。私は、ハゲワシが野生ロバの死骸をむさぼり食いすぎて、地上から飛び立つことができなくなったのを見たことがある。ある日、コルゲートと私は撃ち倒したカモシカをそのままにしておいて、傷ついたオスを追っていった。しばらくして死体のところへ戻ってくると、一羽のハゲワシが飛び去り、わずか三〇分足らずの間に体重三〇キロほどのカモシカの半分以上が食い荒らされていた。

今は七月一日だ。私たちは探検隊が五月にウルガを出発していらい、外部の世界のニュースをまったく聞いていなかった。私は中国でどのようなことが起こったかを知りたかったし、また、ブラック博士と私の妻が出発してすぐトゥエリンのキャンプの近くで自動車事故にあったのち、無事に北京に到着したかどうかを確かめたかった。そこで私は、ニュースと私たちを待っている手紙があればそれを持ってくるため、ベイヤード・コルゲートを車でウルガにやることに決めた。残念なことに、ラーセンとバドマジャポフの二人が、コルゲートといっしょにいかなければならないという。彼らは夏じゅうずっと仕事を離れているわけにはいかなかったのだ。私はこの一三〇〇キロもの旅にただ一台だけ車を送り出すことには気が進まなかったが、とにかくニュースを手に入れないわけにはいかなかった。

シャックルフォードと私はずっと野生ロバをつかまえたいと思っていた。南の軟らかい地盤のほうへいかないようにすれば、砂利の平地でつかまえることができるだろう。七月五日、朝食のすぐあとで、私たちはちょうどおあつらえむきの場所に一頭いるのを見つけた。私たちがロバを取り囲むと、彼は実にうまいぐあいに北の高地のほうに走りはじめた。そこは地面が固く、でこぼこが少なかった。何十回となくかれは私たちの前を突っきろうとしたが、私はいつも斜め前方に車を走らせて彼を遮った。ついに私たちは一〇メートル以内にまで近づき、時速約六〇キロで八〇〇メートルほど走った。彼は頭を下げ、片目で私たちを見ながら、足で大地を蹴って、砂や砂利を風防ガラスに投げつけてきた。シャックルフォードはカメラのわきの座席の上に半ばひざまずき、フィルムを何十メートルもまわした。それからロバは急にスピードをあげ、ヘッドライトから一メートル足らずのところで車の前を横切って、南へまわりこみ、約八キロの下り坂の直線コースを突っ走った。シャックルフォードと私はすっかり興奮して互いに叫び合った。それは冷静さを失わないよう鍛えられたスポーツマンにとっても、スリリングなレースだった。私たちは細大もらさずそれをフィルムに収めた。すべてが終わっても、この美しい動物はフィルムの中にいつまでも生き続けるだろう。

シャックルフォードがどうやって車から落ちないでいられたのか、私にはわからない。地面はでこぼこで、車が地面のこぶにぶつかっても、スピードを落とすことはなかった。ロバを追っているうちに、私たちは狭い谷を横切った。その底には深い溝があった。私たちは時速六〇キロでその溝を飛び越えた。着地したときシャックルフォードはドアにまたがり、からだの大部分は車の外に出ていた。

一瞬彼は危なっかしくバランスをとり、それから車の中に転がりこんだ。ちらっと見ると、三脚の足もとに彼が丸くなって転がっているのが見えた。それは心強くも怒りの唸り声をあげていた。彼が死んでいないことはわかった。奇蹟的にカメラはちゃんと三脚の上に載っていた。私たちはその幸運に感謝し、またすぐその後シャックルフォードが、この平原でも最も凹凸の激しい場所をがたがた走る車の中でうまくフィルムを交換できたことを感謝した。

私たちは平原を東へ進み、西へ走り、あっちへ曲がり、こっちへ曲がりして荒っぽいレースを四六キロ続けた。ぎりぎりのところでロバが熔岩流のほうへいくのを遮ることも再三だった。最初の二五キロはロバの平均時速は四八キロだった。それから目に見えてスピードが落ちはじめたが、なおも頑強に、優に時速三二キロ以上の速さで六キロ走った。このときにはだく足になっており、しばしば曲がったり、突然方向転換をするようになり、しだいに危険な熔岩流のほうに近づいていった。ついに彼は私たちを熔岩の中に引きずりこんだ。そこでは大きな岩塊やナイフのような岩の背が、私たちの動きを封じた。彼をつかまえそこなったことは確かだった。しかし彼は立ちどまり、休息するだけで満足していた。

私はゆっくりと後ろから近づき、シャックルフォードは三脚のロープを彼に投げかけようとした。あの狂ったような追跡の間に、彼はそれで投げ縄をつくっていたのだ。縄はロバの鼻づらと片側の耳にかかった。彼はそれを振り払い、両方の後足で車を蹴とばし、左側の泥よけを壊した。それから熔岩流の外に飛び出し、静かに立ちどまって私たちを見ていた。彼は唸り声をあげて尻尾の後にしつこく食い下がってくる、黒いものから逃れられないことは明らかに覚悟していたが、レースは諦めたもののの、からだの自由を奪うことを許すつもりはなかったのだ。

私たちが細心の注意を払いながら近づいていくと、彼はキャンプの方向へ歩きはじめた。ちょうどそのとき、地質学者たちの乗った自動車が水平線に現われた。シャックルフォードがこの野生ロバをキャンプへ連れて帰って彼らに見せてやろうといい出した。ローで走りながら、私はロバの後をつけ、ゆっくりと歩くロバをキャンプのほうへ追っていくことができた。シャックルフォードはこの厳粛な行進をフィルムに収めるために飛び降りたが、ロバはなにか異常なことが起こりつつあると感じて、突然時速四〇キロで疾走しはじめた。私は一人で、車で後を追った。疾走はほんの短いものだった。

これによってロバはテントの近くまでやってきて、ついにそこで横になってしまった。彼が落ちつくのを待ってから、私はバケツに一杯水をもってこさせ、彼の頭と首を洗ってやり、自分から立ち去る気になるまで休ませておいた。シャックルフォードが彼の走りっぷりを写したすばらしい映画のお礼に、乾し草でも食わせてやりたいところだった。

グランガーは地質学者たちといっしょに谷の上の古いキャンプに出かけ、ある夕方遅く、バーキーが肋骨を見つけたところからさして遠くない場所で、完全な恐竜の骨格を発見した。この標本を掘り出すには数日間の作業が必要だった。それは長さ約一八〇センチくらいの小型の種類のものだったが、むちのような尻尾の小さな骨に至るまできれいに保存されていた。のちにオズボーン教授は、これにプロトイグアノドンという名前をつけた。イレン・ダバスで発見された恐竜の化石は断片的な骨や歯だけだったので、今回の発見はこの上なく重要なものだった。これによってアメリカ自然史博物館は展示可能の骨格を手に入れ、また、ヨーロッパとアメリカの対応するグループの恐竜と細かく比較することができることになった。

他の人々がそれぞれの研究に専念している間に、シャックルフォードと私は動物や鳥を撃ったり、映画を写したりして日を過ごした。ある朝、私たちは遠く西のほうへ出かけ、ツァガン・ノールまでいってみることにした。その水面が透明な空気の中で魅惑するように近くに見えたからだ。間もなく私たちはカモシカの群れを見かけるようになり、みごとなオスを二―三頭撃った。自動車がある低い丘のふもとでとまったとき、私たちは驚きのあまり息を飲んだ。野生ロバが、あらゆる斜面に一頭ずつ、あるいは一〇頭か一二―一三頭のグループになって、何十頭となく砂漠の植物を食んでいた。その中にはカモシカもたくさんまじっていて、それは全部オスだった。動物たちは自動車をまるで気にしていなかった。シャックルフォードは急いでカメラに三脚をつけ、私は一キロ足らずのところでもの珍しそうに私たちを見ていた七頭の野生ロバのほうへ車を走らせた。彼らは砂塵を巻き上げて走り出したが、時速七〇キロで走っているとすぐに追いついた。シャックルフォードは、カメラを構えて後ろのシートにひざまずいていた。突然、彼が叫んだ。

「カモシカだ！　左側！」

　そちら側を見ると、少なくとも五〇頭以上のカモシカが密集隊形で走りながら、私たちの前を突っ切ろうとしていた。右側では、七頭のロバがなんとかして私たちの前を突っ切ろうとしていた。私はアクセルをさらに踏みこんで、カモシカの後ろにまわりこんだ。時速八〇キロのスピードを出すなど簡単なことなのに、彼らは、野生ロバよりも早く走ってはいけないと考えているみたいだった。走っている動物たちの集団が三〇メートル以内になったとき、シャックルフォードは興奮のあまり大声をあげながらカメラのシャッターを切り、フィルムを次々と何メートルもまわしていった。私たちは群れのまっただ中におり、地面を蹴るひづめの巻き上げる砂利が風防に当たった。これほどのスリルを私は今までに味わったことがなかった。それは寿命を一年縮めてもよいほどの値打ちがあった。

　数分後にシャックルフォードが、左手から子連れのロバがやってくると叫んだ。私の目の隅に、心配げな母親の後を必死で追っている、足もとの危ないけばだったものがちらりと見えた。すぐに私は自動車のスピードを落とし、彼の脇へまわりこんだ。そのチビは生まれてまだ三日とたっておらず、こわばった足で、おかしな、おぼつかなげな足つきで走っていた。彼は速く走ることはできなかったが、怯えているようには見えなかった。シャックルフォードは自動車の床から彼の投げ縄を見つけ出し、ステップに立ってこの子ロバにたやすくロープを掛けた。それは実に可愛らしい小さな生き物で、まるで馴れているように見えたが、自動車の後部座席に乗せようとすると、とんでもなかった。彼は四つ足で飛びまわり、シャックルフォードの足を蹴り上げたのはいうまでもなく、カメラの三脚までへし折りかねない勢いだった。

最後にシャックルフォードはフィルムを全部使い果たし、私たちは昼食のため湖に向かって南へ進んだ。そこはすばらしい美しさだった。南のほうには桃色や薄紫色にかすんだバガ・ボグドが雲の間から気高い頂きをのぞかせ、そのふもとには広大な扇状地が緑色のビロウドのように広がっていた。そこから湖水までの間には、クリームのような白い砂丘が長い列をなして並び、それには風紋が描かれていた。アシの生えた湖畔は生き生きとしたエメラルド・グリーンをしており、鏡のような湖面には山々や、砂丘や、草原がそれぞれの色で映っていた。カモや、ガンや、その他の水鳥が、きらきら光る水面に浮かび、その後を綿毛にくるまったヒナたちが並んで追っていくのだった。

キャンプに戻ると、子ロバは多少問題となった。彼はかんづめのミルクを水筒からむさぼるように飲んだ。隊員たちは自分の分け前を喜んで譲ってくれたのだが、それでも、私たちはこれだけで彼を飼えるほど十分にミルクを持ってはいなかった。私たちは、彼が草を食べられるようになるまで、山羊乳が十分に手に入ることを期待することにした。

バーキーと、モーリスと、グランガーは、しばらく「野生ロバ《ワイルド・アス》・キャンプ」に留まるのがもっともよいと考えていたが、シャックルフォードと私はツァガン・ノールにメイン・キャンプを移すのがよいと判断した。そこならば、私たちは狩りの獲物のたくさんいる地域のまっただ中にいられることになる。そこで七月一一日に、私たち二人は湖のほとりにテントを建てた。湖の水際から五〇歩と離れておらず、固い砂利の岸辺を薄い草のカーペットと丈の低い雑草がおおっていた。私たちは柔らかな日没の残光の中で最初の夕食をとった。湖の向こうの美しい山々には微妙な薄紫のベールがかかり、彎曲《わんきょく》した湖の水際には深い紫色の縁どりが描かれた。私たちは静寂の中に坐ってたばこを吸っていた。わずかに遠くで落ちつかない水鳥がクックックッと鳴き声をたてて静けさを破るくらいだった。突然きらめく光が水面いっぱいに広がり、東の砂丘の上から金色の月が顔をのぞかせた。それはいい表わしようのない平安であり、言葉のおよばない美しさであった。

第八章　バルキテリウムの発見

ツァガン・ノール（白い湖）に着いた次の朝、シャックルフォードと私は隣人に挨拶するため、湖の西の端にあるモンゴル人の村へ向かって車を走らせた、草原に向かって三群のユルトが建っていた。私たちはこの村の村長のユルトで歓迎を受けた、彼は茶と、チーズと、クーミスを出してくれた。クーミスというのは馬の乳を醗酵《はっこう》させたもので、たくさんの馬から集めた乳を合わせてつくるもっとも簡単な自家醸造飲料である。村長の娘で一七歳のチャーミングな少女が私のところへやってきて、恥かしそうに手を差し出した。中指が青黒くなり、恐ろしく腫れていた。明らかに壊疽《えそ》を起こしていた。その夜、彼女は父親といっしょに私たちのキャンプに馬でやってきた。私はその指に湿布をした。翌日、包帯をとると指の半分が落ちてきて、かわいそうな少女は肝をつぶした。しかし後の部分には炎症も見られず、指の断端は二週間以内に完全に治った。私が娘の指を治していらい、村長は私たちの望むことをなんでも喜んでやってくれた。私はとくに犬をつないでおいてくれるよう頼んだ。シャックルフォードが、ユルトの近所でたくさん写真を撮りたがっていたからだ。

モンゴル人の独特な風習のため、犬は人間の生命に対する大きな脅威となっている。死体は悪霊のすみかであり、したがって家の近くにおいておくことがもっとも望ましからざるものと考えられる。そこで彼らはなんとかして、死体をできるだけ早く処分してしまいたがる。

ときには死体を馬車に乗せ、でこぼこのところを急いで走って死体を振り落とす。御者は死体についている悪霊が乗り移ることを恐れ、後ろを振り返らずに一散に走る。一方、犬と、鳥と、狼が、すぐに死体を片づける。骨だけが残り、現地人は皆これを避けて通る。ウルガのラマ僧の町が建てられている丘のふもとには、何百という人間の頭蓋骨や骨が散らばっている。生きている僧たちにとっては、おのれの運命を示す身の毛のよだつ光景だ。大きな黒い犬たちが、この「墓場」のあたりをうろつき、町からひきずり出されてくる死体を取り合って争っている。彼らはほとんど人肉だけで生きており、恐ろしく獰猛《どうもう》だ。武器を持たずに夜このあたりを通れば、食い殺されることはまちがいない。昼間でも、ほんのちょっとでも刺激すれば、犬たちは通りがかりの人たちに襲いかかり、また、自分たちの仲間の一匹が傷ついたりすれば、皆でそれを捕えて食ってしまう。バーキーはサイン・ノイン・カーンの家に近い一軒のユルトのところで三頭の犬に襲われ、ピストルで二頭を射殺してようやく引き倒されないですんだ。妻と私はトゥエリンで、毛皮のスリーピング・バッグに入って自動車のそばに寝ていたとき、危うく食い殺されるところだった。犬たちは死んだモンゴル人だと思いこんで、一四頭もの群れがなにも知らない私たちのからだをむさぼり食おうと集まってきていた。

モンゴル人はユルトの中で人が死んでいくことをひじょうにいやがり、家族の一人の病気が重くなると、最後の時がくる前に他の家族はキャンプを引き払ってしまうことも多い。彼らは悪霊と出会う危険を避けるのだ。あるとき、私は平原で狩りをしていて、火の消えた灰の横に一人の婦人の骨が横たわり、そばには食物が半分入った木の鉢がおかれているのを見た。五―六メートル離れたところには、かつてユルトが建っていた丸い跡があった。私たちが連れていたモンゴル人の案内人の説明によると、この婦人は病気になり、置き去りにされて一人で死んだのだということだった。

私たちのキャンプに近いユルト村の日常生活は、まるで写真家の目を楽しませるために考えられたかのようなものだった。シャックルフォードはカメラをもって、しじゅうそこへ出かけていった。日

独特の髪飾りをつけたチャ・カーンの娘（上・右）
生きている動物を襲い、また死肉をも食べるどうもうなモンゴル犬（上・左）
ユルトにするためのフェルトを作っているモンゴル人たち（ツァガン・ノールにて。下）

の出のときには、男や少年たちがラクダや馬を草地へ追い出し、娘たちは牛や、山羊や、羊を連れ出していった。午後には、牧夫たちは乳を搾るため、自分の動物の群れを連れて帰ってきた。シャックルフォードはさまざまなものを見た。新しいチーズやクーミスをつくるための乳は、穴のあいた容器にからみ合わせた髪の毛を半分ほど入れたもので濾過され、ユルトの壁に掛けた山羊皮に入れられた。女性たちはラクダの毛から糸や綱をつくり、あるいは支那木綿の夏服を繕っていた。彼はユルトを建てるところや、フェルトをつくる工程を映画に収めた。

ある日私が彼といっしょにいるとき、何家族かがフェルトつくりをしているところにぶつかった。谷の上の平地で、地面が固く平らなところに、細長いフェルト片が広げられた。その上に二人の老婦人が羊毛を厚く広げた。これには十分に水が含ませてあり、その上にまた別のフェルトの層が重ねられた。この「羊毛のサンドイッチ」を長い棒に巻きつけ、それを薄い布で包んでしっかりと縛り、突き出している棒の端に縄を縛りつけた。それからラクダに乗ったモンゴル人が、その円筒形のものを後ろに引っ張って、平らな道を一時間以上も歩きまわった。このように転がすことによって、ゆるい羊毛がフェルト片といっしょにしっかりと圧着される。あとはそれを日光で乾かし、端をとじればよいだけだ。

シャックルフォードと私は子どものように喜んで、白い湖《ホワイト・レーク》の新しい本営をベイヤード・コルゲートに見せびらかした。彼は七月一一日の夕方、かわいそうなシャック以外の全員に手紙をもって、「野生ロバ・キャンプ《ワイルド・アス》」に戻ってきたのだ。シャックの手紙は私たちの他の手紙といっしょに、ゴビ砂漠のどこかにあるはずだ。コルゲートはウルガまで二日で走り、帰りもまた同じ時間で帰ってきた。全部で一三〇〇キロの行程だ。彼が留守をしていたのはちょうど九日間だった。まったくりっぱな成績だ。

ツァガン・ノール地域は、動物学者としての私に、実り豊かな研究の舞台を与えてくれた。湖とその岸辺には、野生の生物たちが群がっていた。私たちは、インドでよく知られている美しいインドガンがそこで多数繁殖しているのを見つけた。私たちはまたときどき、白鳥も見かけた。ただし彼らはふつう、川のほうにだけいた。八月に、私はテントに坐っていて、これまで見たことのないガンを七羽見た。私は銃を頭の上にかかげて水の中に入っていき、ゆっくりと射程距離内まで近づいて、そのうちの二羽を射とめた。それは、ヨーロッパではふつうに見られるが、北中国ではきわめて珍しいハイイロガンであることがわかった。二種のツクシガモ、カイツブリ、その他多数の水辺の鳥、渉禽類、カモメ、アジサシなどは、いつも私たちのキャンプの前の浜辺を走りまわっていた。ある晩、剝製師がテントの中でトガリネズミをつかまえた。この小さな食虫類は、湿ったやわらかい土地に住んでいる動物だ。この平原に野生の象を見たとしても、私はこのちっぽけな動物を砂漠で見つけたほどには驚かなかっただろう。もう一つの珍しい食虫類はハリネズミだった。私たちの中国人助手の一人である「鹿弾《バック・ショット》」は、毎晩のように暗くなってから一時間ほど湖の岸辺で過ごし、懐中電灯でハリネズミを探すのだった。

シャックルフォードはこのとげだらけのちび助を一匹もらい受け、それが私たちのもっとも愉快なペットになった。彼は「ジョニー・ツァガン・ノール」という名前をもらい、今はニューヨーク動物園にいる。中国を出発するとき、シャックルフォードが彼と別れることを拒否したからだ。ハリネズミは二〇センチにも足らないからだだが、この上なくすさまじい食欲の持ち主で、昆虫を際限なく食う。

私たちが北京へ戻って間もなく、クリフォード・ポープが揚子江から長さ四〇センチほどの赤ん坊のワニを連れてきた。このワニとジョニー・ツァガン・ノールを研究室の大きな梱包用の箱の中に一晩いっしょに入れておいた。次の朝、ワニは死んでおり、いくらか食われていた。ジョニーは空腹だったのだ。

テントの後ろの平原には属の異なる二種の美しいカンガルーネズミが住んでいた。夜、自動車がやってくると、そのヘッドライトの光芒の中に彼らを見ることができた。私は何回もこれをつかまえようとしたが、彼らは二メートルか二メートル半も跳ぶことができ、いつも私が走るよりも速く跳びまわるのだった。水辺の丈の高い草の中にはキツネが住んでいたし、キャンプの後ろの平原にはカモシカや野生ロバが群れをなし、バガ・ボグドにはオオツノヒツジやアイベックスが歩きまわっていた。

陸地に囲まれた湖そのものにも魚がいることは、水面にかなり大きい渦巻きが見られることからわかったが、釣針を垂れてみてもなんの成果も得られなかった。しかし、三・五メートルの網を使うと、ハヤや一五—二〇センチくらいの小さな魚がたくさんとれた。これらの標本は数百点、ホルマリン漬けにして保存した。

ツァガン・ノールは湧き水によって水を供給されており、現在長さ五キロ、幅三キロほどあるが、蒸発が速いので湖はしだいに小さくなりつつある。一九二五年には完全に干上がってしまった。バーキーとモーリスは古代の湖岸線の跡を七本見つけており、もっとも高いものは現在の水面よりも八・五メートル高いところにあった。明らかに昔は湖の底であった窪地が、西方に長く続いていた。コルゲートと私はそれを二〇キロほどたどってみた。後に私たちはそれがオロク・ノールまで続いていることを知った。疑いもなくこれは、かつてひとつながりの湖だったのだ。盆地の南側の山のふもとには、活動している狭い砂丘地帯が長く伸びていた。午後になると、よく強風が砂丘の上を吹き荒れ、大波からしぶきが飛び散るように、砂丘の頂上から砂が流れ飛ぶのが見られた。

グランガーと、バーキーと、モーリスは一瞬たりとも遊ぼうとはしなかったが、私は七月一八日に

モンゴル人の“すもう”

ツァガン・ノールで見かけた
モンゴルの楽師

は彼ら全員がツァガン・ノールへこなければならないと命じた。私が娘の手を治療してやっていらい友人となった村長の指示のもとに、モンゴル人たちが野外競技会を開くことになっていたのだ。二週間前、彼は騎馬の使者を送り、半径八〇キロ以内のユルトの人々を招待した。プログラムは、競馬、レスリング、ラクダ競走、野生馬を投げ縄で捕え、乗りこなす競技、それに最大の呼びものは煮こんだ羊肉の大饗宴であった。

モンゴル人たちは運動競技を好み、野外での生活を好むので、西欧人にとって中国人よりも理解することがむずかしくないように私には思われる。ユーモアのセンスを持っている人なら、誰でもモンゴル人とうまくつき合っていくことができる。彼らもまた、スポーツマンらしいものの考え方とともに、優れたユーモアの持ち主だからだ。彼らは実際的な冗談を好み、彼ら自身を笑いものにしているものであっても、それを理解することができる。ある日一人のモンゴル人が、乳の入った大きな木のおけを持って馬で私たちのキャンプにやってきた。馬が何かに驚いて、西部の野生馬のように暴れはじめた。馬が跳ねるたびに乳がばちゃばちゃこぼれ、ついに彼は頭のてっぺんから足の先までびしょ濡れになってしまった。おけを落としていたら面目は丸つぶれになるところだった。最後に馬を静めたとき、乳は一滴も残っていなかった。彼はこれを見ていた私たちと同じほど猛烈に笑い転げた。生き仏が冗談を好むことについても、面白い話がたくさん語られている。ウルガに初めて入ってきた自動車を買ったとき、彼の一番の楽しみは、バッテリーにワイヤーをつなぎ、それを中庭に伸ばしておくことだった。中庭は宮殿の窓から見下ろすことができ、彼はいつも窓べに坐っては、訪問客や大臣たちがショックを受けると大声で笑うのだった。

地質学者たちとグランガーは朝九時ちょっと過ぎにやってきた。私たちはフルトン・トラックの一台にカメラを用意して村へ出かけた。男や少年たちの群れが、赤や、黄色や、暗紫色の着物を着て平

ツァガン・ノール南方の大砂丘を下るラクダ隊

野生のロバの子にミルクを飲ませている“バック・ショット”

原に集まっており、華やかな集まりだった。すでに五〇頭の馬が八キロ東にいっていて、私たちがキャンプを出発したときに、一人のモンゴル人がレースをスタートさせるため、馬に乗ってフルスピードで飛んでいった。私は三キロだけ走ってくれればよいといったが、モンゴル人たちはそれに同意しようとはしなかった。彼らがふつう走る距離は一一—二四キロだったが、私たちは最後に八キロというところで折り合いをつけたのだ。それはもっぱら馬の耐久力の問題だった。モンゴル人たちは優れた騎手ではあったが、馬術について本当の知識はほとんどなく、レースの最初からフルスピードで飛ばすのだ。ついに遠くに砂塵が巻き上がるのが見え、馬が不ぞろいの列となって私たちのほうに向かってくるのが見えてきた。乗り手は皆一〇—一二歳の少年だった。ラマ僧の乗った美しい栗毛が悠々と優勝し、小さなラマ僧はモンゴル中で最も誇らしい子どもとなった。レースの後でモンゴル人たちは馬に乗って、一群の僧侶のまわりを回り、素朴な歌を口ずさんだ。歩く馬と華やかな色彩のため、それはちょうど「ワイルド・ウエスト・ショー」か、大きなサーカスのように見えた。

ラクダの競走は、ひじょうに興味深いものだった。このぶかっこうな動物が、いかにす早くスタートをきり、どれほどのスピードを出すことができるかを見るのは驚きだった。最後には、足の速い馬に乗った男が全力をつくさないと、並んで走ることができないほどだった。野生馬に乗る競技は少しばかり期待はずれだった。モンゴル人たちを本当にひどい目にあわせたのは一頭しかいなかったからだ。モンゴル馬はアメリカの野生馬のように跳ねたり、まったく動きをとめてしまったりするやり方を知らず、ただ足を跳ね上げるだけだった。

レスリングには三〇人ばかりの男が参加したが、すばらしいスポーツだった。試合のすぐ前につばをつけてからだを十分にマッサージしていた頑丈そうな男が、やすやすと二人をフォールして勝ったが、三試合目に敗れ、誇りを大いに傷つけられた。勝者は最後の勝負で目の上に恐ろしい切り傷を受け、流れる血のために完全に目は見えなかったが、最後に相手を投げ倒した。

競技会が終わると私たちは皆、饗宴のため村長のユルトにいった。モンゴル人たちはシャックルフォードのカメラの用意ができるまでおとなしく待っていた。それから六頭の羊が入った巨大な木のおけが運ばれてきた。何ひとつむだにはされていなかった。脂肪と血液は腸につめてボイルされ、巨大なソーセージとなっていた。それはもっとも食欲の湧かない塊りだった。二〇〇人の男たちは、それぞれに羊肉を一塊りずつ確保すると、日の当たる片隅に引っこみ、それを口いっぱいにほおばって、かみはじめるとともに肉の端を鼻先で切り離すのだった。私たちは横っ腹が痛くなるまで笑い転げ、シャックルフォードはこのきわめつけの喜劇《コメディ》をフィルムに収めた。

バーキーとモーリスは、身のまわり品を全部持ってキャンプに戻っていたが、七月二八日、三頭のラクダと、三頭の馬と、コックを一人、モンゴル人を二人連れて私たちのところを出発した。彼らの行先は湖の南岸で、バガ・ボグドのふもとの地図を完成するためだった。こうして探検隊はかなりばらばらになった。グランガーとシャックルフォードが「野生ロバ《ワイルド・アス》・キャンプ」に、コルゲートと私はツァガン・ノールに、バーキーとモーリスは湖の南岸の一帯をあちこちと歩きまわることになった。北京で作業の計画をたてていたとき、私はこのような分割の必要性を予測し、探検隊を三班編成とした。それぞれの班が運転手と、コックと、キャンプ設備をもち、それぞれ単独で行動することができた。

シャックルフォードはグランガーと合流した次の日に、河床を踏査していて、文字どおり巨大な骨に蹴つまずいた。それはバルキテリウムの尺骨、つまり前肢の膝の下の骨の頭部であることがわかった。バーキーはイレン・ダバスで、この動物の踵骨《しょうこつ》、つまりかかとの骨を発見していたが、私たちのうちの誰もそのことと、「野生ロバ《ワイルド・アス》・キャンプ」のあたりには人間のからだほどもある大きな骨があるというモンゴル人たちの話とを結びつけてはいなかった。この話が単なる現地人の誇張ではなかったということをシャックルフォードが発見したので、私たちは皆、興奮して落ちつかなかった。私はグランガーといっしょに尺骨が発見された場所へいった。そして乾いた河床やその周囲の丘陵を探してみたが、他には骨格の破片も見つからなかった。

八月三日、ちょうどコルゲートと私が夕食を終えたとき、叫び声が聞こえ、バーキーとモーリスがやってくるのが見えた。それから夜中まで、私たちは彼らの探索と発見の話を聞いた。バガ・ボグドでは、すべてのものが恐ろしい規模であることは驚くばかりだった。彼らが登っていった扇状地は、底辺から頂点までが一六キロ、高さが六〇〇メートルにもおよんだ。その他のものはさらにはるかに大きかった。バーキーによれば、彼のこれまでの経験は、その足もとにもおよばないという。山そのものは海抜約三七〇〇メートルだった。これほど変化があって、モンゴルの代表的な地形を示す場所は、他には見つけられないだろうと思われた。二人の男は朝早くから夜遅くまで六週間そこで過ごし、二〇〇〇平方キロにわたる地図をつくった。しかしそれでも、低い峰の一つに立って目の下に広がる広大なパノラマを見わたすと、彼らが地図をつくったのはほんの切手ほどの場所にしか感じられなかった。

地質学者たちが帰ってきた夜はひじょうに刺激の強い夜で、私は明りを消してからも長い間眠れなかったが、次の夜はさらに忘れがたいものだった。午後遅く少し雨が降り、ちょうど日没のときに壮麗な虹が、平原から湖を越えてバガ・ボグドの頂きへと優美なアーチを描いた。その下で空が燃えたち、ぎざぎざの炎の舌が輝いていた。西のほうには金色に縁どられた赤い雲が湧き立ちながら砂漠の上に厚く重なっていた。光の波が次々と湖を越えて山に押し寄せ、薄紫、緑、深い紫色などの色彩が、一つ一つ名前をあげることもできないほどの速さで燃え上がり、そして消えていくのだった。私たちは最初息を呑むような思いで感嘆の声をあげていたが、やがて畏れの気持が強くなって、しだいに黙りこんでしまった。私たちは二度とこのような光景を見ることはないだろうと感じた。突然、グランガーとシャックルフォードの乗った黒い車が北のほうから現われ、静かにキャンプにすべりこんできた。快活なシャックルフォードでさえ、空にくり広げられている情景の荘厳さのために静かになっていた。紫色のたそがれが山々や、湖や、砂漠の上に落ちるまで、二人はどうしてこんなに遅くなったかを話もしなかった。彼らはバルキテリウムの骨格の一部を発見したのだ！

　モンゴル探検の全体を通じて、もっともよい化石採集地やもっともすばらしい標本は、私たちがある場所から別の場所に向かってまさに出発しようとするときになって発見された。私たちの最大の発見であるバルキテリウムの場合も同じだった。キャンプをたたむに当たって、グランガーとシャックルフォードは荒地の中のまだ調べていなかった一角を歩いてみることにした。そして中国人運転手の王《ワン》には、三キロほど南の山の鼻まで先に車でいっているよういいつけた。しばらくすると王《ワン》は待つのに飽きて、自分でそこらを探してみることにした。すぐに彼は峡谷につながる小さな谷の庭で巨大な骨を見つけた。すっかり興奮して彼は車に戻り、グランガーとシャックルフォードがやってくると、鼻高々と彼らを自分が化石を発見した場所に案内した。それはバルキテリウムの大腿骨の骨端だった。他の部分の骨も、半分土中に埋まって見えていた。中でももっとも重要なのは、下顎の片側がすっかり発見されたことだ。骨はすべてひじょうに保存状態がよく、彼らは見つかるかぎりのものをすべて、なんの困難もなしに掘り出した。日没近くまで、彼らは谷の斜面を探して歩いた。それはもう、暗くなる前にキャンプに着くためには、ツァガン・ノールに向けて出発しなければならない時間だった。

　その夜私はひじょうに遅く眠りについた。頭の中はバルキテリウムでいっぱいだった。そして、前の日に下顎を発見した場所から二五キロほど離れた谷間で、この動物の頭蓋骨を発見した夢を見た。

次の朝、昨日は多少急いで探したわけだが、骨は確かに全部見つけ出したのかとグランガーに尋ねると、彼はいった。

「そうだなあ、私たちが顎骨を発見した場所の下に、まだ風化して露出していない頭蓋骨やその他の骨が埋まっているという可能性はあるだろう」

キャラバン隊がツァガン・ノールに到着して、私たちよりも先に出発する準備を整えており、グランガーはキャラバン隊が運ぶ化石の荷づくりに忙しかった。そこで彼は、シャックルフォードと私が王《ワン》を連れて「野生ロバ《ワイルド・アス》・キャンプ」にいき、小さな谷の底を掘ってみたらどうかと提案した。

私たちは昼食後まで出発しなかった。そこまでは三〇キロしかなく、自動車で一時間も走れば着いてしまうからだ。到着すると、シャックルフォードと王《ワン》はシャベルをもって作業を始め、私は谷の斜面を調べた。ときどき、ちょっとでも色の変わったところがあれば、つるはしを刺してみた。三分ほどすると、私は小さな尾根の上に着き、反対側の斜面を見下ろした。すぐにその谷の底の砂から骨の破片が突き出しているのが見えた。その色はまちがいようがなかった。私は歓声をあげて急な斜面をかけ下りた。私がひざまずいて、テリヤ犬のように砂をかいていると、シャックルフォードと王《ワン》が走って尾根の先を曲がってきた。すでに大きな骨の塊りが掘り出され、さらに何十もの骨のかけらが砂の中に見えていた。それらはきれいに化石化しており、ひじょうに硬くて壊れる恐れはなかった。病的な興奮にとらえられて笑いながら、私たちは砂を跳ね飛ばし、骨を一つ、また一つと取り出していった。

突然、私の指が巨大な岩の塊りにぶつかった。シャックルフォードがそれをたどっていって反対側の端を見つけた。それから彼は一本の歯を取り出した。私の夢が真実となった！　私たちはバルキテリウムの頭蓋骨を発見したのだ！　岩塊の一端はぼろぼろで、簡単に取り除くことができた。残りは土の中にどこまで続いているかわからなかった。シャックルフォードが最初の歯を抜き出したとき、私はここで作業をストップしないと、古生物学者たちに怒られることになることを悟った。そこで私たちは破片を全部集め、斜面を登って車まで運んだ。生まれたての赤ん坊でさえも、私たちがこの貴重な骨に払ったほどのこまやかな配慮を受けたことはないだろう。車で運んでも安全なように、私たちはこれを上着や袋で包んだ。

六時に、皆がお茶を飲んでいるところへ私たちが子どものような叫び声をあげながらキャンプに飛びこんだ。グランガーは古生物学者としての経歴の間に興味深い発見をたくさんしているので、簡単には興奮しない男だが、私たちの話を聞くと急いで立ち上がった。それから車の中の骨を静かに、慎重に調べた。

私たちは骨の中でも最も大きいものについて話し合いを行なった。半分岩の中に埋まっているやつだ。最初は、それが何であるかを鑑定するのはむずかしかった。私たちがここで問題にしているのは事実上未知の動物だったのだ。最後にグランガーが、それは頭蓋の前部の骨であると判定した。それから私たちは二本の大きな門歯や、上顎骨《じょうがくこつ》と前《ぜん》上顎骨もあったと判断した。頭蓋の後ろの部分もそこに含まれていることはまちがいなかった。大きな後頭顆《こうとうか》と、脊髄《せきずい》が中を走る脊柱管《せきちゅうかん》が認められていたからだ。私たちはバルキテリウムが巨大な動物であることは知っていたが、それでもこれらの骨の大きさには、すっかり驚いた。これに比べれば、今までに知られている最大のサイでもまるでこびとだった。なにしろ、この動物の頭は長さが一メートル五〇センチもあり、その首は柱のようなものであったにちがいない。

翌朝早く、コルゲート、グランガー、シャックルフォード、王《ワン》、それに私は一台のフルトン・トラックに乗って、大発見の現場に向かって意気揚々と出かけた。シャックルフォードとウォルターは後ろの折りたたみいすに寝て、声を張り上げて歌っていた。これ以上に幸せな状況のもとで採集された化石はないのではないかと私は思った。

谷の底に着くと、グランガーと私は頭蓋骨を注意深く調べた。それは右側を下にして横たわり、左側の歯槽弓《しそうきゆう》と歯列がなくなっていると判断された。のちにこの推測は正しかったことが明らかになった。

グランガーと、王《ワン》と、私は、河床の砂と砂利を残らずふるいにかけ、歯や骨のかけらを拾い集めた。グランガーは頭蓋骨そのもののまわりで慎重に作業を行なった。彼が砂を一粒一粒払いのけていく間に、残りものはまわりの荒地に散らばって、他の骨は発見できないかを見て歩いた。頭蓋骨は、二本の谷に挟まれた尾根の頂上の近くに横たわっていたことが明らかで、それが土地が風化し、豪雨が降るにしたがって崩れ落ちたのだ。その一部は斜面の一方の側に転げ落ちた。それが最初の日に王《ワン》の発見したものだ。残りは本谷のほうに転がり落ち、そこで私がそれを発見したのだ。そして今、シャックルフォードは、峡谷から少なくとも三〇〇メートル以上離れた平地で、五―六個の重要な頭蓋骨の断片を見つけた。

グランガーが頭蓋骨を掘り出すのに四日かかった。なにしろそれを麻布と糊の殻で包み、ニューヨークまで自動車や、ラクダや、鉄道や、汽船で運んでも安全なようにしなければならなかったからだ。その間、私たちはいくつかの小旅行を行なった。しかし時はすでに八月の九日で、天候はまだ暑かったが、ガンやカモは群れをなして集まり、砂鶏《さけい》は何万という大群が東へ向かって飛んでいった。このような徴候を見るまでもなく、冬が近づきつつあり、私たちが出発すべきときであることを私は知っていた。しかしまだ、私たちは出発の前に、湖の向こう側の灰色の断崖で一日過ごさなければならなかった。そこでバーキーとモーリスが、鮮新世の化石を見つけていたのだ。自動車は砂丘を越えることができないだろうと思われたので、私たちは八月一〇日にラクダで出発した。

次の日の午後、灰色の地層で他の人々もなにがしかのすばらしいものを発見したが、私は中でももっとも幸運に恵まれた。黄色い砂利の丘を調べているうちに、私はそのいちばんふもとのところにいくつかの化石のかけらがあるのに気づいた。それをたどっていくと、土の色がわずかに変わっているところにぶつかり、骨が一センチほど露出しているのを見つけた。私はそれより少し前にマストドンの踵骨を発見していたので、これは牙の端にちがいないと考えた。長鼻類の牙は頭蓋骨にはまっているることが十分に考えられる。私は土をかきとり、すぐにその化石が象の牙ではなく鹿の角であることを知った。それは一〇〇万年近く昔のものどころか、その前の日にそこに落ちたものであるかのように完璧なものだった。私はずっと以前から、アジアに現存するワピチ（鹿の一種）に興味をもっていた。それがアメリカ西部のエルクやヨーロッパのアカシカと類縁のものだからだ。そして、まさにこの化石の中に、両者の祖先を見つけることができるかもしれないのだった。

実際に角を掘り出すことは、私のつるはしとショベルによる方法には不適当な、微妙な仕事だった。そこで私は丘の端まで歩いていって、自動拳銃を三発発射し、グランガーとシャックルフォードを呼んだ。彼らは、私の下のほうに複雑に入り組んで走る小谷のどこかにいるはずだった。間もなく彼らが顔をまっ赤にして、息を切らせてやってきた。探検隊員の間でこの信号は、音が聞こえる範囲内にいる人はすべて、こいといわれるのを待つことなく、できるだけ早くそこへいかなければならないということを意味するものだった。時刻は六時だったが、グランガーは角をアラビア・ゴムとわら紙で糊づけし、取り出すことができた。

日没のころ、私たちはキャンプまでの遠い道のりを出発した。砂丘地帯に入る前に闇が落ちかかり、強い風が東から吹いてきた。私たちはラクダをできるかぎりの速さで急がせた。砂嵐が吹き荒れているときに、風に吹かれて姿を変える迷路の中で道を見失うことは、きわめて危険だったからだ。しかし私たちが幻想的な砂の波を全部乗り越える前に、風が、吹き始めたときと同じように、突然にやんだ。地平線に厚く重なっていた雲が消え、皓々《こうこう》たる月の光が私たちの家路を照らした。

第九章　「燃える崖《フレーミング・クリフ》」の発見

各班が再合流した中央アジア探検隊は、ツァガン・ノールを出発して二日目の昼にはアルツァ・ボグドの正面までやってきた。これは路の南一五キロのところに低く横たわっている、ずんぐりした山塊である。

私たちは山のすぐふもとの草の斜面にテントを建てた。そこは平原から三〇〇メートルの高さにあった。目の前には、砂漠と荒地のすばらしいパノラマが広がり、キャンプのまわりには気持のよい清潔さと、高さと、自由の気分があった。私たちは皆、楽しい二週間を期待していた。モンゴル人たちが、山には羊やアイベックスがたくさんいると受け合っていたし、荒地には化石が十分に期待できそうだったからだ。

しかしまず、これから先の計画をたてる必要があった。私たちは、東へ向かって帰るこの路の五〇〇キロほど先にある砂漠の泉、サイル・ウスに、九月五日までに着かなければならなかった。メリンとラクダ隊がアルツァ・ボグドに着くと、ほとんど休む間もなく、彼らをサイル・ウスに向かって出発させせた。しかしキャラバン隊が出発する前に、バーキーとモーリスはアルタイ山脈を越えてグルブン・サイハンへの一一〇キロの旅に使うため、馬とラクダを雇い入れた。次に私は、グランガーが化石採集のため、北へ向かって出発するのを見送った。

それまでのところ、アルツァ・ボグドでは万事順調に進んでいた。ただ一つ、二カ月間私たちといっしょに暮らした野生ロバの赤ん坊が死んだ。中国人ボーイの「鹿弾《バック・ショット》」は、この赤ん坊にかんづめのミルクをやり、その後、ロバの子のために買った三頭の山羊の乳を与え、この新しいキャンプでは牛乳を大量に手に入れてやっていた。ロバの子は、私たちとはがまんしてつき合っているだけだったが、「鹿弾《バック・ショット》」のことは父親であり、母親であり、偉大な主人であると考えていた。いつも「鹿弾《バック・ショット》」の後を犬のようについて歩き、彼がコックのテントで忙しいときでも、離れることをいやがった。しかし、彼の世話にもかかわらず、ロバの子は育たなかった。八月一八日、私は「鹿弾《バック・ショット》」に、彼のペットが死ぬだろうと話さなければならなかった。すると「鹿弾《バック・ショット》」は中国人の慣習にしたがって谷底に墓穴を掘った。彼が戻ってきたとき、ロバの子は立ち上がった。彼はロバが治るのだと思って、幸せに顔を輝かせた。しかしその夜ロバは死んだ。次の朝、朝食のときに私たちがそのことを話すと、かわいそうな少年は目にいっぱい涙をためてそれを聞いた。彼は慰めようもないほど悲嘆に暮れた。

グランガーが化石を探しに出かけると間もなく、私はキャンプをシャックルフォードとコルゲートにまかせ、ツェリンとラマ僧の猟師を連れて、アルツァ・ボグドの西の山へ出かけた。猟師は、装備はできるだけ軽くし、動物を見つけたら山の中のどこででも寝なければならないといった。そこで、私たちはスリーピング・バッグと五日分の食料だけを引き馬の背に乗せてもっていった。

山のふもとに沿って一四キロ進んだとき、猟師がいちばん高い峰のてっぺんにアイベックスの群れを発見した。私は双眼鏡で、その中に三頭のオスがいるのを見つけた。一頭は、環紋のある長い角が優雅な線を描いて後方に流れるように伸びている、この上なくみごとなオスだった。私たちは、彼らが岩の間を歩きまわり、ときどき草を食っている山頂に登っていったが、その途中で、一頭のメスのアイベックスと三頭の子どものために三〇分ほど手間どらされた。彼らは五〇メートルと離れていないところで身じろぎもせずに立ち、私たちが隠れている岩を見つめていた。彼らはいつまでたっても動かないのではないかと私には思われた。ようやく彼らがいってしまうと、私たちは静かに岩棚を越え、深い谷底をのぞいた。私たちの三〇〇メートルほど下に堂々たるオスたちがいた。私は心臓の動悸が静まるのを待ち、それから子どもたちの間にいる巨人のようにすっくと立っている大きなオスを目がけて発射した。銃声と同時にそのオスは丈の高い草の中に倒れ、他のものはいっせいに飛ぶように私の視野から消えた。すぐに彼らは谷の反対側の斜面にふたたび現われ、立ちどまってあたりを見まわした。射程はかなり遠く、優に四〇〇メートル以上あったが、透明な空気の中ではその姿がきわめてはっきりと見えた。私は中の一頭を撃ち倒し、それは首を砕かれて岩から転げ落ちた。

モンゴル人はたいへんに興奮した。彼は実際に高性能ライフルを撃つところを見たことがなく、こんなに遠くから撃つのは気違いざただと思っていたのだ。しかし、三〇分後に大きなオスが倒れたところにいってみると、私たちの喜びは落胆に変わった。そこには血痕はあったが、アイベックスはいなかった。丈の高い草のため、数メートル以上足跡をつけることはできず、結局、あのオスには逃げられてしまったものと諦めざるをえなかった。もう一頭のほうは完全に死んでおり、群れのリーダーとは比べものにならなかったが、一対の美しい角をもっていた。私が昼食をとっている間に、モンゴル人たちはその皮を剝いだ。

それから私たちはさらに東へ進み、間もなくある谷にまわりこんだ。その谷は山の奥深くへと入っていっていた。河床は完全に乾いていたが、一カ所だけ水のあるところがあった。私たちは水筒と二つの水袋を満たした。その晩私たちは、そこから六〇〇メートル、垂直の壁のように切り立っている山のてっぺんで眠らなければならないと猟師がいったからだ。その頂上には、巨大な爬虫類の背骨のようにいくつもの岩が並んで突き出していた。一方の側には、ちょうど人間が一人、長くなって寝られるだけくらいの狭い岩穴があり、私はその中に毛皮のスリーピング・バッグを広げた。猟師たちは尾根の反対側で眠った。

次の日、私たちは獲物をたくさん見たが、射とめたのはわずかで、その夜はさらに困難な状況のもとでキャンプをした。ツェリンを谷の底に待たせておいて、猟師と私は山の上に登っていった。そして私たちが上がってくるよう合図すると、彼は下ばえの迷路の中で道を見失ってしまった。私たち二人は下りていって彼を助けなければならなかった。山の上まで馬を半分引っ張り上げ、半分押し上げたときには真夜中を過ぎていた。皆、完全に参っていた。それでも、私たちはもうここまできていた。朝には心臓の破れるような登りに時間を費やすこともなく、まさに獲物たちのまっただ中にいることができるのだ。

日が昇ると間もなく、キャンプから五〇〇メートル以内のところに二頭のオスのアイベックスが見えた。彼らの角も悪くはなかったが、私は彼らをやり過ごすことにした。一〇分後、私は心から感謝した。急傾斜の谷の向こう側で、一九頭のアイベックスが静かに草を食っているのを見たのだ。全部オスで、そのうち一一頭はすばらしい角をもち、いちばん大きいものを選ぶのが困難なほどだった。モンゴル人の猟師はみごとな追跡ぶりを見せ、三〇分後、私たちは草の斜面をすべり下りて、大きな岩の後ろに身を隠した。岩蔭からのぞいてみると、群れの全部が一五〇メートル以内のところにいた。みごとな一頭が草の束を噛《か》み切ろうとしたちょうどそのとき、私の弾丸がその横腹に当たった。褐色のからだがいっせいに走り出し、一八頭は山をかけ上がっていった。私は彼らが立ちどまることを期待して待っていたが、彼らは騎兵隊のようにそのまま頂上を乗り越えていってしまった。私はさらに二発発射し、みごとなオスが斜面を転がり落ちるのを見た。それから谷は静かになり、驚いた兎がピーピー鳴く声が聞こえるだけだった。一〇分間ですべては終わったが、その日は、ハンターとしての私の生涯のうちで、他に例のない、きわだった日となった。

翌年の夏、マッケンジー・ヤングと、私はこの同じ山中で、さらにおもしろい狩りを経験した。私たちは朝早くキャンプを出発し、一日厳しい登りを続けたのち、アルツァ・ボグドのてっぺんで毛皮のスリーピング・バッグに入り、星をちりばめた空を見上げていた。西の岩場からはフクロウのホーホーという不気味な鳴き声がかすかに聞こえてきていたが、やがて大きな鳥が音もなく翼を広げて月面を横切っていった。そよ風が私たちの頬をなでて過ぎていった。すると、ものに驚いた鼻息とひづめの音が聞こえてきた。下のほうの斜面で草を食っていたオオツノヒツジの群れが、吹き過ぎていった風の中に人間の臭いを嗅ぎつけたのだ。上のほうはまったく静かだった。くたくたの私たちが長い間眠れなかったのは、その夜の静けさと透明な輝かしさのせいだったかもしれない。

私たちの北方に入り組んでごつごつした峰々のどこかには、アイベックスの群れがいるはずだった。その日の午後遅く、私たちは出しぬけに彼らとぶつかったのだが、私たちが見たものといえば、その群れがかみそりの刃のような尾根の頂上で一瞬立ちどまったときに、ちらと見えた彎曲した角と、激しく上下する頭のシルエットだけだった。それはこの動物たちがオスで、大きなものであることを示すのに十分だった。

私たちが双眼鏡で尾根や斜面を一つずつ調べていると、丸い視野の中に長い谷が入ってきた。すでに去りゆきつつある夏の黄緑色を帯びていた。そのいちばん底に二つの黒点が見え、斜面の少し上にはさらに一〇ばかりの点が見えた。それは羊にちがいなかった。そこまでは少なくとも一・五キロ以上離れており、アイベックスが高い岩場からそんなに離れて草を食っていることはないからだ。

次々とつながった美しい草の斜面が谷へ続き、私たちの馬も元気いっぱいだった。私たちが鞍に乗っていると、ラマ僧の猟師とツェリンが挑むような笑いを浮かべて振り返った。モンゴル人にとっては馬術が他の何よりも高い価値をもち、白人などは、競走をしてもやっと二位につくことができれば上々という程度にすぎないと信じていた。しかしここでは、私たちはまったく同じように馬に乗っていた。馬の腹を蹴り、私たちは四頭並んでなだらかな斜面をかけ下り、反対側の斜面をかけ登った。それから相変わらず頭を並べながら丘の斜面をかけ抜け、灰色の岩の塁壁の後ろでようやくとまった。

鞍から下り、馬の足をしばったのち、私たちは岩の上にそっと登っていった。羊はそこにいた。私たちが考えていたよりもずっと近かったが、視界の中にいた四頭はメスだった。眺めているうちに、二頭の子どもを連れたメスが一頭、岩角をまわって現われた。次にもう一頭、さらに一頭、ついには三〇頭が姿を現わし、私たちの目の下二〇〇メートルと離れていないところで静かに草を食いはじめた。一頭現われるごとに、私たちは大きな角をもったオスが現われるのを期待したが、この群れの中にはオスは一頭もいなかった。

もう他の群れを探すには時間が遅すぎたので、私たちは気楽に腰をすえて、子どもを連れたメスたちを眺めていた。子どもたちはそこらを跳ねまわり、小さな足で宙を蹴り、仲間たちと楽しげにじゃれあったり、真剣なようすで互いにぶつかり合ったりしていた。羊たちは安全だとは感じていても、絶えず頭を上げて四方を見渡し、空気の匂いを嗅ぐのだった。一瞬たりとも注意を怠ることはなかった。常に死の恐怖が頭を去ることのない生活とはどんなものだろう！　人間による死、狼による死！　モンゴル人たちはメスでも殺していただろう。肉は肉であり、メスの肉はオスよりも上等なのだ。そのときでも、死は私たちといっしょに岩の後ろにひそんでいたのだ。私たちがいなければ、モンゴル人たちはメスでも殺していただろう。

日が西の峰に落ちるまで、草をそよがす風はそよとも吹かなかった。それからものうげな夕方の風が谷から吹き上げてきて、一瞬岩の間でたわむれ、頂きを越えて吹き過ぎていった。たちまちあわてふためく鼻息と、突っ走る足音が聞こえ、丘の斜面はたそがれの影の中で空っぽになっていた。平和な家庭的な情景が一瞬のうちに吹き飛んでしまったことは、なにかものを思わせた。私たちはパイプに火をつけ、ゆっくりと草を食んでいる馬のところへ戻っていった。

「家へ帰ろう」私はマック（マッケンジー・ヤング）にいい、それから夏の静けさの中を馬に乗って進む間、私は一五年前に放浪を始めていらい、この言葉が自分にとってどういう意味をもっていたかを考えていた。今宵の「家」とは、私たちが山の峰の間の鞍部にスリーピング・バッグを残してきた場所のことなのだ！　色鮮やかなゴビの砂漠で、蒸気のこもるボルネオのジャングルで、魅惑的な東インドの島々のやしの木蔭で、荒れた朝鮮の森の中で、ヒマラヤの山頂で、霧の垂れこめたベーリング海の岸辺で、どこでも私が小さなキャンプ・ファイヤーを燃やした場所が私の家だった。しかしそれは幸せな生活であり、充実した生活だった。私は一瞬たりとも、これをニューヨークの五番街《フィフスアベニュー》の大邸宅での静かな生活と取り換えようとは思わなかった。私はアイベックスを見た峰々を眺めながら、ここは「満足の谷」だと思った。

アイベックスは、いうまでもなく本ものの野生山羊で、彎曲して環紋のある角と、りっぱな山羊にはかならず見られる長いひげをもっている。彼らはアビシニアや、コーカサスや、中央アジアの山地に住み、狩猟家たちの戦利品の中では人を羨ましがらせるものとなっている。優れた気力と耐久力と追跡の技術をもち、また優れた射撃の腕前をもっている人以外は、その後を追わないほうがよい。夏には、日中に彼らを探してもむだである。日中は眠っているからだ。しかし、渓谷や谷間に影が長く伸びるころになると、彼らは丘の斜面のねぐらから起き出し、暗くなった斜面で草を食いはじめる。尾根の鞍部や窪地が彼らの好むねぐらとなる。そこではあらゆる方向から風が吹いてくるからだ。彼らは視覚や聴覚よりも、主として嗅覚に頼って外敵から身を守っている。本能によって、「方向の定まらぬ山の旋風があちこちから吹き寄せる場所」を知っており、空中にほんのかすかでも人間の臭いをかげば、ただちに逃げ去る。

　モンゴル人はすばらしい視力をもっている。ふつうの白人の二倍も優れ、私たちは自分の視力よりも彼らの視力のほうをはるかに信頼している。したがって、私たちが尾根に登ってきたときはいつも、まずラマ僧とツェリンがあたりを調べるのだった。彼らは頭を岩の上からわずかにのぞかせて、丘や谷を一センチずつなめまわすように見る。アイベックスは立っているときでさえ、見つけることはむずかしい。その褐色の毛は岩や草の色とまったく同じだからだ。アイベックスがじっと寝ているときには、見ることはほとんど不可能だ。

　アイベックスはけっして警戒を怠らない。群れが草を食っているときでも、二―三頭が見張りについている。ある日マックと私は四〇頭ほどのアイベックスが、ほとんど垂直に切りたった山腹で草を食んでいるのを見守っていた。彼らは影がまったく見られなくなるまで草を食いつくし、それから岩場の間に気持よげに寝ころんだ。立っている間ははっきりと見えていたが、寝そべりはじめると一頭ずつ視野から消えていった。完全に地面に吸いこまれていくように見えた。二頭のオスだけが残った。彼らはものうげにいちばん高い峰に登っていき、持ち場についた。二頭は並んでいたが、頭は逆の方角を向いていた。一頭は南側の複雑にこみ入った山のほうを警戒し、もう一頭は静かな海のように広がっている平原を見張った。二時間、彼らは身動きもせずに立ち、生きている彫像が空を背景にシルエットを描いていた。その後で、彼らは同時に見張りの部署を離れ、横になって眠った。

「一〇時。万事異常なし」

　その早朝の狩りの話にもどると、私たちのラマ僧は、獲物を追って全生涯を過ごしてきた現地人の超人的な本能をもっていて、私たちが昨晩見たアイベックスがどこにいるはずかを正確に知っていて、そこへ一直線に向かっていった。私たちが山腹を一〇分間ほど探したとき、ツェリンが興奮した叫び声をあげながら私を激しく尾根の後ろに引き戻し、五〇〇メートルほど離れた低い鞍部を指さした。

「角だ。アイベックスの角だ」彼は中国語でささやいた。

私は双眼鏡でそれをはっきりと見ることができた。しかし、それが見える姿勢から考えて、私は、現地人の猟師が尾根でアイベックスを殺し、残していった角にちがいないと思った。マックもそう考えたが、モンゴル人たちは違うといい張った。私たちは一五分間その角を見ていた。するとそれがかすかに動き、私たちはまさに生きているアイベックスの角であることを知った。幸い風は彼のほうから私たちに向かって吹いており、私たちは、姿を見せないよう大きく迂回したのち、ある尾根のふもとにやってきた。その頂きの向こう側にアイベックスが日光を浴びて横になり、まどろんでいるのだ。

ツェリンとラマ僧は急な傾斜を猫のように登っていったが、マックと私は自分のペースで登った。着いたとき、心臓がはねハンマーのように動悸していたのでは役に立たない。私たちは雪のように白い石英岩の後ろに隠れて、呼吸が静まるのを待った。それから私は小さな猟師に合図を送った。彼は静かに頭をもたげ、からだを起こし、立ち上がった。注意深く足を踏み出し、彼は頭を下げてのぞきこみ、下のほうを指さした。彼が前へ進んでいくとき、私はすばらしいオスのアイベックスを見た。一〇〇メートル以内のところで私をじっと見ていた。私が照尺を通してその角のきらめきをとらえ、発射した瞬間、彼は驚きの鼻声を残して逃げ去った。弾丸は反対側の地面に当たり、彼はわずかにたじろいだが走りつづけた。

マックのライフルは私の横で機関銃のようなけたたましい音をたてていた。私は一頭のアイベックスが丘をごろごろ転げ落ちていくのを見た。群れが急な岩角を曲がっていくちょうどそのとき、私はいちばん最後の一頭を撃った。長い半月刀のような角をもったみごとなオスだった。彼は膝をついたが、立ち上がって、岩の露頭の後ろに姿を消した。しかし私にははっきりと手応えがあった。私たちは静かに坐ったまま群れを見守っていた。

最後の射撃の反響が、暗い谷底へ鈍いささやくような音となって消えていった。山々に重い沈黙がおおいかぶさった。雪鶏《せっけい》の群れが無気味な鳴き声をたてながら谷を横切っていった。その鳴き声は地上の他のどの鳥とも似つかないもので、この荒れ果てた山々にちょうどふさわしいもののように思われた。そこへ激しい羽音と影がやってきた。私は空を見上げてヒゲワシを見た。それはアルタイ山脈のすばらしいワシの一種だった。壮大な弧を描いて、小さな悲鳴をあげて逃げる兎に襲いかかったが、兎は危うく隠れ家に飛びこんで、ワシの大きな爪は岩に当たってカチッと音をたてた。

はるか遠くに一列の黒い点がゆっくりと動いていた。そこは山腹が上へ上へと広がり、どこまでも広がって空の青天井にまで達するかのように見えた。双眼鏡で見ると、一頭が他のものよりもずっと後に遅れているのが見えた。やがてその一頭は大きな岩蔭に入って見えなくなったが、ふたたびそこから姿を現わさなかった。まちがいなく、それは私が最初の一撃を命中させたアイベックスだった。

私たちがそこに着いたとき、彼は岩の間に横たわっており、突然飛び上がったので、ちょうどその進路にいたマックはほとんど動転してしまった。さらに二発撃ち、アイベックスは完全に倒れた。彼は長さ九〇センチの美しい一対の角をもっていた。それは美しく彎曲しながらすらりと後ろへ伸び、半円を描いていた。長い褐色のひげは先端が黒くなっていて、彼に古老のような風格を与え、その黄色い目はちょうど山羊の目のようだった。

私はこのアイベックスを見ながら、自分のしたことにほとんど誇らしさは感じられなかった。彼はすばらしい生き物だった。多くの風雪を乗り越え、同類の間での数多くの闘争を経験し、生涯の最後に当たってでも勇敢に戦った。私は、命を返してやることができるなら、喜んで彼を群れの仲間のところへ返してやりたい思いであった。

長年猟をするうちに私のうちに変化が生じ、私はしだいしだいに生き物を殺すことを気にしなくなっていた。私は生まれつきのハンターだった。私は記憶の中で、単銃身の猟銃を肩に掛けて、南部ウイスコンシンの森の中を足を引きずりながら歩いている小さな少年時代の私自身を見ることができる。起きている時間は学校にいっているとき以外、いつも私は川でカヌーに乗っているか、野原にいるかだった。春には沼地の湿っぽい匂い、霧の中からかすかに聞こえてくるガンの声、空を飛ぶカモの長い黒い列などが私の血を騒がせるのだった。私にとって学校は拷問であり、外にいきたくて気も狂わんばかりだった。自分の銃の轟音とともにカモがまっ逆さまに沼地に落ちてくるのを見るときの激しい喜びの前には、寒く、濡れて、空腹であることなどなんでもなかった。一日に一羽射とめれば、どんな苦労も償われた。二―三羽も射とめれば、この上なく幸福で、家に帰る私の足は地につかない思いだった。日曜日には銃を持ち出すことは許されなかったが、双眼鏡とノートがその代わりになった。私は同じように遠くまで歩き、同じように激しく働いたが、夜にはしばしば血がたぎるような思いで家に帰った。このような日には私は最高に珍しい鳥や獣を見たからだった。

私が世界の未開の場所を舞台とする生活を送るようになるのは避けがたい成りゆきだった。それは選択の問題ではなかった。他のどのようなことにも耐えられなかった。私はそれを強く欲したのだ。もし事務所の四角の壁に閉じこめられていたら、病気になって死んでいたにちがいない。

何年もの放浪の生活の間に、私は世界の多くの国々で、さまざまな種類の鳥や獣たちを撃ってきた。かつて私自身の追跡と射撃の腕前によって戦利品として撃ち倒した動物を見下ろすとき、自分の人生が幸福に満ちたものだと思うこともあった。しかし、今では満足が得られることが少なくなった。息をつめる追跡の最後の瞬間、一発目を発射するときの強い緊張、動物が倒れていくのを見るスリリングな快感などはあまりにも速く過ぎていく。勝利の喜びは漠然とした悲しみを残す。私はもとに戻すことができたらと思う。私が自分の腕で試合を挑み、勝利を収めたその動物に生命を返してやりたいと思う。それよりもむしろ、彼らの姿を写真や映画のフィルムに収めるようにしたらどうだろう。それは真のスポーツだ。追跡し、最後にそれをカメラで狙うというスリルはすべてそこにある。仕事を達成することは一〇倍も困難であるだけでなく、動物の生命も失われないのだ。

　地質学者たちに、グランガーが作業をしていた土地を調べる機会を与えるため、私たちはアルツア・ボグドのキャンプを八月三〇日に出発した。しかし空気の鮮明さがしだいに増してきたことは、私たちが遅くならないうちに未知の砂漠を後にするよう警告していたし、一三〇キロほど西のバガ・ボグドに新雪のおおいがかかったのを見て私は、「失われた環《ミッシング・リンク》」そのものの発見以外はなにが起こっても、九月一日以降まではここに残らないと発表せざるをえなかった。私たちが心配していたのは寒さではなく、早い降雪の予想だった。私たちはウルガからトゥエリンへの道で雪と泥を経験しており、自動車の頼りなさをよく覚えていた。地面が凍る冬には、軽い雪が降ってもほとんど問題はない。しかし、秋にはそれはべたべたの泥となり、自動車で進むのには考えられるかぎり最悪の地盤となる。

　グランガーがキャンプをしていた場所に着くと、彼が二〇キロほど離れた泉に移動していることを知った。まだ一日の余裕があったので、昼食後バーキーとモーリスとコルゲートはスリーピング・バッグを車に積んで泉へ出かけ、シャックルフォードと私は砂鶏を撃って楽しんだ。この鳥はハトと遠い類縁関係にあり、いろいろな特徴がおかしな取り合わせで見られた。翼はひじょうに長くて幅が狭く、弾丸のように飛ぶことができる。胴体はハトに似ている。頭はライチョウに似ている。なによりもおもしろいのはその足で、足の裏にはラクダのように肉がついていて、砂漠の砂や砂利の上を歩きやすいようになっている。この鳥は場所によっては何万羽とおり、毎朝、彼らだけが知っている水場へいく途中で私たちのキャンプのそばを通り過ぎていくのだった。私たちがモンゴルで過ごした最初の年には、その卵やひなを見たことがなく、成熟していないものも見られなかった。私たちは、卵を生まず、完全に成熟したものを生んで繁殖するという新種の鳥を発見したのだと、ウォルター・グランガーはいい張った。しかし、一九二三年の夏には卵もひなも発見し、グランガーはまことに不本意ながら、砂鶏が要するにふつうの鳥にすぎないということを納得せざるをえなかった。

八月三一日の夕方に帰ってきた隊員たちは、すばらしい話をもってきた。グランガーが白亜紀の地層が悪地形をつくっている広大な盆地を見つけ、そこには「どの茂みの下にも」恐竜が埋まっているというのだ。彼は一週間以上にわたって、日のある時間を一時間たりともむだにしないで、保存状態のきわめてよい小さな恐竜の完全な骨格を二体ぶん掘り出していた。むちのような尻尾のいちばん小さな骨に至るまで完全に残っていた。また、巨大な草食や肉食の恐竜の一部分も発見されており、いくつかの骨格は将来の発掘のための目印をつけてあった。ここに滞在している間、彼は半日だけを踏査に当て、運転手の王《ワン》とともにこれほど大量の化石を見つけたのだ。とても全部掘り出そうなどと考えることはできないほどの量だった。考えてみていただきたい。これが、私たちがくるまで、一頭の恐竜も知られていなかった土地でのことなのだ！　グランガーは、地質学者たちがグルブン・サイハンで発見した骨は恐竜のものだと断定していたので、白亜紀の堆積層はこのようにはるか南および東のほうにまで広がっていたわけだ。

荒地形の発達した盆地を取り巻く、頂上が平らな大きな卓状台地《メサ》の美しさには、誰もが心を躍らせた。その頂面は黒い熔岩でおおわれていたが、側面は血のように赤い色をしていた。五〇キロほど離れたある山の頂きから、双眼鏡で見たときでさえ、それは強烈に印象深い光景だった。隊員たちはこれが落日に燃えあがるとき、今までに見たどのような光景もこれにおよぶものはないというのだった。

九月一日、私たちの出発の日は、空気がぶどう酒のようで、完全に秋の天気になっていた。私たちは道を急がなければならなかったが、初めの三日間はサイル・ウスへの古い中国の郵便道路につながるという北へ向かう小さな路を探して、かなりの時間をむだに費した。

私たちは一五〇キロほどの間、モンゴル人には一人も会っていなかった。やっと路を離れてかなり遠いところにユルトが三つ見えたので、他の自動車を待たせて、私はそこへ路を聞きにいった。一方シャックルフォードは、平原に盛り上がっている、独特なようすをした丘を調べるため、北に七、八〇〇メートルほど歩いていった。彼は、私たちが進んでいた小さな路からは見えない、広く、赤い盆地の端に自分が立っていることを知った。彼は五分間だけ化石を探すことにし、骨が見つからなかったらすぐに車に戻ろうと思った。盆地の底に下りる急斜面を半分ほど下りたとき、彼は突出した砂岩のてっぺんに長さ二〇センチくらいの白い頭蓋骨を発見した。彼はそれを拾いあげ、急いで自動車へ戻った。私たちは皆、強い関心をもってそれを調べた。誰もこのようなものを見たことがなかった。グランガーは、これが新しいタイプの爬虫類であることはまちがいないとしかいうことができなかった。この発見がきわめて重要なものであることは明らかだったので、私たちはそこでキャンプをし、日が暮れるまでの二時間、美しい谷や、その盆地にたくさん見られる砂岩の小山の斜面で化石を探した。

その場所はほとんど骨で敷きつめられているといってよいほどで、すべて、私たちの誰も知らない動物のものだった。グランガーが卵の殻のかけらをいくつか拾いあげた。それで私たちは、第三紀後期の堆積層を発見したのだと考えた。これがのちに恐竜の卵の殻のかけらであることがわかり、この侵食によって美しく刻まれた岩壁がまわりを取り囲む広大な盆地が、古生物学的に見て世界でも最も豊かな場所であることが明らかになった。私たちはここを「燃える崖《フレーミング・クリフ》」と名づけた。

しかし、ここがひじょうに価値のある堆積層であることを私たちが知ったのは、次の夏のことであった。最初のしるしはアメリカ自然史博物館から私に送られてきた一通の電報で、それにはシャックルフォードの発見した未知の爬虫類の頭蓋骨が、実はツノリュウ類の祖先のものだと書かれていた。ツノリュウ類というのは、角《ツノ》をもった一群の巨大な恐竜で、祖先が不明の、それまでアメリカでしか発見されていなかった。

次の朝、私たちはモンゴル人の案内人を連れて盆地を横切り、サイル・ウス路へ出発したが、二四〇キロ離れたところで堆積岩団塊と砂地が迷路のように入り組んでいる場所にぶつかった。それは私たちの旅全体のうちでも、とくに苦しい日だったが、午後遅くなって固い砂利の準平原に出た。私たちはそれに「一〇〇マイルのテニスコート」という名前をつけた。そこを進んでいくと、オンギン川の土手に建つ大きな寺院に着き、最後に無事サイル・ウス路に出た。ここで初めて私たちは、本当に家に帰りつつあるのだということを実感した。

二日のち、私たちはある砂の窪地で、五―六軒の泥づくりの家と小さな寺院の廃墟を見た。サイル・ウスはそんなところだった。泉からちょっと離れたところに、私たちのキャラバン隊の青いテントが建ち、木箱の長い列が並んで、その真ん中にアメリカ国旗が立っていた。メリンと仲間のモンゴル人たちが喜んで私たちを迎えた。その日は九月五日であり、約束どおりの日づけだった。

私たちはキャラバン隊にすべての標本と余分な装備を渡し、メリンに一〇月二〇日までにカルガンに着くよう命じた。実際には、彼はその日よりも一〇日早く到着したことをここに記しておく。九月七日、残った私たちも自動車に乗って、この旅の最後の行程に出発した。

その日もまた私たちは、この三年間、モンゴルでは人間の命が羊の命よりもはるかに値打ちがなかったことを示す悲惨な証拠を見た。あるところでシャックルフォードと私は路を尋ねるため、二張のユルトに向かって車を走らせていった。三人の男が狂ったように丘を馬で逃げていき、女が四人だけ残されていた。二人はひじょうに年をとっており、一人は五〇歳ぐらい、もう一人は一八か、はたちくらいの美しい少女だった。彼女たちはユルトの前にきれいな白いフェルトを広げ、一列になって震えながら叩頭していた。私たちが二—三メートル離れたところで車をとめると、少女がもう一枚のフェルトを取りに走っていき、女性のうちの一人が中にかけこんで乳と茶を運んできた。すぐに私たちの連れていたモンゴル人が、私たちはアメリカ人であり、なにも害を与えないと説明した。彼女たちはアメリカ人のことも、ロシア人以外の白人のことも知らなかった。私がつまらない贈りものをいくつか差し出すと、気の毒なほど喜んだ。彼女たちは互いに抱き合い、泣き声をあげ、すぐにも殺されてしまうのかと思ったと説明した。彼女たちも逃げたかったのだが、男たちが馬を全部連れていってしまい、私たちがあまり早くやってきたので隠れることもできなかったのだ。そのしばらくのち、私たちはまた別のユルトに立ち寄った。二人の女性のうちの一人は、ひどい恐怖のために激しい吐き気の発作に襲われた。

この土地はほとんどがひどい砂漠のようなところで、砂利の地面がなだらかな起伏を描き、植物もきわめてまばらにしか見られず、動物や人間の生活の痕跡はほとんどなかった。単調さが気分を滅入らせた。ずっと以前にフランシス・ヤングハズバンド卿が西部ゴビ砂漠のことをこれまでに見たうちでももっとも荒涼たる地域の一つと呼んだことが、私にはよく理解できる。

サイル・ウスを出発して二日後に私たちははるかに広がる砂地を横切り、さしわたし一五〇キロ以上もある盆地に入った。はるかかなたには路の正面に巨大な崖の青い線が立ちはだかっていた。ただ通りすぎるにはあまりに良い場所だったので、人夫たちがキャンプを建て、その間、残りのものは露頭の上に散らばって化石を探した。一時間後、私は崖のあたりを歩いていて、頂上に近いところでシャックルフォードがひざまずき、採集用つるはしで地面を引っかいているのを見た。彼はいくつかの大きな骨を見つけたのだ。グランガーは、これをサイのものだと鑑定した。間もなく、崖の端をしばらく熱心に調べていたバーキーが私を呼んだ。彼は古代の河床を見つけたのだ。それは二〇〇万年以上昔、地表を流れていたものだった。

流路をたどっていくのは簡単だった。その断面を調べると、重い砂利、小さな小石、砂、それに細かい沈泥《シルト》の層が次々と重なっているのが見られた。バーキーは、シャックルフォードがサイの骨を発見した場所の近くで突然地盤が陥没しているのを示した。その下は、さまざまな小石や大きな石が雑然と転がっており、小さな滝か急流の下の水たまりになっていたことを示していた。川の上流で死んだ動物がこの滝つぼまで運ばれ、底に沈み、沈泥《シルト》でおおわれていったであろう可能性がきわめて高いと考えられた。バーキーはここで川岸を掘ってみることを提案した。五分とたたないうちに私は顎の骨を発見し、そのすぐ下には大きな頭蓋骨を発見した。そこでグランガーが急に私の発掘にストップをかけた。一方、シャックルフォードは半分埋まっているが、はっきりと見えている美しいサイの顎骨と、偶蹄類の一種である小さなアーティオダクティルの歯を一組発見した。

私たちはこの大きな断崖に三日間留まった。なにしろグランガーが頭蓋骨を発掘しはじめるたびに、数センチ離れたところにまた別の頭蓋骨が発見されるというぐあいだったからだ。私は最後に、今見えているもの以上にもっと発掘するなら、彼の身柄を拘禁するといって脅かした。

動物の種類は豊富だったが、変わった半水生のサイが圧倒的に多かった。これは、のちにオズボーン教授がカドウルコテリウム・アルディンエンゼ（Cadurcotherium ardynense）と名づけた。この地域にはカメもたくさんいたにちがいない。私たちは大型、小型のカメの甲羅を大量に発見した。

グランガーは日中のほとんどの時間を、私たちが「穴」と名づけた例の滝つぼの中で過ごした。昼食さえもそこへ運ばせた。最初のうちは、人がそこを訪れることを許していたが、私たちがつぎつぎとなにか彼にとって古生物学的に気に入らないことをしでかしたため、最後にはそこに立ち入らないよう命じられた。ついに、キャンプの番犬であるムシュカと二羽のペットのカラスだけが彼の仲間となった。二日目、ムシュカは骨の入ったトレイをひっくり返してそこから追い出された。カラスたちはお行儀がよく、またとても楽しい連中だった。彼らは、つやのある黒い羽に小麦粉の糊を塗りつけ、ほとんど飛べなくなってしまうといったこっけいないたずらをしたこともあった。

しかし、ついにそのうちの一羽も許すことのできない罪を犯した。グランガーは、片側の小さな骨が欠けているだけの頭蓋骨を掘り出した。一時間近く探したあと、彼はその欠けていた破片を発見し、それを慎重に所定の位置に糊づけした。彼が背を向けた瞬間、カラスの一羽が標本に飛び乗って、その骨をつついて飲みこんでしまった。グランガーはその鳥をけっして許さず、北京へ帰ってから、その頭蓋骨をニューヨークに積み出すため荷づくりしているときにも、まだカラスを叱りつけていた。

九月一二日の夜はひじょうに暖かく、私たちは毛皮のスリーピング・バッグを使うことができなかったが、朝の光とともに雨と風がやってきて気温が二〇度も下がった。数時間のうちに冬が戻ってきた。このひどい一日、私たちが進んだ路は低い尾根や丘を登り下りして続いたが、それはほとんど片岩でできていて、まったく興味のないものだった。その夜のキャンプは、ポプラの木立ちのある乾いた谷間に設けられた。私たちは枯枝を山と集め、サイン・ノイン・カーンの森を離れていらい初めての木のたき火を燃やした。

次の朝はさまざまな悪条件が重なったが、午後には大きくゆるやかに起伏する平原を時速五〇キロの速さで進むことができた。ここで無脊椎動物の化石がたくさん含まれる石炭紀や二畳紀の地層にぶつかって、地質学者たちは熱狂的興奮に陥った。バーキーがグルブン・サイハンの近くで拾ったただ一個の岩を除けば、地球の歴史上きわめて古いこの時代の地層がモンゴルで発見されたのはこれが初

ペットにしているカラスと内緒ばなしをするグランガー

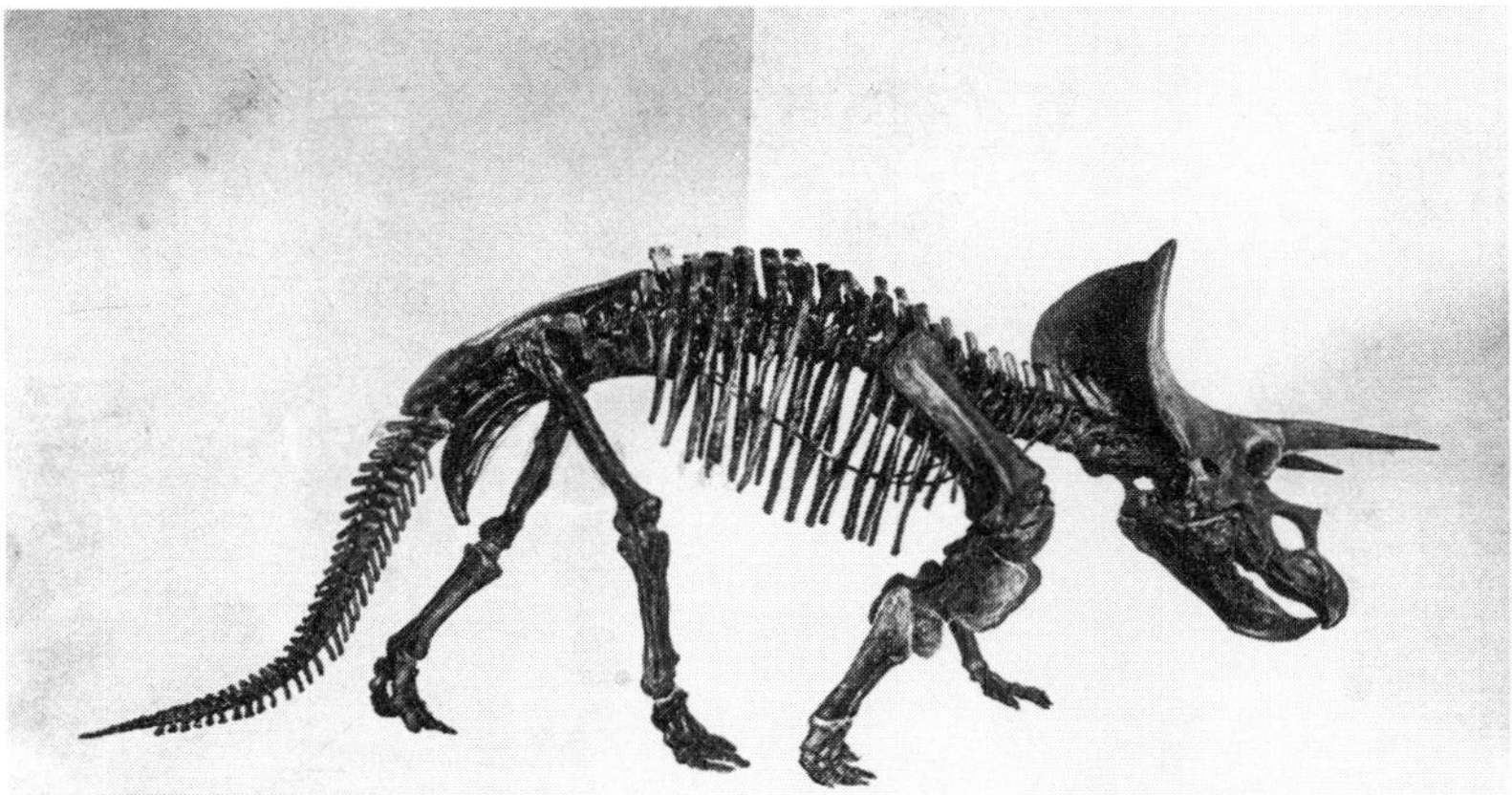

アメリカ自然史博物館に陳列されているトリケラトプスの骨格

めてだった。この発見によって、この地層の分布域は、これまでに知られていた場所よりも何百キロも北および西に広がることになり、きわめて重要な発見だった。A・W・グレーボー教授は、古生代には中央アジア高原から太平洋にかけて大きな海が広がっていたと推測していたが、それが裏づけられることになった。

この堆積層のあった場所から約六五キロほどいったところで、同じ車に乗っていたグランガーと私は、道路の北側数メートルのところに灰白色の崖を見て、車を降りて露頭のところへいってみた。その場所は一面に化石の骨でおおわれていた。そこで層位を鑑定するためいちばん良い標本をいくつか選び、車へ戻る途中、私は半ば埋まっている長い骨に気づいた。五分のうちに、歯が全部ちゃんとはまったティタノテリウムの完全な顎骨が埋まっていることがはっきりした。

問題はこれをそのまま残していくか、それとも一日か二日費やして、これをきちんと糊づけし、布を巻いて取り出すかということだった。私たちがここでとまることは賢明ではないという結論に達すると、グランガーは、歯列を一そろいだけ完全に取り出すことはできるし、そうすればこの化石のはっきりした鑑定と、アメリカのティタノテリウムの化石との対比ができるといった。それは一〇〇個もの破片に崩れてしまうにちがいないが、北京の研究室でつなぎ合わせることもできるだろう。それからの三〇分間は化石歯科のまことに大胆な方法の一例であった。グランガーの採集家魂の隅々までが、この上なく貴重な標本に対して今自分が犯しつつある罪に反対した。彼は歯を一本抜くたびに唸り声をあげ、このティタノテリウムが生きていたときに感じたであろう痛みと同じくらい大きな苦しみを彼が味わっていることを示した。すべてが終わったとき、私たちは顎骨の残りに注意深く土をかぶせ、その位置を測定したのち、いらいらしながら私たちを待っている他の隊員のところへ戻った。

（注）この場所はウル・ウス、すなわち「山の水の泉」という名前のところで、のちにモンゴル全体でも最も豊

ウル・ウスの崖にむき出しになったティタノテリウムの頭部を調べるグランガー

岩に輪郭をとどめるプロトケラトプスの頭部

かな堆積層の一つであることが明らかになった。

さらに道に沿って私たちは進み、同じ地層の一部であることの明らかな露頭をいくつか通り過ぎた。それは古生物学研究の対象地域が広大なものであることを示していた。グランガーはこれが、カルガン・ウルガ路にあるイレン・ダバス盆地をつくる地層が西へ伸びてきているものと確信していた。その盆地は、私たちがこの春ウルガへ向かう途中、最初の化石を発見したところだ。

次の朝、私たちは毎日予期していたもののはしりにぶつかった。雨と激しい風のため、私たちはいちばん厚い衣服を身につけた。刻々と天候は寒くなっていった。雨はまずみぞれに変わり、それから雪になった。私たちは何十回も路を見失い、ついに乾いた河床のもの陰に車をとめなければならなかった。雪はひどくなり、車を運転することも、路を見つけることもできなくなった。しかし、私たちがキャンプをすることを決心したころ、嵐が急にやんだ。まだ地面は暖かかったので、雪は速やかに溶け、ふたたび小さな路を見つけることができるようになった。私たちは、大きな岩の背の風下に五―六張のユルトが集まっている近くでキャンプをした。その岩の背の上では、風がモンゴルの悪魔のときの声のように吠えていた。私たちは手袋をはめたまま夕食をとり、スリーピング・バッグの中にもぐりこみ、その日初めて暖かさを感じた。三日前には、テントの中にいると、暑くて居ごこちが悪かったのだ。

残りの五〇〇キロはなにごともなかったが、きつい旅だった。それまではかなりよかった路が、中国人の耕作地域に近づき、スパイクを打った中国の荷車が通るあたりに近づくにしたがって、確実に悪くなっていった。谷間では泥とわだちに悩まされ、丘の上ではわだちと岩に悩まされた。ミャオタン中国人部落には九月一八日の午後遅く着き、カルガンまで残り六五キロを重い荷物を運ぶため、馬車を一台雇った。私たちは余分な荷物をもたなくてよかった。峠は、これ以上悪い状態は見たことがないほどひどいものだった。平均して一時間に六・五キロしか進まなかった。私たちは手持ちのガソリンをぎりぎりに見積もっており、他の車は全部アンダーソン・マイヤー社の構内に到着したが、コルゲートの車だけは市の門を入ってすぐのところでとまってしまった。私たちはこの一台が最後の八〇〇メートルを走るためのガソリンを一びん届けてやらなければならなかった。

ラーセンがカルガンにおり、私たちは彼に山ほど話をすることがあった。彼の最初の質問はこうだった。

「ゴビの丘の上で別れたとき追いかけていた野生ロバは、つかまえましたか?」

私たちが最初に彼に尋ねたことは、いつ風呂に入れるかということだった。バーキーとモーリスはラーセンのところに泊まり、残りはブリティッシュ・アメリカン・タバコ会社の食堂にいった。そこは奥地からの旅行者のために常にドアが開かれているのだ。

皆それぞれに、帰り着いたときのためにと、なにがしかの装飾品をたいせつにしまっていた。シャックルフォードはすばらしい青いシャツを着て現われた。私は紫のネクタイをつけ、コルゲートとグランガーは新しい靴をはいていた。しかしお茶を飲みに食堂へ入っていったとき、そこに私たちを歓迎するために五—六人のお客が集まっているのを見ると、私たちはきゅうくつさを感じたのだった。もう一度文明に慣れようとする私たちの努力には、なにか哀れといってもよいようなものがあった。

私たちは九月二一日にカルガンを発って北京に向かった。仮説を実証するために私たちが大高原へ向かった日から、ちょうど五カ月が過ぎていた。皆、頑丈な心臓と勇気をもって出かけたが、それが大きな賭けであることは誰もが知っていた。私たちは一枚のカードにすべてを賭け、そして勝ったのだ。

第一〇章　三〇〇〇万年前の巨大な動物

ヘンリー・フェアフィールド・オズボーン著

中央アジア探検隊は地球の歴史の新しい一ページを開いたどころではなく、多くの章からなる新しい一巻の本を書いたというべきほどの業績をあげた。その中には、人類の時代についての章、あるいは哺乳類の時代についての章、さらに遠い爬虫類の時代についての章などが含まれる。私たちが奥深く踏みこんだ世界の哺乳動物の故郷の地は、爬虫類の故郷でもあった。私たちは、この探検が終わる前に、ここが人類の祖先の故郷であることも証明できることを期待している。

モンゴル高原の砂漠は、かつて植物が青々と茂り、哺乳類の祖先やもっとも古い爬虫類の祖先たちがたくさん住んでいた場所であることが明らかにされている。このようなこともすべて、やがて十分に、かつ詳しく論文にまとめられるだろう。この章では最初のもっとも輝かしい二つの発見、すなわち絶滅した巨大なサイ、および有角恐竜の祖先の発見について記す。

わが探検隊がこの地域に入る以前に、三人の偉大な探検家がモンゴルを横断していた。すなわちラファエル・パンペリー（一八七〇年）、フェルディナンド・フォン・リヒトホーフェン（一八七七年）、それにV・A・オブルーチェフ（一八九四―九六年）である。これらの探検家や地質学者のうち、オブルーチェフがサイの歯をいくつか発見したといっているのを除けば、他に絶滅動物についてはなにも報告されていない。わが探検隊は、「岩と砂ばかりで、化石はほとんど見つからないだろう」という警告を受けて出発した。したがって、彼らがモンゴル国境を越えてすぐ、イレン・ダバスで哺乳類の時代のものをはじめ、三つの明らかな化石層を発見したときはひじょうに驚いた。まさにここで、彼らは中央アジアの絶滅した巨大なサイの最初の化石を発見し、その大きさから、以前はるか離れたバルチスタンで発見されたある動物との類似性に気づいた。バルキテリウムという名前は、バルチスタンの野獣（thērion）という意味である。一九一一年にC・フォースター・クーパーがこの巨大なサイの最初の化石骨を発見したのが、インドの西部国境地帯の、現在入国を禁じられているバルチスタン地方だったからだ。

クーパーはケンブリッジ大学の卒業生で、アメリカ自然史博物館でフィールド調査の方法の訓練を受け、アジアの化石の分野で、やや低下しつつある祖国の威信を回復したいという野望に燃えていた。彼は幸福にも、半ば英帝国の支配下にあるインドのこの地域に入る許可を得た。わがアメリカ自然史博物館の探検家たちは、過去二年間、この地域への入域を申請してきたが、バルチスタンの部族間に不穏な動きがあるという理由で拒絶されている。

クーパーは東バルチスタンのブグティ山地で豊かな化石地層にぶつかり、他の多くの化石とともに、かつて類のないほど大きな陸生哺乳類の巨大な頸椎三個、四肢と足先の骨の一部を発掘した。そしてこれに、発掘地の名前をとってバルキテリウムと名づけ、種名は筆者（今この章を書いているオズボーン）に敬意を表してオズボーンアイ（osborni）とした。彼は一九一一年から一九一三年にかけて、この動物について予報的な記述をした。最初からこれが新種であることをはっきりと理解しており、最終的に、最近の論文の中で彼は次のように書いている。

「バルキテリウムは奇蹄類の系列の末端に属するものと考えることができ、バク、馬、サイなどと遠い類縁関係にあり、その中ではサイにもっとも近い。長く、太い首と、高く、比較的幅の狭い足によって他のものと区別される。馬やバクよりもサイに近いが、その過去の歴史も、子孫も知られていない」

一方、ロシアの地質学者A・ボリシアークは、フォースター・クーパーの発見についてはなにも知らないまま、北トルキスタンのトゥルガイ県で同じように驚くべき大きさの動物を発見した。彼は一九一五年から一九一七年にわたって、これについて論文を書き、インドリコテリウム・アシアティクム（Indricotherium asiaticum）という名前をつけた。この属名は一三世紀か、一四世紀ころの古いロシアの伝説、「鳩の話」に出てくる「インドリク獣」という怪獣の名前をとったものだ。「インドリク獣」は歩き、走り、雲の上を飛ぶこともできた。この怪獣が歩くと、大地が震えたという。

ボリシアークは、クーパーよりも少し幸福に恵まれ、前肢と後肢の骨を少し余分に見つけた。それはバルチスタンから発見されたクーパーのものとほぼまったく同じ長さのものだった。彼はまた、歯の一部も発見し、これによってこの動物がサイの仲間ではないかというクーパーの推測がはっきりと裏づけられた。彼はこの他にも頭蓋など、いくつかの部分の骨を発見しているのだが、現在のところ彼の祖国が研究資金や資材の欠乏状態にあるため、まだ発表できないのだという噂もある。もしそれが本当だとすると、私たちが完全な頭蓋骨を発見したのは、ますますタイミングがよかったことになる。また、私たちがこの頭蓋骨を急いで地球の反対側に送り、ただちに復原し、論文をまとめることができたのも、実に幸運だったといわなければならない。

わが中央アジア探検隊は、東南モンゴルのイレン・ダバスでまずこの珍しい動物の骨を発見したが、それは足の骨とその他の骨格の断片にすぎなかった。これはウルガへ向かって北への旅の途中だった。二つ目のもっとも重要な発見、つまりこの章でこれから書こうとしている頭蓋骨は、一九二二年八月五日、アルタイ山脈の東北、ツァガン・ノール盆地のロウの近く、サンダ・ゴールと名づけられた地層から発見された。この頭蓋骨の発掘と輸送は、それ自体ちょっとしたロマンである。これは、地球の反対側から自然のすばらしい新事実をもたらし、ニューヨークの人々が実際にそれを目で見、頭で考えることができるようにするために、どれほどの時間がかかるかを示す一つの具体例となる。

頭蓋骨を地中から掘り出すには、数日の作業が必要だった。それはモンゴルの砂漠を越えて運ばれ、一九二二年一〇月二〇日北京に着いた。アメリカ自然史博物館に着いたのは一九二二年一二月一九日だった。それは、これを受け取った脊椎動物古生物学部の記念すべき日となった。科学的な標本整理がただちに始められ、二人、三人、ときには四人の技師の手でたゆまずそれが続けられて、一九二三年四月六日に完成した。それから何千枚というスチール写真やシャックルフォード氏の映画による複製がつくられ、これがアメリカ国内や全世界に配布された。

バルキテリウムは大きなケースに収められ、アメリカ自然史博物館の中央近くにおかれている。そこにはこの標本がたどってきた長い旅路を示す地図、この動物の歴史を示すラベル、これが生きているときはどのようなものであったかを示す完全な復原図がつけられている。この動物は発見されてから九カ月のうちに、何百万という人々に知られることになったのだ！ ジュール・ベルヌの「八〇日間世界一周」ほどの速さではないが、これにはきわめてむずかしい科学的な問題がからんでいること、この動物を正しく解釈するには長年の経験や訓練が必要であること、三六〇個の化石の骨として送られてきたこの頭蓋骨をまちがいなく復原しなければならなかったことなどを考えると、九カ月という記録はけっして悪いものではない。

私たちの最初の推定では、この動物が立ったときの肩の高さは三・三―三・六メートルと考えられた。これは現存する最大の四足獣であるアフリカ象のもっとも大きなものよりもさらに三〇センチ高い。この最初の推定値が実際よりも大きすぎたのではなく、小さすぎたと発表しなければならないのは悪い気持ではない。バルキテリウムはまちがいなく、立ったときの肩の高さは三・九メートル以上、えさを食うため首を伸ばしたときには地上から五・二―五・五メートルの高さに達したと考えられる。これは、背の高いキリンがアフリカミモザの上のほうの葉っぱを食うために首を伸ばしているときに比べても劣ることはない。キリンは五・二メートルから、人によっては六メートルに達するという。キリンの頭は小さくきゃしゃで、首は誰でも知っているように長くて細い。バルキテリウムの首は相対的には馬と同じような長さである。どうやってもキリンの首のように細長く引き伸ばされたようなかっこうになることはなかった。

バルキテリウムの頭は大きさも重さもひじょうに大きいが、ここに示した復原画（口絵を参照）に見られるように、からだ全体の高さや大きさに比べると、比較的小さい。頭の先にある二本の大きな牙は、攻撃や防御の武器として役立ち、また、木の葉を食うとき、高い木の枝をこれで引っかけて下に引っ張るのにも役立ったと思われる。主として木の葉を食っているアフリカ象は、鼻を使って高いところの木の枝を下に引っ張る。このようにしても届かない場合にはその巨体を押しつけて、直径一五―三〇センチくらいの木は押し倒してしまう。

バルキテリウムが木の葉を食っていたと思われるもう一つの理由は、臼歯の構造にある。その歯は短く太く、しかも鋭い切断端をもっている。これは、東インドやスマトラの森林に今でも生きている、木の葉を食うサイの歯と同じである。草を好んで食い、草食に適応したアフリカやインドの大きなサイの歯とはいちじるしい対照を示す。バルキテリウムが木の葉を食っていたと思われる第三の理由は、前肢と肩がいちじるしく高くなっていることにある。これらの骨は現存する最大のアフリカ象とちょうど同じ高さだが、バルキテリウムは足が高く伸びている点で象とはまったく異なる。

この背の高い足は、からだ全体との比率からいっても他のどのサイよりも高く、この変わった動物の肩は、現在のアフリカ象の肩よりも六〇センチは高かった。象の肩が三・五メートルを越えることはめったにない。このように肩が高いということは、次のような意味をもっていた。すなわち、頭が火の見やぐらのように高くなるので、バルキテリウムは敵が近づくのを遠くから見ることができ、したがって逃げてしまうこともできたし、踏み留まって戦い、強い牙で身を守ることもできた。木の葉を食う他のサイ、とくにアフリカの黒サイなどは、頭を地面に近く垂れて、彼らが葉を食う灌木の茂みに届きやすいようになっている。

バルキテリウムとその他のすべてのサイ——現存するものも、絶滅したものも含めて——との間に、大きさ、身体各部の比率、首の長さ、四肢の高さ、頭の上が平らであることなどの点でいちじるしい差がある。バルキテリウムはサイの類縁のものたちの中で図抜けて大きい。バルキテリウム類に最も近いのはエラスモテリウム類である。これは絶滅したシベリアの一角サイで、これまではサイの仲間でもっとも大きいものと考えられていた。アフリカの巨大な二角の白サイは、現在アメリカ博物館に陳列されているみごとな標本があるが、これをバルキテリウムの高い頭と首の下におくと、まるで子どものように見える。インドサイは比べてみるまでもない。これは自然史の中で常に私たちと比較的近しい関係にあった動物だが、やはり、これがおとなであることを示す強力な角がなかったら、まるで赤ん坊のように見えるにちがいない。

バルキテリウムの頭蓋骨で最も変わっている点は、サイ（つまりライノセラス・これはギリシャ語で鼻と角を意味する言葉をつなげたもの）という言葉の元々の意味からして、これがまったくサイとはいえないということにある。頭蓋骨の上面は完全に滑らかな、磨きあげたような骨でできていて、美しいアーチを描き、そこについているきわめて長く、細い鼻骨には角《ツノ》がつくようなしわがまったく見られない。

アフリカの白サイや黒サイ、一角のインドサイなどの唯一の防御用武器である角がない代わりに、きわめて強力な牙がこれを十分に補っている。この牙は、現存種もしくは絶滅種の他のどのサイの牙ともまったく違っており、バルキテリウムはサイ科の新しい系統の動物であると断定することができる。この系統はバルキテリウム類と呼んでよいだろう。

バルキテリウム類は東モンゴルから西はトルキスタン、南はバルチスタンまで分布していた。これは最小の分布範囲で、最大の分布範囲はおそらくこれよりもはるかに大きかったであろう。彼らは哺乳類の時代のちょうど真ん中の時期に当たる中新世に、世界の屋根に生きていた巨大な四足獣であると思われる。

哺乳類の時代は始新世、漸新世、中新世、鮮新世、更新世の五つの地質時代に分けられるが、あたかも哺乳類の世界を支配する法則があるかのように、それぞれの時代にそれぞれただ一種だけ、大きさが他のあらゆる動物を圧倒する四足獣がいたように思われる。中新世のアジアの中心部においては、このような優越種がバルキテリウムであったと考えてよいだろう。この時期には、馬類はほとんどバルキテリウムの手首にまでも達しなかった。マストドンやその他の象の祖先たちも、胸骨の高さにまで達することはほとんどなかった。中央アジア探検隊の五年間にわたるフィールド・ワークの間に、私たちがバルキテリウムに匹敵するほどの大きさの哺乳類を他に発見する可能性はまったくないといってよいだろう。中新世に君臨したバルキテリウムの地位をゆるがすものが現われる可能性はまずないだろう。

バルキテリウムといっしょに、はるかに小さいふつうの大きさのサイも住んでいた。このことは、今日、白サイや黒サイの住んでいるアフリカの高地などと同じように、ここがサイにとって住みやすい土地であったことを示している。私たちはまだ、バルキテリウムの時代の中部モンゴルの気象や植生がどのようなものであったかを十分に描き出すことはできない。しかし、わが探検隊が現在豊富に発見しつつある化石植物や化石昆虫から、あるいはまたすでに発見はされたが、まだ研究のためアメリカ博物館に到着していない他の絶滅動物から、いずれこのようなことが明らかにされていくだろう。四足獣の歯や足の骨も、気候や植生についての事実を物語ってくれるだろう。

バルキテリウムの足からみて、地面はしっかりと固く、湿地などではなかったことは確かだ。彼らの足は、大きく、裏に肉のついた象の足とも、大きく、広がった現存するサイの足ともまったく違う。その足先は比較的狭く、ひづめは固く閉じており、三本指の馬のひづめと似ている。このことは、バルキテリウムの住んでいた土地が全体に熱帯気候ではなく、南方の温和な気候であったことを示している。そこは、開けた土地で、植物が密に生い茂ってはいなかった。地盤はかなりしっかりしていて、軟弱ではなかった。

このような土地は、植物が繁茂し、湿気の多い段階から、比較的乾燥した段階に徐々に移行しつつあり、そこには平原やサバンナの動物たちが発達しやすい。私たちはいずれ、きわめて多くの種類の四足獣が発見されるものと予想している。その中でとくにきわ立つのは、ヒッパリオンと呼ばれる、小さく、三本指の馬の祖先だろう。これは足が早く、砂漠を好む馬科の動物で、この中央アジアの故郷から、西はヨーロッパ、東は北アメリカにまで広がっていた。また、真象の祖先も発見されるだろう。彼らは、最初のうちはバルキテリウムよりも大きさがはるかに劣るが、最後には、これに取って代わり、この土地の王者となる。森の中では、食虫類や、コウモリや、無数の齧歯類が発見されるだろう。森林とサバンナの境界地帯では霊長類を探し、その中に人類の祖先につながる類人猿が発見されることも私たちは期待している。

哺乳類の時代、とくに今述べた巨大なサイたちがこの土地を歩きまわっていた後期漸新世に、中央アジアは肥沃の地であり、地球上の他のどこよりも快適で、魅力的な生物の生息の中心地となった。それはまさにエデンの園であった。おそらく海抜何千メートルというような高さではなく、傾斜のゆるい、曲がりくねった河の流れる高原だったのだろう。漸新世のロッキー山脈地方も全体的な条件はきわめてよく似ていた。このことは、どちらの土地にもまったく同じような種類の四足獣が住んでいたことからわかる。人間の場合と同様、動物の場合にも、自由に移動できて、ある程度開けた土地であるほうが、森林が密生しているところや、現在の砂漠のようなところよりも、進化のための条件としてははるかに有利である。

中央アジア探検隊の地質学者たちは、中央アジアのさまざまな動物たちにとって有利なこのような条件が、私たちの想像を絶するほど長い間続いたことを証明している。話ははるか爬虫類の時代の中期にまでさかのぼる。このころ、地球の生命の歴史のうちでももっとも重要なできごとの一つが起こった。すなわち、このころ中央アジアが海面から姿を現わして大陸となり、それが今日まで続いているのだ。

北アメリカのロッキー山脈地方や西ヨーロッパの全域は、まだ海面と同じくらいか、海面より少し低いところにあり、くり返し、海面より沈降したり、隆起したりしていた。いいかえると、中央アジアが大陸となり、爬虫類の進化のきわめて重要な中心地となっていたときに、西ヨーロッパや北アメリカ西部はまだ海と格闘していたのだ。この地球の歴史の重大な変化は、アジアでは長い爬虫類の時代のちょうど真ん中に当たるジュラ紀の終わりに起こった。北アメリカ西部や西ヨーロッパでは、入江や海面すれすれの陸地の河口で、相変わらず海生の爬虫類が隆盛をきわめていたのに対して、中央アジアでは新しい種類の陸生の爬虫類が進化を始めていた。

私たちのこれまでの発見からみて、中央アジアが陸生の哺乳類ばかりでなく、世界の巨大な陸生爬虫類についても、その進化の主要な舞台となったことは疑いの余地がない。このような陸上での進化は、主として、その巨大な大きさから恐竜と呼ばれる爬虫類の間で起こり、この爬虫類社会はまもなく二つの大きなグループに分かれた。

この陸生恐竜の二つのグループへの分化は、今日、世界の屋根となっているこの古代の大陸できわめてつつましやかに始まった。防衛型の草食種のものたちは比較的小型で、身を守るための角やよろいはあまり十分には発達していなかった。同様に攻撃型の肉食種のものたちも大きさや力は中くらいだったが、小型の草食の獲物はすべて捕えることができた。現代の軍艦や強力な長距離砲がしだいに進歩していくのと同じように、草食の恐竜たちは一歩一歩大きくなり、防御力も強くなっていった。また、その敵である肉食の恐竜もますます強く、多様化していった。

北アメリカ西部でも、西ヨーロッパでも、この攻撃型の恐竜と防御型の恐竜との目ざましい発展が絶頂に達しつつある段階を見ることができる。私たちが見るのは、爬虫類の時代のクライマックス、もしくはクライマックスの直前の時期である。攻撃力と防御力はその頂点に達していた。このような攻撃と防御の様子は、ここに示す復原図（博物館に展示してあるものを指すらしい）に見られるようなものだったろう。これは、爬虫類の時代がまさに終わろうとしている時期のモンタナの一風景を描いたものである。右側にはトリケラトプスと呼ばれる一群の草食の恐竜がいる。トリケラトプスという名前は、頭蓋骨に鋭い角が三本ついているところからきている。この恐竜たちは頭を下げ、左側の手前にいる巨大な肉食恐竜の攻撃に備えている。これはティラノサウルス・レックス（「暴君的なトカゲの王様」）という名前をもつ。このティラノサウルスは、かつて地上で見られたもののうちで最も恐ろしい破壊者であった。今後これをしのぐような動物が発見されることはまずないだろう。それでも彼は、この草食の恐竜の密集群に攻撃をかけることが本当に引き合う話かどうか、あるいはその長く鋭く尖った角に刺し貫かれることはないかどうかを考えているかのように描かれている。

この絵は、動物の攻撃力と防御力は常によくバランスが取れているという自然の普遍的な原理を示しており、このバランスは、きわめて長い時間にわたってゆっくりと進む攻撃力と防御力の進化の過程から生み出される。

中央アジア探検隊の第二の、そして純科学的にみてもっとも華々しい発見は、ある小さな草食の陸生爬虫類の頭蓋骨だった。これにはプロトケラトプス、すなわち最初の有角恐竜という意味の名前がつけられている。長い時間をかけた研究の結果、これがずっと以前から探し求めていたトリケラトプスの祖先であることがわかったためだ。この恐竜は比較的小型のもので、頭には角《ツノ》がなく、平らである。しかしそれでも、歯や顎の構造、あるいは頭の全体の形には、このような祖先と子孫という関係を示すまごうことのない証拠が認められる。この関係は、アメリカ自然史博物館およびコロンビア大学のウィリアム・キング・グレゴリー博士が細心の注意を払って明らかにした。

この小型の化石恐竜は、モンゴル西部のきわめて古い地質時代の地層から掘り出された。一九二二年九月二日、古い隊商路の一つに近い、アルツァ・ボグドの東の赤色頁岩層の露頭から発見された。この地層はおそらく白亜紀前期、あるいはひょっとするとジュラ紀後期のものだろう。地質時代を十分妥当と考えられる範囲で推定すると、これはモンタナ州で発掘されている三本角の恐竜の時代よりも二〇〇〇万年から三〇〇〇万年古い。三本角の恐竜の最大のものはきわめて大きく、その頭蓋骨は長さ二・五メートルにも達し、二本の恐ろしく発達した角をもっているが、西モンゴルの恐竜の小さな頭蓋骨は、まったく角がなく、長さは二〇センチに達するかどうかというところだ。つまり、この無角の恐竜は、モンタナの巨大な子孫の一二分の一の大きさしかない。

これがきわめて原始的なものであることを示すため、「ケラトプス類の中でももっとも原始的なもの」という意味のプロトケラトプスという名前がつけられている。フルネームは、プロトケラトプス・アンドリュースアイ（Protoceratops andrewsi）で、その種名はロイ・チャップマン・アンドリュース氏の中央アジア探検隊の組織者、兼指導者としての卓越した能力を記念して捧げられたものである。これは爬虫類の新種、新属、新科であり、おそらくは新亜目をなすものと考えられる。すなわち、科学的にみると、この小さな爬虫類の発見はバルキテリウムの発見以上に画期的なものなのだ。ウィリアム・キング・グレゴリー博士が、どのようにして、プロトケラトプスが巨大なトリケラトプスの真の祖先であると断定したかということは、それ自体長い物語となる。角がないことはほとんど問題にならない。哺乳類でも、爬虫類でも、きわめて原始的なものはすべて角をもたないからである。哺乳類、爬虫類を問わず、とくに草食動物の角は、肉食の敵に対する防御手段として発達してくるものなのだ。

バルキテリウムの頭蓋骨の発見は、現在広く論じられている進化の一般理論ときわめて重要な関連をもっている。人類の進化の問題とさえ間接的な関連をもつ。まずバルキテリウムの頭蓋骨を、環境によるチェックを受けず、バルキテリウム自身よりも強力あるいは狡猾な敵による制約を受けず、ある一定の方向に向かって急速にそのクライマックスに突き進んでいった進化のいちじるしい実例を考えてほしい。恵まれた環境におかれたこのような動物のグループは、恵まれた環境や恵まれた文明の中におかれた人間のグループと同様、常に目ざましい勢いでその数を増し、また、それが有利であって不利な点がなければ、その大きさも増していく。

バルキテリウムの場合、大きさそのものがきわめて重要であり、それによって同じ時代のすべての敵を防ぎ、追い払うことができた。またそれによって彼らは、木の葉を食う他の動物たちが届かないような木の上のほうの葉を食うことができた。この新しい食料供給源は実際上無限といってよかった。

大きさの点で、この動物はこれまでに存在した陸生哺乳類のうちで最大のものであり、これをしのぐものがあるとすれば、象の仲間のとくに大型のものくらいだろう。

バルキテリウムは、哺乳類の時代の地質年代の比較的古い時期、すなわち漸新世に現われたが、その天下がどれくらい続いたかはわからない。地球上に次々と現われた他の巨大な爬虫類や哺乳類たちと対比して考えてみると、そのいちじるしい大きさが、一時的には利点となったが、結局その絶滅の原因となった可能性が大きい。

一般的にいって、地上から姿を消していくのはバルキテリウムのように高度に特殊化した動物たちであり、もっと単純で一般的な動物は生き残り、次の地質時代にはそれが特殊化した形になっていく。しかし動物の絶滅には、きわめてたくさんのさまざまな原因がからんでおり、したがってこの巨大な動物が、いつ、どうして絶滅したかという興味深い疑問に答えるためには、これからの探検隊の作業によってもたらされる証拠を待たなければならない。

バルキテリウムと、私たちの人類の探求との関係について述べれば、この頭蓋骨が発見され、それによってこの時代の、世界の屋根といわれるこの土地の性質がわかってきてみると、人類の祖先もこの同じ土地で発見されるかも知れないという推測がますます有望となってくる。私たちは今、人類の遠い祖先は漸新世、すなわちまさにバルキテリウムが繁栄していたその時代に、他の類人猿の幹から枝分かれしたと確信しているからだ。私たちはまた、この祖先たちはびっしりと森におおわれた土地に住んでいたのではなく、ある程度開けた土地にいて、そこでは四足獣のような四足歩行よりも、また樹上生活者のように木の上を渡って歩くよりも、後肢で歩くほうが有利だったのだと考えている。

いいかえると、バルキテリウムはおそらく私たちの遠い祖先が独立した存在となり、直立もしくは半直立の姿勢で歩きはじめたのと同じ時代に生きていたものと思われる。筆者は二年前に、科学史上今後に残されているもっとも驚くべき発見の一つは、哺乳類の時代の中期に、比較的大きな脳を持ち、直立して歩く人類の祖先が発見されることだろうという確信を述べた。この発見はアジアでなされる可能性がもっとも大きい。それがアジアの中でも、現在わが探検隊が作業している地域でなされるだろうと予想することは軽率にすぎるだろうが、私たちが人類の発祥の中心に比較的近いところにいるという可能性は大きいと私たちは考えている。バルキテリウムが存在するということは、ここが、もっとも早い発達段階にある私たちの祖先を発見することを期待できるような土地であることを示しているのだ。

このバルキテリウムとプロトケラトプスの二つの発見は、ここに簡単に、わかりやすく述べたとおり、世界の屋根の歴史の新しい一ページが開かれたことを示すものなのだ。

第一一章　新しい作業と発見

一九二二―二三年の冬を、私は北京で、次の夏の探検の準備のために過ごした。グランガーはふたたび揚子江河畔の四川省の化石産出地域へ出かけ、他の隊員たちは採集標本について科学的研究を始めるためニューヨークへ戻っていった。

第一回のモンゴル探検は主として偵察的なものだったので、最初の作業の収穫を刈り取るためには、すでに場所だけははっきりした化石地層をもっと十分に調べてみる必要があった。このような目的を念頭において、新たに三人の古生物学畑の標本採集専門家を隊員に加えた。それはジョージ・オルセン、ピーター・ケイソン、アルバート・ジョンソンの諸氏だった。コルゲート氏は戻ることができなかったので、自動車輸送はマッケンジー・ヤング、C・バンス・ジョンソンの両氏に委ねられた。この二人はこれまでずっと車といっしょに生活してきた人たちで、どうしても避けがたい恐るべき酷使によって自動車に生じうる、どのような故障をも修繕する技能をもっていた。

探検隊は四月一七日、北京を出発した。これは前年、最初の探検隊が出発したのと同じ日だった。そして四月二〇日にはカルガンを出発した。カルガンから先、一五〇キロにわたって広がっている中国人耕作地域では、その一カ月間、隊商路に沿ってこれまでにないほど頻繁に強盗事件が起こっていた。私たちが出発する前の週には、二台のロシア人の車が襲われ、高価な黒テンの毛皮の積荷が奪われた上、一人が殺されていた。何隊かのキャラバンがカルガンから数キロ以内のところで強盗に出会っており、中国当局は私たち探検隊の安全についてかなりの不安を表明していた。

私たちは例によって、カルガンからわずか五五キロのミャオタンの小さな中国旅館で最初の夜を過ごした。匪賊が出没する丘陵地帯でキャンプをしたくはなかったからだ。

次の朝、私たちが出発する直前に、この村に駐屯している中隊の隊長が私を訪ねてきて、私たちの安全を保証するためあらかじめ護衛隊を派遣するよう命令を受けたといった。彼は純真そうなようすでいった。

「私の兵隊を撃たないように気をつけてください」

私たちには匪賊と兵隊の区別がつかないのではないかという彼の恐れはまことにおもしろかった。実際のところ、この二つは中国の多くの場所で、事実上同意語なのだ。

路を八キロほど進んだところで、私たちは兵隊の一群に追いついた。彼らは私たちが近づくのを見ると、ただちに中国国旗を掲げ、集合ラッパを鳴らして私たちが到着したことを知らせた。

最初の作業をすることになっているイレン・ダバスにはキャラバン隊が待っているものと、私たちは思いこんでいたが、そこに彼らはいなかった。私は、メリンが本道の東側の路をとったことを知っていた。そのほうが安全だし、ラクダのための草も十分にあったからだ。しかし、その同じ路をたどってきたモンゴル人たちは、キャラバン隊などはまるで見かけなかったというのだった。私たちのキャラバン隊は、独特な形をした木箱をもち、先頭に立つ大きなラクダはいつもアメリカ国旗を立てていたので、容易に見分けがつくはずだった。ほんとうに心配になってきた。とくに一週間ののち、グランガーとモーリスがその路を一一〇キロほど自動車で走ってみて、やはりラクダ隊を発見できなかったとき、さらに不安は増した。

彼らが襲われ、砂漠に追い散らされたのではないかと心配した。とにかくその地域は、匪賊が無数にいるところだった。箱の中に入っている食料は、匪賊たちにはほとんどなんの興味もないだろうが、ラクダは簡単に売り払うことができるし、一〇キロリットル以上のガソリンは、本道沿いのモーター・ステーションで小口にして売ることができるだろう。シーズンの初めにキャラバン隊を失えば、それは探検隊にとって壊滅的な打撃となる。私は、もしなんの音沙汰もなければ、戦いを求めてうずうずしている隊員を三―四人連れて、メリンを最後に見た場所から馬でキャラバン隊の後を追い、これを奪い返すことを決心した。

しかし結局、抜け目のない老メリンは、匪賊につかまってなどいなかった。ある夕方、自動車が一台キャンプに走りこんできて、私たちのラクダ隊が三〇キロほど離れた竜骨山《ルン・クー・シャン》におり、明日にはここに着くだろうと伝えた。モンゴル人たちは、無事私たちと再会したことを子どものように喜びながら到着した。メリンの話によると、彼は行く手に匪賊たちが待ち受け、路を見張っていると聞いたので、路を離れて砂漠に入ったという。その後、彼は夜の間に泉から泉へと進み、昼間はもの陰になった簡単には見つからないような窪地でキャンプをした。彼は真黒に日に焼けた顔を輝かせながら、どのようにして匪賊たちと隠れんぼをしたか、また、それでもどうやってラクダたちにこの冬中でもっともよい草をたっぷり食わせてやることができたかを話すのだった。

私たちが一九二二年に、恐竜や爬虫類の時代の地層を最初に発見したのがイレン・ダバスだった。そのとき私たちはここに一〇日しか留まらなかったので、こんどはこの実り豊かな場所でゆっくりと調査をしたいと思っていた。

到着した次の朝、新たに加わったケイソン、オルセン、ジョンソンの三人は、つるはしと標本袋をもち、モンゴルの化石地層での最初の経験に心を踊らせながら出かけていった。モーリス、グランガー、ヤング、それに私は車を西へ走らせ、化石を含んでいそうな別の露頭を探しにいった。

北京にある本部で収集した獣皮類を乾燥しているところ

フレーミング・クリフへの険しい道をやってくるラクダ隊。先頭を務めるのがメリン

キャンプから一三キロほどのところで、私たちは見なれた灰白色の地層を見つけ、車をとめてあたりを調べてみた。ほとんどすぐに、地表の五―六カ所に歯や骨の破片が散らばっているのが見つかった。グランガーは、巨大な大腿骨が半分露出しているのを見つけた。風や、雨や、霜の作用で岩が一粒一粒削り取られていったのだ。その日私は山の背をゆっくりと歩いて越えながら、金鉱を探す人たちが感じたと思われるような胸のふくらむような気持を感じていた。そこはいかにも有望そうな場所であり、地面の色の変わった部分や小さな骨の破片が、いつ古生物学上の宝の山を発見する手がかりを与えてくれるかわからないのだった。地表のすぐ下に何百という骨が横たわっていることは疑いなかった。しかし、それはどこなのか？　私の目が、すべてをおおい隠す地表を貫きとおし、その下に隠されているものを見ることができたら！

化石があることを示すはっきりとした手がかりなしに、そこらを掘ってみてもほとんど期待はもてない。骨が地面にもぐりこんでいっているとか、なにか期待のもてそうなものがあるか、なんらかの手がかりがなければならない。さもなければ、いくら掘っても、掘っても、わずか数メートル、ときには数センチのところで最大の宝物を逃がしてしまうことになるかもしれない。もちろん、風化して何百という破片に砕けた骨を発見しても、地下にそれとつながる骨格の他の部分が見つからないこともいくらでもある。失望することがもっとも多いのは、古い河床に堆積している化石の場合である。そこでは、骨が堆積物に埋まって保存される前に、速い水の流れのために転がり、砕けてしまうのだ。私は、砂利の中にバルキテリウムの骨がたくさん埋まっているこのような堆積層を知っている。再三再四、私は突き出している骨を見て興奮のために血が躍るのを感じた。しかし岩や土を注意深く取り除いてみると、なんの役にも立たない破片が出てくるだけだった。

このような河の堆積層にぶつかるたびに私の感じる興奮は、いつも探検隊のもの笑いの種になっている。私は、古生物学の標本採集者としては冷静さが十分とはいえない。失望や成功によって、私は簡単に真っ暗などん底へ突き落とされたり、幸福の絶頂に押し上げられたりする。とくに、標本を発見したときの気持の高ぶりはとても抑えきれない。

ウォルター・グランガーや他の訓練のできた人々は、誰でも満足をもって化石のまわりの基質をラクダの毛のブラシで一粒一粒取り除き、標本が姿を現わすのを待つ。彼らのやり方が正しいのはいうまでもないが、私のせっかちな精神には、少なくとも結果が早く得られる、つるはしとシャベルによる方法のほうが性に合っている。わずかに突き出している骨の下に、完全な骨格や、この上なく貴重な頭蓋骨が埋まっているかもしれないというのに、それを知るまでに何日も待つということが私にはできない。そこで、誰かが標本を取り出すという微妙な仕事に携わっているときには、いつも、古生物学班キャップは探検隊のリーダーに次のように最後通告を発するのだ。

「汝、そのつるはしをおいてござるかぎり、この聖なる地点に近づくべからず」

イレン・ダバスの西の白亜紀の山の背を短時間調べてみると、十分なみこみがありそうだったので、さらに細かく調べるため、三人の隊員をそこへ送った。すぐに彼らは皆重要な化石を発見した。その化石が埋まっていた場所は、いずれも宝の山であることが明らかになった。アルバート・ジョンソンの山がいちばん豊かだった。彼の鋭い目は八センチ足らずの骨の破片に引きつけられた。この糸口をたどって、彼は少しずつすばらしい堆積層を明らかにしていった。その場所はきわめて実りの多い堆積層で、その後彼とケイソンはただ一カ所で、一カ月間作業を続けることになった。化石は地表からわずか三〇センチか、六〇センチのところに埋まっていたが、完全に岩でおおわれていて、骨が八センチほど頭を出して秘密を暴露してくれなかったら、その存在を疑ってみることさえなかっただろう。

この堆積層では、何種類もの肉食、草食の恐竜の骨が、何頭分もたくさん重なり合って、ごちゃごちゃなひと塊りになっていた。それはちょうど、堆積したときに渦巻き状の力の作用を受けたように見え、私たちはここが湖の端の逆流、あるいは流れに渦のあった場所だと考えるに至った。恐竜たちが死ぬと、その死体はこの入江に流れこみ、ここに埋葬されたのだ。その後、肉が分解され、骨格は軟らかい泥の中に沈み、最後に化石になったのだろう。

五〇〇万年前の湖の岸には、植物が豊かに繁っていたにちがいない。なぜなら、骨の中にはカモノハシ恐竜やイグアノドン型の恐竜の骨が多く、この種の恐竜は柔らかく、水分に富んだ水生植物のある、湖や川の岸辺の泥の中でのんびりと暮らしていたものたちだからだ。体長が一〇―一二メートルもあるこれらの巨大な恐竜たちは、今日のカンガルーのように後肢で歩き、前肢は短くて弱かった。顎には、上下それぞれ四〇〇本という莫大な数の歯が生えていた。上の歯が擦り切れると、下から新しい歯が出てきて、広い咬合面をつくっていた。この種の恐竜は草食で防御手段をもたないため、同時代の大型の肉食恐竜にとって、簡単に手に入る獲物となっていたにちがいない。草食の恐竜の骨に混って、肉食のものの骨もいくつか発見された。戦いの最中に、獰猛な肉食の恐竜が湖の深い水の中に引きずりこまれて溺れ死に、その骨格が獲物たちといっしょに化石になったと考えてよいだろう。

爬虫類の時代に、この地域にどれほどの数の動物たちがいたのか想像することはむずかしい。そこは悪夢の国であり、妄想のなかで生み出されるものよりもさらに奇怪な悪魔のような動物たちがたくさん住んでいたにちがいない。今日、このかつての悪夢の世界は消え失せてしまった。その場所には風の吹きすさぶゴビの砂丘が静かに横たわり、夏の太陽の下でからからに焼かれ、冬には極北の荒野となる。日に焼かれて乾ききった沼地の塩の岸辺が、かつてここが大きな湖の一角であったことを示している。その湖の水は、今、私たちが立っている山の背の端をピチャピチャと洗っていたのだ。目の届くかぎり風に吹かれた砂の円丘が続き、その上にはとげだらけの砂漠の植物が生えていた。

ジョンソンは彼の「石切り場」で、たて溝を掘っていて骨を見つけた。おそらく足の骨の端っこを掘り出しても、その上にはまた別の骨が載っていて、最初の骨を取り出すには上の骨を取り除かなければならないということになるだろう。それはストロー抜き遊びをするようなもので、長年の経験と無限の忍耐力をもった人間だけができる作業だった。標本によってはひじょうにしっかりとくっつき合って固まっており、現場で分けることは不可能だった。このような場合には、母岩ごと大きな塊としてそっくり掘り取った。極度に脆くなったツタンカーメンの副葬品でさえ、ゴビ砂漠から掘り出されたこれらの標本ほど注意を払って取り扱われ、荷づくりされたものはなかっただろう。これは、王墓の谷から掘り出されたものよりも、何百万年、何千万年も古いものなのだ。

私たちは、イレン・ダバスには数日間とどまるはずだったのに、一カ月間滞在し、作業が進められている間に、バンス・ジョンソンと私は、物資の補給のため、二台の車でカルガンへ出かけた。その途中、私は匪賊との間でおかしな経験をした。

数週間前、二台のロシアの自動車が強盗にあった場所に近づいたとき、私のほうがジョンソンよりも一・五キロ以上先を進んでいた。その場所に気がついたとき、私の頭に次のような考えが浮かんだ。

「匪賊が同じ場所で強盗を働くことはないだろうか」

ほとんど同時に、私は三〇〇メートルほど先の丘の頂上で銃身がきらめくのを見た。馬に乗った一人の男の頭と肩が、ちょうど空を背景にして見えた。モンゴルや中国で近代的なライフルをもっている原地人は、二種類、すなわち匪賊か兵隊しかいない。そして実際のところ、この二つの言葉は事実上同意語なのだ。丘の上にいる馬に乗った男は、まちがいなく下の谷間にいる連中に警報を知らせるための歩哨だった。とにかく彼が誰であれ、私としては、彼にそこにいてほしくなかった。私はピストルを引き抜いて、二発、発射した。彼を撃つつもりはなかったが、弾は愉快とはいえないほど近いところを通ったにちがいない。彼はたちまち姿を消した。

すぐに車が谷の縁までくると、斜面の底に馬に乗った三人の匪賊が見えた。近射程でからだを銃の前にさらすことなく、車を回して引き返すことは不可能と思われた。そしてモンゴル馬は、自動車が突っかかってくるのに立ち向かうことなど決してできないのを知っていたので、私は攻撃することにきめた。岩の切れ目は広く開いており、私の前には平らな地盤が広がっていた。私はそこを時速六〇キロで一気に突っ走った。予想したとおりだった！　匪賊たちが背中に背負ったライフルをはずそうとしている間に、馬が飛んだり、跳ねたり、気違いのように頭を下げたり、突っ立ったりしはじめて、彼らは鞍の上に留まっているのがやっとというところだった。

私は六連発拳銃を取り出し、彼らの頭の近くを目がけて発射した。たちまち状況は一変した！　匪賊たちはただ逃げようと必死だった。私が最後に見た彼らの姿は、あらゆるスピード記録を破って谷の反対側を走っていくところだった。全員射殺してしまうことも簡単だっただろうが、私は冷酷に撃ち倒すことは望まず、彼らに生涯で最悪の敗走を味わわせることで満足した。

キャンプへの戻りには、私は北京のアメリカ海兵隊アメリカ公使館分遣隊の指揮官であるH・ダンラップ大佐と、探検隊と一週間をともに過ごしたセス・ウイリアムズ中佐を連れていた。この二人の気持のよい将校たちと過ごした日々を私たちは誰も忘れないだろう。彼らはカモシカや砂鶏を撃ち、この上なく鋭い興味をもって化石の発掘を見物した。彼らが北京に戻っていくと、私たちと外の世界との連絡は何カ月も切れることになった。彼らが出発して数日後、私たちは西に向かってウル・ウス、すなわち「山の水の泉」のキャンプ・タイタンへと出発した。

「キャンプ・タイタン。地獄とサイル・ウス路の交差点に位置す。ティタノテリウム、サイ、その他新しい動物たちの墓場。ゆるい砂におおわれている」一九二三年六月一四日、すなわち探検隊到着の日の私の日記には、このように書かれている。

次の日の午後、私があたりを掘りながら歩きまわっていると、午前中ずっと吹いていた強風が、しだいに暴風のようになってきた。盆地はちょうど火山の噴火口が煙を吐いているように見えた。黄色い「つむじ風」が地面から巻き上がり、平原を渦巻きながら通り過ぎていった。北方からは、不吉に盛りあがった黄褐色の壁が、競馬馬のような速さで私たちのほうへ向かってきた。

私は皆を呼び戻そうと谷間に戻りかけたが、すぐに金切り声をあげる何百何千という嵐の悪魔たちが、私の顔に砂や砂利をたたきつけてきた。呼吸することもむずかしく、なにも見ることができなかった。私は盆地の縁をよろめきながら越え、平地に戻り、斜めにキャンプに向かって進もうとした。それは、私が進むにしたがって道を開き、後ろで道を閉ざす不思議な黄色い壁の中に押し入っていくようなものであった。足下の地面すら見えなかった。すぐに私は、自分がテントよりもずっと東のほうに押しやられていることに気づいた。唯一の道は、風の吹いてくる方向に曲がり、ふたたび盆地の縁が見つかるまで進み、その縁に沿って進んでキャンプの後ろの切り通しまでいくことだった。頭を完全にコートで包み、私は砂と砂利の一斉射撃に立ち向かっていった。一〇分か、あるいは三〇分か過ぎたとき、私は窪地に転がり落ち、そこで風に背中を向けて縮こまり、横になって考えてみることにした。

突然、私のすぐ横の砂塵の中に人影が浮かんだ。私は手を伸ばし、そのうちの一人の足をつかまえた。それは私たちの隊員のモンゴル人、ツェリンだった。ピーター・ケイソンもいっしょだった。口をお互いの耳に押しつけるようにして、私たちは相談をした。ツェリンは、まっすぐ南にテントがあると考えていた。ピーターと私は、テントがどこにあるか全然見当もつかなかった。私は現地人の勘を信じることにした。

そこで私たちはいっしょにくっつき合って、目も見えない闇の中を手探りで進んだ。最後になにか黒い物体にぶつかった。それはコックのテントだった。まだ立ってはいたが、風が吹きつけるたびに、今にもびりびりに裂けてしまいそうだった。食堂のテントはすぐそのわきにあった。私たちはやっとのことでその中に入り、濡れた布で顔をおおって地面に伏した。それが呼吸するための唯一の方法だった。

隊員は一人ずつキャンプに戻ってきた。ウォルター・グランガーだけが帰ってこなかった。彼を探しに出ることは不可能だった。グランガーはこれまでにもしばしば自分のことは自分で何とかする能力を証明して見せていたので、私はあまり心配しなかった。しかしグランガーを尊敬している中国人ボーイの「鹿弾《バック・ショット》」は、心配のあまりおろおろして、私がキャンプを離れてはいけないと禁じなかったならば、主人を探しに砂嵐の中へやみくもに飛び出していっただろう。私たちは無力であり、まさに「心得書きには『耐えるべし』と書いてある」とアルバート・ジョンソンがいったとおりだった。私たちは自分がいちばん楽だと思う姿勢で、それに耐えた。

暴風は一時間続き、そして突然ぴたりと静まった。風はそよとも吹かず、風に裂かれてリボンのようになった国旗は、私のテントの上でだらりと垂れていた。嵐の後では、静けさは不気味なほどだった。

私たちが食堂テントからはい出したとき、「鹿弾《バック・ショット》」の嬉しそうな叫び声が聞こえ、褐色の人影がキャンプに入ってくるのが見えた。砂漠色をした顔のおおらかな笑顔の後ろにウォルター・グランガーがいた。嵐がやってきたとき、彼は少し掘り出したティタノテリウムの頭蓋骨のほうに懸命に進んだ。砂が移動してわからなくなる恐れがあるので、その場所に目印をつけておこうと思ったのだ。彼はそこに着いたが、それ以上進むことができず、顔をコートに埋めて、その穴の中にうずくまった。

頭以外は完全に砂に埋まり、ほとんど窒息しそうだった。

　私たちはテントを掘り出し、衣服やベッドの砂を払い出した。まるでゴビ砂漠の半分が私たちの身のまわり品の中に入りこんだかのようで、いちばんしっかりと閉めた箱の中にまで砂が入っていた。カメラ、ライフル、ピストル、双眼鏡などが大被害を受けた。二重のケースに入れてあってさえ、砂を防ぐことはできなかった。私たちは二時間、砂をかき出すために休むことなく働いた。私は一・五キロ離れた「山の水の泉」へ車を走らせ、皆水を浴びて、きれいな服に着換えた。ようやく人ごこちを取り戻した。

　しかし夕食が食卓に出されているとき、隊員の一人が北の方角を眺め、叫び声をあげた。またやってきた。同じ褐色の雲だ！　今回はその前を巨大な「つむじ風」が走り、荒々しく踊りながら平原を進んでいた。それは私たちのほうへ向かってきた。こいつにキャンプを一撃されたらなにが起こるか、私たちは知っていた。私は全員にテントの裾に重しをかけるよう求め、杭を打ちこんだ。怒りの声がいたるところから聞こえた。なにしろ私たちはすっかりきれいになっていて、しかも一瞬ののちにどれほど汚なくなるのかを十分に知っていたのだから――。

　攻撃は砲弾でも爆発したかのように砂利の突風となって襲ってきた。五分間、砂の奔流がキャンプのまわりを渦巻いた。テントも私たちの所持品もすべて頭上の渦巻きに吸いこもうとするかのようだった。まもなくあらゆる場所から撃退されて、踊りながら平原を遠ざかり、やがて遠くに消えていった。

　グランガーと私はいっしょにテントを押さえていた。そして最初の攻撃が去った静けさの中で、互いに顔を見合わせ爆笑した。

「おお神様！　私も君みたいに汚らしいのかい？」と彼は聞いた。

しかし彼は鏡を見ると、まことに不満げに不平をもらした。

「だいなしだ。モンゴル人が正しいんだ。もう水浴びはやめだ。なんの役に立つんだ。私はもう寝るよ」

彼は正しかった。ふたたび風が吹きはじめ、一時間とたたないうちに暴風となった。一〇日間、強風は絶え間なく吹きつづけ、掃除をする値打ちがあるほど静まることはなかった。

ウル・ウスは、私たちがモンゴル中で発見した化石採集地の中でももっとも重要な場所の一つとなった。そこにはティタノテリウムの骨が大量にあった。この巨獣は表面的にはサイに似ているが、実際にはバクに近いものだった。彼らは三〇〇〇―四〇〇〇万年前、哺乳類の時代の中期に、その発達の頂点に達し、絶滅していった。これがモンゴルで発見されたことは、オズボーン教授が何年も前に行なったみごとな予言を裏づけるものだった。彼は二〇年にわたって、この風変わりな動物について研究を行ない、その進化について不滅の論文を書いた。ティタノテリウムはこれまでアメリカでのみ発見され、唯一の例外はオーストリアで発見された疑わしい破片が一つあるだけだが、オズボーン教授はこの動物がもともとは中央アジアから移住してきたものだと考えていた。私たちが一九二二年にこの現場へ出かけてきたとき、彼はティタノテリウムの骨にとくによく注意するよう指示した。ほとんど即座に彼の予言が的中した。イレン・ダバスに近い「宝石の谷」で、アジアで最初のティタノテリウムが発見されたのだ。

私たちはそこでみごとな頭蓋骨を二個か三個発見できただけでも、きわめて幸運だと思っていたが、ウル・ウスはまごうことのないティタノテリウムの宝の山だった。広大な堆積地層の平原が侵食されてできた砂の盆地には、化石の骨が地表にほとんど石ころと同じくらい密に散らばっていた。探検隊の全員が数日のうちにティタノテリウムの骨を発見し、グランガーは、「ザ・デイリー・スカル」

(「頭蓋骨毎日」)というタイトルの探検隊新聞を出したらどうかなどというのだった。

二週間作業を行なって、数種のティタノテリウムの頭蓋骨を一四個掘り出し、その他に四肢の長いサイの完全な骨格一つと、その他多くの小型の動物の骨が発掘された。最初、この地層は「宝石の谷」のイルディン・マンハの続きではないかと思われたが、ティタノテリウムによってこれがまったく別のものであり、もっと後の始新世後期のものであることが明らかになった。

まだ「山の水の泉」で数週間過ごしても十分な収穫は得られたかもしれないが、この年の私たちの作業計画では、この地域には一四日しか割り当てられていなかった。しかし、「燃える崖《フレーミング・クリフ》」に向かって出発するまでに、近くの寺院の庭には一トン以上の貴重な標本が積み上げられ、ラクダ隊がカルガンに帰るときにもっていくことになっていた。

第一二章　恐竜の産卵場

私たちは「山の水のキャンプ」から太陽に焦がされた砂漠の荒地を通り、六四〇キロ西の「燃える崖《フレーミング・クリフ》」へ向かった。一年間、そこにはまったく雨が降っていなかった。私たちは、一〇カ月前に自分たちの自動車がつけた跡をたどった。わずかばかりの植物は褐色に枯れ、情容赦なく照りつける日光のもとでしおれていた。塩の白い縁どりが、かつての池の跡を印していた。砂漠は気を狂わせるような、ゆらゆら揺れる蜃気楼の上に浮かび、そこには砂しかないことがわかっているところに、アシの茂った湖や、涼しげな木の茂った島影などが映し出されていた。

私たちは何キロも、何キロも旅をしたが、ちょろちょろ走る、まだらもようのトカゲと、水を飲まなくても平気な尻尾の長いガゼルの他は、まったく生物を見ることがなかった。道端には、ラクダの骸骨や羊の骨が点々と残されていた。私たちが砂漠に入る前に話を聞いた何人かのモンゴル人は、彼らの友人たちもこの荒れ果てた地域から他へ引っ越していってしまったといっていた。何十頭という馬や、羊や、ラクダが死んでしまったことに落胆して、もっとよい草を求めて北へいったのだという。

キャラバン隊には、食料とガソリンをもって私たちの後を追うよう指示して、「山の水のキャンプ」の近くに残してきた。東モンゴルのすべてのラクダと同様、私たちのラクダも食料不足に苦しんでおり、哀れなほどやせて、背中のこぶは柔らかく、ぶよぶよになっていた。しかしキャラバン隊のリーダーである老メリンは、彼らがアルタイ山脈で私たちに追いつくまでなんとかもちこたえられると考えていた。そして、そこまでいけば状態はずっとよいと伝えられていた。彼らが私たちのところまでやってこられないと、状況は重大なことになる。ガソリンがなければ、私たちは砂漠の島のロビンソン・クルーソーのように、まるでお手あげになってしまう。それでも私たちは、アルタイ山脈の東端の「燃える崖《フレーミング・クリフ》」の赤い化石地層までいかなければならなかった。そこは、前の年、恐竜の祖先を発見したところだ。

一億年前、現在モンゴルと呼ばれる土地の、ある浅い窪地の端に、一頭の魔物のような動物が立っていた。その大きな丸い目は、まばたきもせずにあたりをにらみ、細い尖った顔の先は鉤形のくちばしになっていた。頭は傾斜をなして後ろのほうが高くなり、首のまわりを取り巻く骨性の丸いひだをつくっていた。それは首と肩の前部をおおう硬いよろいとなっていた。からだの前方は低く、後方は高くなっており、全長二・七メートルのからだの末端は太い尻尾となり、まるで恐ろしい悪夢の中の動物のようだった。その動物はよたよたと斜面をくだっていき、赤い砂の中に坐りこんだ。そして、その窪みの中に、白い楕円形の卵を二〇個生み落とした。だがその卵は、日光で暖められてもけっして孵《か》えることのない運命にあった。

しかしこの動物やその仲間たちは、この他にも卵を生み、それは孵化《ふか》して、生まれた恐竜たちは定められた寿命だけ生き、そして死んだ。彼らは、自分たちの子孫が何万世代ものちにシベリアへと広がり、地峡を越えてアメリカへ、その西海岸から内陸部へと広がっていくことになるとは知るよしもなかった。彼らは、自分たちの子孫がこの上なくグロテスクな動物になっていくことも、巨大な大きさになり、角《ツノ》を生じるようになることも、首を守っている骨のひだが恐ろしく大きな盾となり、人間が両手を広げても足りないほどのものとなるということも、なにも知らなかった。

しかしこのようなことが実際に起こり、三本角の恐竜のうちでももっとも恐ろしいトリケラトプス

1億年もの間とじこめられていた石の中から一部露出している恐竜の卵

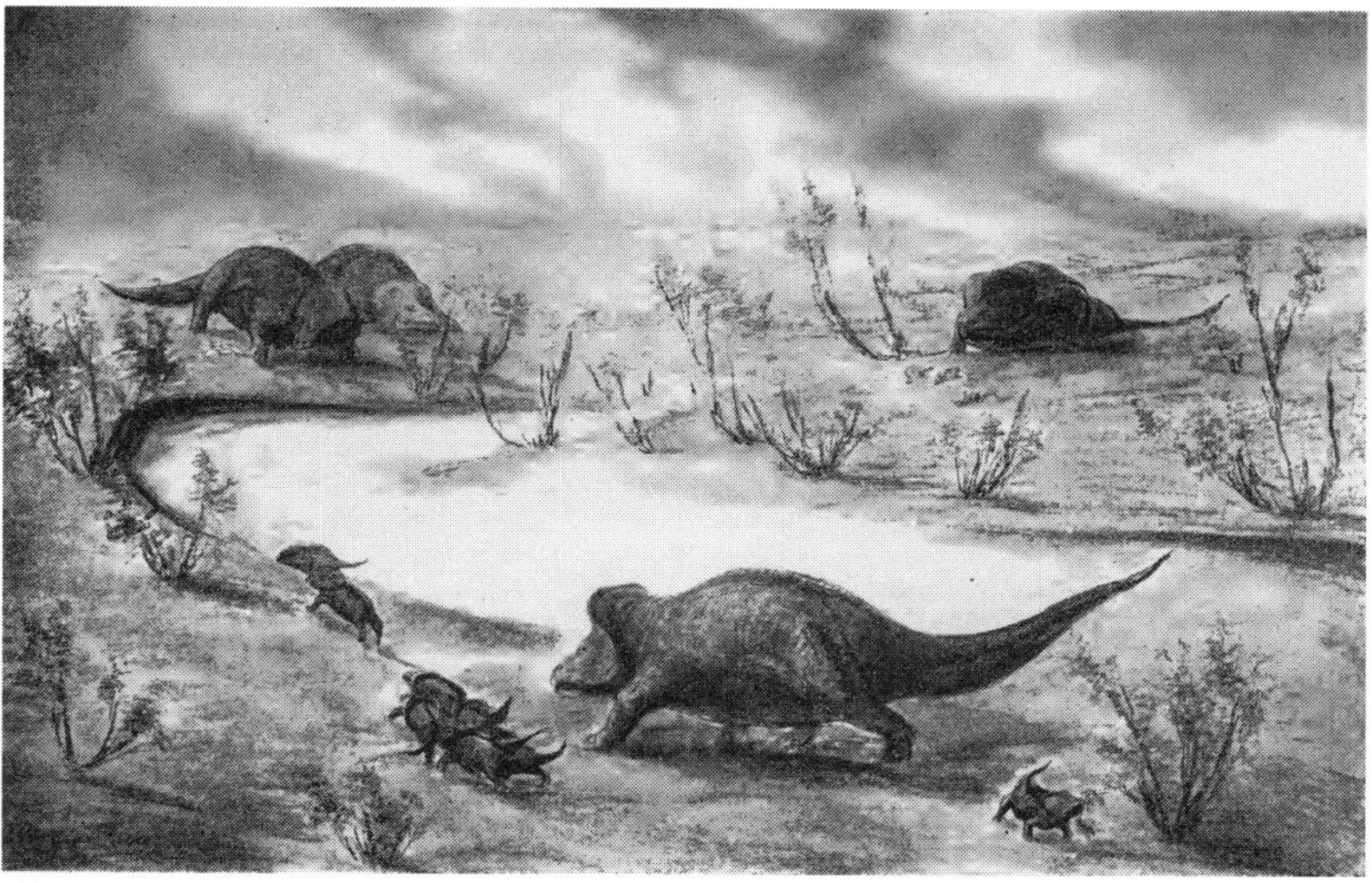

プロトケラトプスの親子

の化石骨がアメリカで発見されたときには、これがどこからきたのか誰にもわからなかった。彼らは爬虫類の時代の後期の岩石の中に、突然完全に発達した姿を現わし、その家系についてはなにも手がかりは与えなかった。

例の恐竜が砂の窪みに卵を生みつけてから一億年後のあるすばらしい夏の日に、私たちは大きな盆地の縁の、卵が生みつけられた場所のすぐ上にテントを建てた。白亜紀の太陽に暖められて孵化するよう卵が生み落とされたあのはるか遠い日いらい、その上には何百メートルという堆積物が積み重なり、それがふたたび風や、霜や、雨の作用によって剝ぎ取られ、卵は半分露出していた。あるものは割れたかけらだけとなっていたが、四個は丸のまま残っていた。卵はもはや白くはなく、長い埋葬の間にかすかな褐色を帯びていた。

この卵を生んだ恐竜が、一九二三年にこの場所を見ることができたとしても、それがどこだかまるでわからなかっただろう。テニスコートのように固くて平らな平原が、なだらかな起伏を描いて五〇キロほど離れたアルタイ山脈のふもとまで続き、その平原には幅二〇キロ、長さはさらにそれ以上の大きな盆地が掘られていた。盆地は平原から崖のような急傾斜で落ちこみ、盆地の周辺部には、溝や、小さな谷や、赤い岩壁や、丸い小塔が複雑に入り組んでいた。切り立った壁や、巨大な煙突状の塔が砂地に孤立して立ち、まるで戦争で破壊された町の廃墟のようであった。これらの間をフタコブラクダがぶらぶら歩き、羊たちは死滅しつつある湖の底の緑の原に雪のように白い斑点を描いて群れ歩いていた。

私たちが「燃える崖《フレーミング・クリフ》」に到着したのは、中央アジア探検隊にとって記念すべき日だった。キャンプは午後三時ごろに建てられた。コックたちは晩餐のために乾燥アップルパイをつくるよう命じられ、その日の残りの時間は休みとすることが宣言された。しかし熱心な化石ハンターたちが、すぐ下に横たわっている魅惑的な盆地をすぐに踏査しにいくのをとめることは不可能だった。

彼らは一人ずつ、急な崖を下りていき、すぐに全員が小谷や、侵食された弧丘の斜面に散らばった。一時間もしないうちに、アルバート・ジョンソンが興奮に息をはずませながら、道具袋と糊のつぼを取りに帰ってきた。彼は大きな白い頭蓋骨を発見したと報告した。少しすると、ケイソンが採集道具を取りに斜面を大急ぎで上がってきた。その夜、食堂テントの夕食のテーブルに集まったときには、全員が一つの恐竜の頭蓋骨の発掘に取りかかっていた。私さえも、その発見に一役買っていた。私は谷の底を歩きながら、岩のわきに一本のパイプが落ちているのを見つけた。それは昨年、グランガーがなくしたパイプで、まったく不思議なことに、それはプロトケラトプスの頭蓋骨と顎骨から数センチのところに落ちていたのだ。グランガーは、自分がその場所に目印としてパイプをおいたのであり、私は頭蓋骨を再発見しただけだといったが、私はその標本を掘り出したとき、標本には赤インキで私の名前を書くべきだと主張した。

私たちが本当に血を沸かせたのは、二日目の昼食のとき、ジョージ・オルセンが確かに化石の卵を発見したと報告したときのことだった。私たちはすっかり彼を笑いものにしたが、それでも皆、好奇心は十分に持っていて、昼食の後で彼といっしょに下りていった。そこで私たちの無関心はいっぺんに吹っ飛んでしまった。まさに私たちは、人類が初めて目にする恐竜の卵を見ているのだということを知ったからだ。私たちは自分の目を信じがたいほどだった。しかし、これが地質学的な現象である可能性はないかと、考えられるかぎりあらゆる説明を考えてみたが、本当に卵であることは疑いようがなかった。それは恐竜の卵にちがいないと私たちは確信した。確かに、恐竜が卵を生むということはこれまで事実としては知られていなかったが、現代の爬虫類がほとんど卵生であることから、その古い祖先たちがこの繁殖方法をとっていたことは十分にありうると考えられていた。それでも、世界のさまざまな場所で恐竜の頭蓋骨や骨格は何百となく発見されていたが、卵はまだ一個も発見されたことがなかった。

　これらの卵は、鳥の卵である可能性はなかった。この卵が発見された地層は白亜紀前期のものであり、この時代には鳥は知られていない。そして、ジュラ紀と白亜紀後期の鳥たちははるかに小さくて、このような大きな卵を生むことはできない。卵が長細い形をしているのは、明らかに爬虫類の特徴である。鳥類の卵は一般に、一端が他端よりはるかに大きくなっている。それは巣の中に生み落とされたとき、転がって巣から落ちないため、一点を中心にして回転するようになっているのだ。爬虫類の卵は砂に掘られた浅い窪みの中に生みつけられるので、一般に細長く、私たちが発見した標本と同じような形をしている。これらの卵があった大きな堆積層には恐竜の骨はたくさんあったが、これまでに発見されたかぎりでは、他の動物や鳥類の骨はまったく見られない。

　三個の卵は露出しており、明らかにこれが発見されたすぐわきの砂岩の棚から落ちたものだった。他の殻の破片は一部、岩の中に埋まっていた。低い砂岩の棚のすぐ下に、さらに二個の卵の端が頭を出しているのが見えた。探検隊の全員がこの一億年前の卵のまわりに四つんばいになっている間に、ジョージ・オルセンが棚の上の軟らかい岩をかき取りはじめ、私たちの驚いたことには、彼は小さな恐竜の骨格を掘り出した。それは卵の一〇センチ上に横たわっていた。それは歯をもたない種のもので、ちょうど恐竜の卵を食い荒している最中に砂嵐に襲われたのではないかと私たちは考えた。オズボーン教授は、この恐竜にオヴィラプトル・フィロケラトプス（「ケラトプスの卵を好むもの」）という名前をつけた。

　はじめ、卵は細かい砂に埋まっていたと思われる。この砂はとくに壊れやすい卵の保存に適していただろう。ジョージ・オルセンが発見した最初の標本は、長さ約二〇センチ、周囲一八センチである。

これは現代の爬虫類のふつうのものに比べて、やや長細く、平たく、また、既知のどの鳥の卵に比べても形がまったくちがう。

保存状態はきわめてよい。卵のいくつかは割れていたが、石目のついた殻の表面はとても一億年前に生まれたものとは思えず、まるできのう生み落とされた卵のように完全だ。殻の厚さは約一・六ミリあり、これが固い殻で、膜状のものでなかったことは疑いない。細かな砂が割れ目から中に入り、卵の内部はすべて固い砂岩になっている。写真では、岩に半分埋まった割れた殻の破片がはっきりと見られ、とくに想像をたくましくしなくても、この写真に写っている物体が、本ものの卵であることはわかる。実際に、私たちはこれと同じようなものがつくられる可能性のある地質学的現象をできるだけ考えてみたが、いかにもがいても卵は卵であり、これが恐竜の生んだものであるという事実から逃れることは決してできなかった。

最初の発見の数日後、五個の卵が一カ所にかたまって発見された。アルバート・ジョンソンも九個かたまっているのを見つけた。全部で二五個の卵が取り出された。最初の卵と同じように、そのうちのいくつかは、それが埋まっていた砂岩が侵食によって剝ぎ取られて露出し、地表に転がっていた。他のものは岩の中に埋まっており、一端が見えるだけだった。ジョンソンが手に入れた卵は、最初のものよりもかなり小さく、割れていなかった。これは若いメスの恐竜が生んだもので、大きいのは完全に成熟したメスが生んだものなのかもしれない。しかし、まったく種類のちがう恐竜が生んだ卵である可能性のほうが大きいだろう。

なによりもおもしろかったのは、まっ二つに割れた二つの卵の中に、恐竜の胚の小さな骨がはっきりと見られたことだ。これまで科学の歴史の中で、古胎生学を研究することができた例はない。私たちはこの場所での五週間の間に、卵を発見しただけでなく、発達の各段階にあるプロトケラトプスを一つ残らず手に入れたのだった。卵から孵って数週間しかたっていないと思われる赤ん坊の恐竜や、その他、体長二・七メートルに達し、首のまわりのひだが完全に発達した成獣に至るまでのあらゆる発育段階のものが、私たちの採集標本《コレクション》に加えられた。これらは、現在、卵から成獣に至るまで順々に並べて陳列され、単一種の恐竜の成長発達を表わす驚くべき展示物となっている。このゴビ砂漠のまったただ中の砂質の盆地ほど大量に化石を生み、独特の標本を生み出した場所は地球上に他にない。私たちは五キロほどの範囲内の地域から取り出された七五個の頭蓋骨を見たとき、この赤色地層からはもう十分な収穫を得たと皆判断した。

この古生物学の収穫を刈り取っている間、私たちの心はかならずしも完全に安心しきっていたわけではない。私たちの車では、「燃える崖《フレーミング・クリフ》」に到達するだけの分のガソリンと一カ月分の食料しか運ぶことができなかった。メリンは、その間にはキャラバン隊を連れて私たちのところにかならず到着できるだろうといっていたが、私たちは、冬と春の間にこの砂漠を恐るべき旱魃が襲ったことを示す証拠をいくつも見ていた。

標本が大量に得られたことは、糊に使う小麦粉を異常に大量に必要とし、三週目の終わりには、私たちの食事は事実上、茶と肉だけになった。袋に半分小麦粉が残っていたが、それを食料に使えば、作業は終わりにしなければならない。化石はきわめて壊れやすいものなので、岩をたたいて削り取った化石は、包装用の麻布やふつうの布を細く裂いて、小麦粉の糊に浸したもので強化しないと、取り出すことができない。隊員の希望を聞くと、皆、異口同音に「小麦粉は作業のために取っておこう」と答えた。これもまた、全隊員の熱意と忠節を示すすばらしい実例の一つである。

小麦粉がなくなりかけていただけでなく、包装用の麻布も使い果たしてしまい、私たちはなにか別のものでこれを代用しなければならなかった。まず、私たちはテントの垂れ幕を全部切り取った。次にタオルや手ぬぐいを譲り渡し、ついには衣類を提供した。全員が、靴下や、ズボンや、シャツや、下着など、なにかを供出した。採集標本の中には、私のパジャマの切れ端で強化した美しい恐竜の頭蓋骨もあるし、フレデリック・モーリスは、かなり思案したあげく、二枚のズボンのうちの一枚を提供した。その夜、ケイソンがひじょうにさえない顔でやってきて、どうしてそんなに深刻な顔をしているのかと私が尋ねると、こういった。

「アンドリュースさん、私は、たいていのものは使えるのですが、モーリス氏のパンツに糊をつけるのだけはどうも――」

キャラバン隊がやってこなくても、飢えることはないのはわかっていた。肉は大量にあったからだ。草原には何万頭というカモシカがおり、羊は現地人から手に入れることができた。モンゴル人たちは動物製品によって生きている。彼らの食料は、乳、チーズ、羊肉だけだ。私たちは沸かしたものでも、乳については恐れをもっていた。乳を入れる容器がひじょうに不潔なのだ。もし乳を頻繁に用いていたら、探検隊の中に赤痢や、それと同じような病気がまちがいなく起こっただろう。私は山羊の乳を私たちのバケツに搾ろうとしてみたが、これはモンゴル人たちが使っている容器とまったくちがっているため、山羊が恐がって、全然乳を搾らせようとしなかった。チーズは乳よりもさらに悪く、それをつくっているところを見ると、食欲は完全になくなってしまうのだった。現地人たちは病原菌に対する免疫ができていたが、私たちは前年の経験から、乳やチーズを用いるとかならずひどい目にあうことを思い知らされていた。肉だけの食事はやや単調ではあったが、なんら不都合なことはなかった。私たちは朝食にカモシカのフライを食べ、昼食にはカモシカのシチュウ、夕食にはカモシカのローストを食べた。ただ一つなんともつらいのは砂糖がないことだった。私は、ふだんはごく少ししか砂糖を使わないのだが、それが完全になくなると、他のことが考えられなくなり、夜にはしじゅう砂糖の夢さえ見るのだった。

ある日、私たちはトルキスタンおよびカシュガルからの帰路にある中国商人のキャラバン隊を見かけた。私たちは彼らから、彼らが砂糖だという物質を両手にいっぱい手に入れたが、それはむしろ石炭のように見えるしろものだった。それでも甘い味はしたので、私は意気揚々とそれをもってキャンプへ戻った。その黒い塊りをテーブルの真ん中において、私たちはこの宝物をどのように分配するかを論じ合った。最後にこれを八等分することが決まった。分割したものが可能なかぎり等分されているると全員が認めたのち、私たちは帽子に番号札を入れてくじを引いた。そして、皆それぞれの分け前を取り、自分の好きなようにそれを使うことになった。

次の食事のため私たちが集まったとき、戦時中のように、皆がそれぞれ自分の砂糖の包みをもってきた。グランガーは彼の分を全部いっぺんに食べてしまったが、他のものはそれぞれの分け前を数日間に分けて使った。ジョンソンは自分の砂糖をシロップにしようと考えたが、これを煮たところ、昆虫や、木の枝や、その他のごみが表面に浮かび、彼は「知らぬが仏、賢明であるのは愚かなこと」であることを認めた。私は昆虫が団体の中に入ったままであることのほうを選び、砂糖をクルミくらいの大きさの丸い塊りにした。そして、お茶を飲むときにはいつも、これをちびりちびりかじった。

食事が悪くなりはじめると、私はなにかラクダ隊についてのニュースは得られないかと思って、隊員を馬で北や南に一五〇キロほどいかせてみた。しかし、彼らはなんのニュースももたずに帰ってきた。ただ、出会ったモンゴル人たちは、その道を大きなキャラバン隊は一つも通らなかったと断言していたという。ついに状況はきわめて深刻となり、私は探検隊のモンゴル人を二人選び、キャラバン隊がたぶんやってくると思われる道を彼らに出会うまで、あるいはキャラバン隊が出発した地点に着くまでたどってみさせることにした。なにかニュースをもたずには帰ってくるなと私は命令した。彼らは最初別々の道をたどったが、その道が一カ所に合流する地点から、そのうちの一人が戻ってきた。馬が参ってしまったためで、もう一人だけが一人で先へ進んだ。

この男はツェリンという私がもっとも信頼している若もので、一五〇キロ以上馬で進み、やがて草がきわめて乏しく、馬が使いものにならないところまでやってきた。そこで彼はラクダを手に入れ、砂漠を横切って、六日も、七日も、一人の人にも会わずに進んだ。ある日、二人のラマ僧が馬に乗って現われ、全速力で走ってきて、乗馬用のむちを振るって彼に襲いかかった。彼は気を失って倒れ、意識を取り戻したときには、金とグランガーのものである高価な双眼鏡が奪われていた。ツェリンはきわめてひどい傷を負っており、ふたたび私たちのところに戻るため出発できるようになるまで、しばらく、近くの寺で傷を癒さなければならなかった。数週間後、彼はキャンプに戻ってきたが、五〇〇キロ近くを馬に乗ったり、歩いたりして帰ってきて、からだはすっかり参っていた。この気の毒な男は悲嘆に暮れていた。ラクダを雇うための金もなく、馬に乗れないほどからだも参ってしまって、与えられた任務も果たさずに帰ってこなければならなかったからだ。

ある日、やせこけた年寄りのラマ僧が馬でキャンプにやってきた。私たちのところのモンゴル人たちは最大の敬意をもって挨拶し、彼が有名な占星師であることを私たちに教えた。彼は探検隊の苦境を聞きつけ、私たちを助けてくれるため、五〇キロ以上も歩いてやってきたのだ。モンゴル人たちは、彼ならばキャラバン隊がどこにいるかを正確にいい当てることができるだろうというのだった。この老人は念入りな準備をし、長い間呪文を唱えたのち、キャラバン隊は私たちのところからまだ何日もかかるほど離れた場所にいるが、三日以内にはっきりしたニュースが聞けるだろうといった。彼がいうのには、ラクダたちは死にかけており、メリンはきわめて苦しい状態にあるという。

モンゴル人たちは彼のいうことを完全に信じた。実際には、私たちは四日のうちにメリンのニュースを聞いた。探検隊の隊員の一人が、私たちのいる場所から西へ一〇〇キロのアルツァ・ボグドで彼を発見したのだ。そこは私が彼に指示した目的地であった。彼は太陽に焼かれる砂漠を横切るのは不可能だと判断し、草の状態がもう少しよい北のほうへ大きく迂回し、ラクダが死んだり、もう歩けないほど弱ったりした場合には、それを路沿いの泉においてきた。七五頭のラクダのうち、落伍せずに歩き通したのは一六頭で、食料と、ガソリンと、それになによりも砂糖を運んできた。最後には、さらに二三頭がアルツァ・ボグドに到着した。そのラクダたちはモンゴル人を一人だけつけて泉に残され、ゆっくりと歩き続けるだけの力を与えるえさを見つけることができたのだ。キャラバン隊の到着を祝って、私たちはテーブルにサボテンを飾り、大晩餐会を催した。

ほとんどすぐに、オルセンと「鹿弾《バック・ショット》」がテントの中に積み上げられていた化石の山の荷づくりを始めた。壊れやすい標本を、砂漠を越える長い旅に備えて正しく荷づくりすることは、探検隊にとって最大の問題の一つだった。ゴビ砂漠にはどのような種類の木材もなく、固い草以外に詰めものもない。食料とガソリンのケースが箱になった。自動車隊がキャラバン隊に会うたびに、私たちは木箱から食料とガソリンを取り出し、代わりに化石やその他の採集標本を入れた。詰めものはラクダから得られた。

モンゴルのラクダは厳しい冬の間、からだを守るためにひじょうに長い毛が生える。そして気候が暖かになると、この毛がかたまってぼろぼろと抜け落ちてくる。木箱にものを詰めたいときには、ラクダから必要なだけ毛を引っ張って取ればよい。これ以上良い詰めものは考えられず、天候が暖かくなるにつれて、ラクダの毛はさらにどんどん抜け落ちる。しかし、この哀れな動物の毛を抜き取るときには、ある程度注意を払わなければならない。とにかくラクダはその大きさにもかかわらず、きわめて繊細な動物なのだ。あまり急激にその下着を剝いでしまうとかぜをひきやすく、彼らは目から大

発掘直後の恐竜の巣を調査するアンドリュースとオルセン

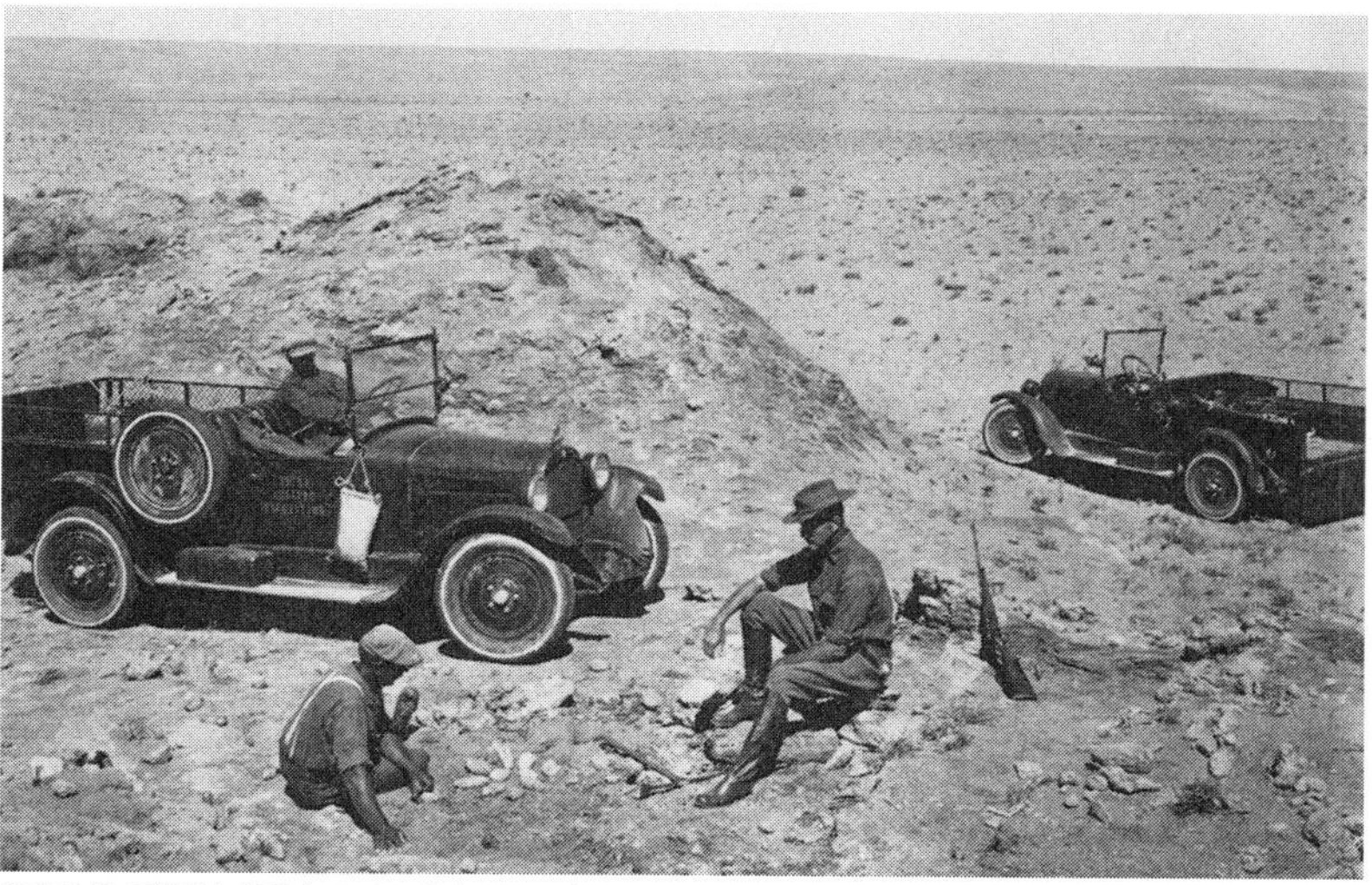

恐竜の卵の移動を思案中のアンドリュースとオルセン

きな涙を流しながら、世にも哀れな声ですすり泣く。

ラクダは、見れば見るほど変わった動物に見えてくる。確かに彼らは現代の動物ではなく、更新世の生き残りなのだ。水気をたっぷり含んだ緑の草は馬鹿にしたようにひと嗅ぎして通り過ぎ、まっすぐに砂漠に歩いていって、木馬でさえ生きていけるだけの栄養を含んでいるとは思われないような、とげだらけのサボテンやその他の草を喜んで食っている。荷物を積んだり、下ろしたりするとき、また、ひざまずいたり、立ち上がったりするよう命じられるとき、彼らはいつも哀れな鳴き声をたてる。彼らがその四つ足をてんでんばらばらに動かしながら平原を急いでいくのを見ると、私はいつも、「ラクダはスペア部品でつくられている」というチャールズ・P・バーキー教授の批評を思い出す。それでもラクダは、そのあらゆる特性をもって砂漠の生活にすばらしく適応しており、モンゴルの荒野でこれに代わりうる動物は他にいない。

赤色地層のキャンプを出発する直前に、グランガーと、モーリスと、私は、東アルタイ山脈の一部をなす孤立した山脈であるグルブン・サイハン（「三つのよいもの」）に出かけた。八月一〇日のことで、その日は砂漠の上に不思議なもやがかかっていたことをいつも思い出す。前の年にバーキーとモーリスは、グルブン・サイハンの西端をラクダに乗って踏査したが、北部や東部へはいっていなかった。

山脈に向かってかなりいったところで、私たちは野生動物のみごとな光景にぶつかった。それは、私がこれまでに見たうちでも最大のカモシカの大群だった。地平線全体が黄色のからだと曲線を描く首の流れのように見えた。私たちが車でそちらのほうに向かうと、大きな群れが、オスと、メスと、子どものいくつかの群れに分かれた。何千頭、何万頭が私たちの前を通り過ぎ、ときには立ちどまってもの珍しそうに自動車を眺め、あるいは彼らが安全と考えるだけの距離を保てる速さで走っていった。アフリカを除けば、他の場所でこのような野生動物の群れを見ることは不可能だろう。少なくとも、私たちの目の前にいるだけでも六〇〇〇頭と推定されたが、黄色い群れは私たちの視野の外にまで広がっており、頭数はまだその二倍はいたかもしれない。彼らはグルブン・サイハンの低い斜面で草を食んでいた。そこは山脈のおかげで降雨量が多いのだ。

彼らは尻尾の短いカモシカ（Gazella gutturosa）に属するもので、草地にのみ生息する。春と秋に集まって大きな群れをつくり、六月初めの子どもが生まれる直前の時期に、二〇〇〇—三〇〇〇頭が集まっているのを私はしばしば見たことがあった。尻尾の長いガゼルは、典型的な砂漠種に属し、けっして大きな群れをつくることはないと思われる。おそらく、これは砂漠の条件によるものだろう。乾燥地域では一カ所で多数の個体をまかなうだけの草がないからだ。

八月一二日には、「燃える崖《フレーミング・クリフ》」を出発する用意が整った。私たちはそこにもう五週間滞在していたが、いぜん化石は次々と発見されており、しかも後から発見するものほどみごとなものに思われるのだった。ケイソンは出発のすぐ前に、ほとんど完璧なすばらしい骨格を発見した。それは腹ばいに横たわり、頭を突き出し、四つ足をすべて曲げ、今にも跳び出そうとしているところのようだった。この動物は、一億年前そこに死んで倒れたときいらい動いていないのだろう。私は早く出発したいとは思っていたが、これを残していくのはあまりにももったいないと思われたのだ。それを取り出す間だけ待とうとケイソンにいった。オルセンと「鹿弾《バック・ショット》」が発見した他の三つの化石は、手を触れずにそこに残した。どこかでやめなければならないのだ。とにかくこのすばらしい盆地には、掘りつくすことができないほどの標本が埋まっていると思われた。この一地点から、私たちは六〇箱、重量にして五トンの化石を採集した。その中には、頭蓋骨が七〇点、骨格が一四点、人類が初めて見る恐竜の卵が二五個含まれていた。グランガーと私は「燃える崖《フレーミング・クリフ》」のみごとな尖塔と、岩壁を見上げながら、この砂漠は私たちに十分すぎるほどのものを与えてくれたと感じていた。

プロトケラトプスの頭骨から砂を取り除いている「鹿弾」

「燃える崖」にあるバトルメント・ブラフ。最初に恐竜を発見したのはこの場所だった

第一三章　オズボーン教授の来訪

「燃える崖《フレーミング・クリフ》」を出発してから本国への帰途に着くまでの探検の最後の二週間は、グランガーが一九二二年に発見したオーシー盆地の踏査に当てられた。

一九二二年には、私がアルツァ・ボグドでアイベックスやオオツノヒツジを追いかけている間に、グランガーは標本を掘り出しながら、この上なく実りの多い二週間を過ごした。彼は小型のきわめて原始的な恐竜を発見し、オズボーン教授はこれにシッタコサウルス・モンゴリエンシス（Psittacosaurus mongoliensis）という名前をつけた。この恐竜は、別個のまったく新しいイグアノドンの仲間で、おそらくイギリスやベルギーの大きなイグアノドンの類縁のものと思われる。

グランガーはまた竜脚類と呼ばれるグループに属する恐ろしく巨大な恐竜の歯や骨格の一部を発見した。骨は保存状態がきわめて悪く、鑑定のために取り出せたのはごくわずかだったが、その大きさからみてこの恐竜の体長は二〇―二五メートルはあることを示しており、これはブロントサウルスやディプロドクスさえしのぐ。ブロントサウルスは雷の爬虫類（thunder reptile）という意味で、マーシュ教授が名づけたものだが、彼は、この動物が歩けば大地が轟いただろうし、とにかく驚くほど巨大な（thundering）ものだったといっている。

オーシー盆地は、私たちがこれらの巨大な恐竜の骨を最初に発見した場所で、この発見はわが探検隊のもっとも興味深い成果の一つだった。これによってこの地層は、白亜紀初期もしくはジュラ紀後期のきわめて古い地質時代のものであることが確認された。オーシー盆地は、モンゴルで私たちが発見したもっとも興味深い場所の一つである。そこは長く、幅の狭い谷間のような盆地で、ごつごつした丘がまわりを囲んでいる。私たちは一九二二年にグランガーが発見した岩の切れ目を通ってそこへ入った。盆地の中央には、高さが三〇メートル以上ある美しい卓状台地《メサ》があった。それはまわりが赤色砂岩の切り立った壁になっており、てっぺんはくすんだ黒っぽい熔岩でおおわれていて、まるで上にチョコレートをかけた巨大なケーキのようだった。

南の端で、私たちは熔岩のブロックで建てられた巨大な壁の遺跡を発見した。これは誰かモンゴル人以前の人々が建てたものにちがいなく、防衛のための場所にはないので、おそらく宗教的な意味をもったものと考えられた。私たちは東に向かって谷の端まで車を走らせた。そこは急に岩の割れ目が恐ろしく入り組んだ荒々しい地形となっていた。盆地の底にはめちゃめちゃに谷が刻まれて、不思議な幻想的な形をつくっており、私たちのキャンプに非現実の世界のような雰囲気を与えた。私たちはあたかも過去の世界に住んでいて、外に広がる赤い谷間からテントの入り口にいつ恐竜が迷いこんできても不思議はないような気分だった。

ある日私はキャンプに坐っていて、卓状台地《メサ》の上に突き出している岩のてっぺんにすばらしいオオツノヒツジのシルエットを見た。また、毎晩のように狼の悲しげな遠吠えやキツネの鋭い鳴き声が、曲がりくねった谷のはるか下のほうから聞こえた。

しかし、オーシー盆地はその美しさや、最初の予備踏査で得られた豊かな堆積層が発見できそうだというみこみとは裏腹に、どうも期待はずれであることがわかった。グランガーはある格別のチャンスに恵まれて、最初の二週間の作業の際には、きわめてみごとな標本を発見したが、念入りな踏査を行なうと、とくに重要なものはなにも発見されなかった。

隊員の一人が、きわめて興味深く、またなんとも不可思議な恐竜の骨格を見つけた。それは骨が完全に鉄に変わったもので、巨大な赤鉄鉱の塊りの中に埋まっていた。もっとも硬い鋼鉄の道具がすっかりなまってしまったため、私たちはそれをあきらめざるをえなかった。しかし、もしその骨格を含んでいる岩塊ごとそっくり掘り出すことができたとしても、博物館で標本をきれいに取り出すことはほとんど不可能だっただろう。

私たちが帰途についた八月二五日のちょっと前に、探検隊の全員でアルツァ・ボグドに三日間の狩りにいった。全員が羊かアイベックスを最低一頭以上撃ち、私たちはピクニックにいった子どものようにご機嫌で東へ向かった。

ヘンリー・フェアフィールド・オズボーン教授夫妻が、九月初めに北京へくることになっていた。マッケンジー・ヤングと私は、探検隊が「山の水の泉」で作業を進めている間に、博物館長を出迎えるため、北京まで五〇〇キロ車を飛ばした。私は探検隊に、イレン・ダバスに近い「宝石の谷」でキャンプを張り、私たちがオズボーン教授を連れて帰るのを待つよう指示した。

私は、北京に着いたときに受けたショックをけっして忘れないだろう。私の妻が、ダンラップ大佐およびウイリアムズ中佐といっしょに私を出迎え、地震で横浜が破壊されたというニュースを伝えた。オズボーン教授夫妻が乗っている汽船、プレジデント・マディソン号は、地震が起こったその日に横浜を出発することになっていた。私は彼らに汽車で神戸へいくようすすめていたので、二人がこの天災のまっただ中にいた可能性はきわめて大きかった。

私たちは三日間あらゆる手段を使ってマディソン号や、横浜港にいたと思われるその他の船がどうなったかを調べようとしたが、何もわからなかった。一方オズボーン夫妻は、自分たちが危うく恐ろしい死の手を逃れたとも知らず、楽しく上海に向かって船旅を続けていた。

九月九日、妻と私は北京で彼らを出迎えた。私は恐竜の卵やその他の大発見で頭がいっぱいで、あらかじめ決心していたにもかかわらず、私は家に着くまでも待ち切れず、プラットフォームを離れないうちにオズボーン夫人にその話をしはじめた。

オズボーン教授と私は「宝石の谷」で探検隊に合流するため、ほとんどすぐにカルガンに向かって出発した。モンゴルの午後の黄金色の陽光があふれる午後四時に、私たちは青いテントが砂漠の蜃気楼の中に浮かんでいるのを見た。テントは熱波の上で空中に浮かんで踊っていたが、やがて私たちがキャンプに近づくにつれて、巨大な青い鳥のように地面に舞い下りた。

それは私の生涯で、また探検隊にとって最大の日といってよい日だった。みごとな予測によって私たちをこの地に送ってくれた人が、今砂漠の中の私たちのキャンプに車から降り立ったのだ。それから の数日は私たちにとっても、教授にとっても、夢の成就するような日々だった。グランガーはすばらしいティタノテリウムの頭蓋骨を発見しており、オズボーン教授がかつて中央アジアで発見されるだろうと予言したその動物を実際に自分の目で、現場に埋まっているままの姿で見られるよう、少し掘り出しただけで地盤の中にそのままおいてあった。

教授は「宝石の谷」やイレン・ダバスの重要な化石産出地点をすべて調べた。彼がとくに興味をもった標本は、鈍脚類として知られる一群の古代有蹄哺乳類のものと思われる一本の歯だった。

これらの大型有蹄類は、フランスおよびイギリスの始新世初期のコリフォドンを除けば、これまでユーラシア大陸で発見されたものは一つもない。このただ一本の上顎の小臼歯が、私たちが二年間の探索で発見したこのグループの唯一の標本だった。オズボーン教授はこれがきわめて重要なものであると考え、私がこの歯を拾った、キャンプから三キロほどのところにある段丘に連れていくようにといい、その地点で私の写真を撮ってくれた。

それから私たちは一五キロほど谷を下ったところで車をとめて昼食を摂った。帰途、オズボーン教授は七〇〇―八〇〇メートル離れたところにある低い砂の丘を指さしていった。

「あの丘は調べてみたかい?」

「いいえ、この盆地であそこだけは調べてありません。あまり小さいので、調べてみることもないと思いました」と私は答えた。

「なんとなく、ちょっと調べてみたい気がする。いってみてもらえるかい?」と教授がいった。

その小さな丘のふもとにとまったとき、私は車を降りもせず、オズボーン教授とグランガーがその露頭を調べに出ていった。降りていくとき、教授は私のほうを見て笑い、そしていった。

「もう一つコリフォドンの歯を見つけにいってくるよ」

二分後、彼が腕を振って叫んだ。

「見つけたぞ! 歯をもう一本――」

私は自分の目と耳をほとんど信じられなかった。車から飛び降りてそこへ走っていった。私が発見したのは右側の上顎の第三もしくは第四小臼歯だった。教授が発見したのは左側の上顎の第三もしくは第四小臼歯で、ほとんど同じ大きさのものだった。もちろんこの二つは一三キロも離れたところから発見されているので、同じ動物のものであるはずはなかった。このテレパシーのような驚くべき偶然の一致については、心理学者の説明にまかせることにしよう。

探検隊がカルガンに戻る前の晩、私たちは草におおわれた丘陵の間の美しい窪地にキャンプした。オズボーン教授と私はモンゴル探検の将来について二時間論じ合った。私たちが開いたこの新しい国は、地球の先史時代について思いがけない数々の新事実を示してくれた。

最初予定されていた五年間では、この探検が満足のできる成果をあげて作業を終えることなどできないのは明らかだった。八年が最低限必要だと私たちは考えており、モンゴルの夕闇がやがて暗黒の闇に変わる前に私たちの決定が下された。

隊員は全員ニューヨークに帰り、標本の研究と組み立てに当たることになった。私は作業を続け、探検隊を組織するための新しい基礎となる資金集めのキャンペーンを始めることになった。計画はすべて成功裡に運び、その一年探検を中断したことによって、アメリカ合衆国のほとんどあらゆる州からの財政的支援が得られただけでなく、砂漠における将来の研究について、各隊員に新たな着想を与えるのに役立った。

第一四章　もっと大きく、もっとよい卵を

わがラクダ・キャラバン隊のリーダー、老メリンは、一九二五年二月二〇日、カルガンの会社の門口で私にしばしの別れを告げた。

「ガンがゴビ砂漠を北に飛んでいくころ、『泥水の場所』でまた会おう。よい旅を祈る。あなたとあなたの子どもたちに仏の加護があらんことを——」と私はいった。

「私たちはかならずそこにいきます。だんな様、けっしてご心配なく。あなたもよいご旅行を——」

褐色に広がる砂漠にあふれる太陽の光のように、笑みが彼のしわだらけの顔に広がっていった。それから大きな白いラクダの背中に飛び乗って、彼はキャラバン隊の後に巻き上がる黄色い砂ぼこりの中に消えていった。

大高原の上は零下四〇度で、シャバラク・ウス、つまり「泥水の場所」までは一三〇〇キロあった。それはくる日も、くる日も、寒さと、雪と、二月の烈風と戦いながら、匪賊の跳梁する地域を通り抜けていく一三〇〇キロだった。一〇人が一二五頭のラクダを連れ、六カ月分のガソリンと食料を運ぶのだ。

モンゴルでは確実なものはなに一つないが、私は春がやってきたとき、自分が「燃える崖《フレーミング・クリフ》」のメリンのテントで、アルグルのたき火の横に坐っているだろうということは信じていた。

寒さと雪は、彼にとってなんでもなかった。それは子どものときからの彼の生活の一部だった。匪

賊にしても、それはいつもいるものだった。彼は匪賊を避け、昼間は人目につかない窪地で眠り、夜旅をしながら、なん度も、なん度も、キャラバン隊を無事砂漠の会合地点まで導いた。なん度も、なん度も、私たちがほとんど絶望しかけたころに、彼はラクダを連れて姿を現わした。そう、彼がまた成功を収めることはまちがいないと私は信じている。

三カ月後、私たちの七台の自動車は、人間や装備をうずたかく積み上げて、モンゴルの草原を唸りをあげて走っていた。カルガンから三〇〇キロのあたりを走っているとき、ある丘の頂上になにか赤いものがちらっと見えた。それは一人のラマ僧が帯を振っているのだった。彼はやせたラクダに乗って、私たちのほうに走ってきた。探検隊のモンゴル人が進み出て彼を出迎えた。五分間せきを切ったように質問と答えが続いた。それから私は報告を受けた。

「メリンは国境の衙門《ヤーメン》でとめられています。兵隊がキャラバン隊を通さず、隊員も放してくれないそうです。メリンはこのラマ僧に、私たちを見つけてくれと頼んだのです」

私たちは、どうしてメリンがとめられたのかわからなかった。ウルガのモンゴル政府は、ラクダが関税や検査なしに国境を越える特別な許可を与えていた。しかし私は、役人の中には質の悪いものがいることを知っていたので、これはなにがしかの袖の下を強要するためではないかと疑った。中国人のキャラバン隊は、この点で、彼らの汚ないやり口のため、しじゅう気の毒な目にあわされている。

理由はどうあれ、これは探検隊の計画にとって、最初から重大な打撃を与えた。ゴビ砂漠の真ん中一三〇〇キロのところで、補給物資の基地をもつどころか、キャラバン隊はその路の半分しか進んでいないのだ。それはつまり、恐ろしく乾燥した砂漠をまだ六五〇キロ行軍しなければならないということであり、この夏の踏査はやせ細って、くたびれきったラクダで始めなければならないということであった。

それから一五〇キロの間に、私たちは遊牧のモンゴル人たちから少しずつ断片的な情報を拾い集めた。うわさによると、キャラバン隊は武器弾薬をもっていたためにとめられたという。兵隊たちが道に待ちかまえていて、私はウルガに連行され、射殺されることになっている。木箱は皆こじ開けられた。ラクダたちは厳重に監視されているため、ろくにえさを食うこともできない。彼らはもう一カ月も抑留されている——という。全体としてこれは、この上なく憂鬱なニュースだった。

私たちは正義はこちら側にあることを知ってほっとした。確かに箱の一つには散弾が入っていたが、私たちはすべてをひっくるめた許可を得ており、キャラバン隊はなにをもっていても国境を越えることを許されていた。

私たちは衙門《ヤーメン》から一三〇キロのところにある「山の水の泉」でキャンプを張った。ここなら化石採集班の隊員たちは、前に私たちがティタノテリウムを発見したこの場所で、作業を始めることができた。翌日、私をはじめ六人が重武装で三台の車に乗って出発した。

衙門《ヤーメン》の役人は、ウルガにある彼ら自身の政府の最高当局者が発行した証明書を無視していたので、私たちとしては権利を無理にでも行使するか、あるいは探検を放棄するしかなかった。私は、力を見せればこの無知な卑劣漢たちはすぐに震えあがってしまうことはまちがいないと考えていた。彼らは力のない中国人たちをいじめるのに慣れているが、私たちは必要とあればぎりぎりのところまでやることをはっきりと決断していた。そこで、やがて私たちを逮捕するために送られてきた六人のモンゴル人兵士と出会ったとき、彼らを丁重には扱わなかった。そのうちの一人を礼儀にはかまわず車に引きずりこみ、私たちを衙門《ヤーメン》に案内するよう命令した。そこにはフェルトでおおったユルトが集まっており、真ん中に大きなユルトが一つ建っていた。一〇〇メートルほど離れたところには、木箱とラクダの長い列が並び、メリンのテントの上にアメリカ国旗が見えた。

キャラバン隊のモンゴル人たちは、子どものように喜んで私たちを出迎えた。メリンの話は、おおむね私たちが聞いたとおりだった。ただし、補給品の損害は私が恐れていたほど重大なものではなかった。

私たちが着いて五分後に、横柄な若いブリヤート族が衙門《ヤーメン》からの伝言をもって入ってきた。私は拘禁され、すぐにウルガに出発する用意をしなければならない。私たちを受け入れる用意ができたら所長からそのむね知らせる。車は現在の場所から動かしてはならない——というのだ。

「私たちは今、彼に会う用意があると所長に伝えろ」と私は答えた。

私たち六人は、全員、この使者のすぐ後にくっついてユルトに近づいていった。若いブリヤート族はすぐにふたたび姿を現わし、所長は、今は私たちに会わないという。ルークス博士とシャックルフォードを外に残し、「なにかを始めよう」という気配があったらすぐに行動を起こすようにいっておいて、私は入り口に垂れたフェルトを引き上げ、中に入った。グランガー、ヤング、ラベル、それに探検隊のモンゴル人が二人後に続いた。二〇人ばかりのモンゴル人とブリヤート人が輪になって坐り、びっくりして言葉も出ずに私たちを見つめていた。私はちょっとの間なにもいわず、それから突然、「所長は誰だ」と尋ねた。豪華な黄色の繻子《しゆす》のコートを着て、黒テンの毛皮で縁どりをした帽子をかぶり、ユルトのいちばん向こうの端に坐っていたラマ僧が手を上げた。

「どうしてあなたたちの政府のパスポートを認めず、私たちのキャラバン隊を抑留するのか？　あなたたちは盗賊ではないか。すぐに説明してもらいたい」と私はいった。

私たちが入っていった瞬間から、そのラマ僧はじゅずを手でまさぐっていたが、それがしだいに速くなっていった。彼は私が予想もしなかったような態度を示した。まったく自制を失ってじゅずのひもを切ってしまい、手の間でそれをもんで、一つの黄色の玉にしてしまった。ようやく彼はどもりながら答えた。キャラバン隊は通したいと思ったのだが、武器や、「アジア・マガジン」、「ワールズ・ワーク」、「アウトルック」、「サタデイ・イブニング・ポスト」その他のアメリカの雑誌など、危険な煽動文書があったために、兵隊が通したがらなかったのだという。さらに彼は、「エバーレディ」乾電池の入った大きな木箱を発見し、それを爆弾だと思っていた。また、私たちが化石を掘るのに使っていた古い中国の銃剣も二本見つけていた。

私たちは黙って彼のいうことを聞いた。それから私がストーブをこぶしで思いきりバン！　とたたくと、ユルトの中の全員が胸にナイフを突きさされでもしたかのように飛び上がった。私は、キャラバン隊がなにをもっていようとも通ることを許すという政府の許可を彼らが無視したこと、私たちの補給品を大量にだめにしたこと、私たちは彼がしでかしたことについて弁明させるため、彼をウルガに連れていくつもりであることを伝えた。

五分のうちに横柄な態度は消し飛んだ。私たちの前には恐れおののく原地人の一団がいるだけで、彼らはただ、私たちにキャラバン隊を連れて出発してほしいと頼むのだった。私たちはそこにいた連中を皆、思いきりいじめてやることもできたが、それはまた将来にトラブルを生むだけのことだろう。肝心なのは、ラクダ隊を「泥水の場所」へ向かって砂漠を越えて進む長い旅に出発させることにあり、その夜彼らは出発していった。私たちは次の日キャンプに戻った。

探検隊の出発は恵まれなかった。私たちがカルガンを出発する前の日の午後、バーキー博士が四〇度の高熱を出し、ルークス博士をつけて彼を後に残さなければならなかった。私は作業を始められる場所に着いたら、彼らを迎えにやるつもりでいた。当時、例によって匪賊の脅威があった。その前の週にも、カルガンのすぐ北で二台の自動車が略奪にあっており、「クリスチャン将軍」として知られた馮玉祥元帥は旅行するのは危険だと主張した。彼が匪賊を追い払うまで二週間、私たちに待ってほしいといった。もちろんそれは不可能であり、また私は自分で身を守ったほうが、馮元帥の兵隊たちに守ってもらうよりもうまくいくことを知っていた。探検隊員たちは、戦闘をやってみたくてうずうずしているのだった。そこで私は、私たちの安全について中国政府はまったくなんの責任もないことを公式に認める書類にサインをした。

四月二〇日の二晩目のキャンプは、カルガンから一五〇キロのところに張った。テントは小さな流れの曲がり角に広がる乾いた黄色の草のカーペットの上に建てた。私たちは一週間後にバーキーとルークスが合流するまで、そこに留まった。

一方、私たちは、なぜ馮元帥が私たちの「安全」についてあれほど心配したかを知った。彼の軍隊のための武器を積んだ自動車が、九〇台も道路を通り過ぎていった。ロシアからウルガを経由してやってきたものだった。元帥は道路上でのできごとを外国人に見せたくなかったのだ。

峠の頂上の路は泥の海で、自動車は車軸まで泥に沈んだ。私たちは砂や、岩や、わだちなどはそれほど心配しないが、泥は深刻だ。車輪は牽引力を失い、掘ったり、つめたり、石の路をつくったりしなければならないことになる。泥に加えて、もう一つおまけとして、ほとんど窒息させんばかりの恐ろしい砂嵐があった。それでも私たちは計画どおりの距離をかせぎ、次の日、地形学班のキャップのロバーツと彼の助手のバトラーおよびロビンソンと合流した。彼らはカルガンの鉄道駅で既知の水準点から地図の測量を始め、峠を越えて水準測量を続けてきた。この水準測量は、さらに探検の全工程にわたり、モンゴルを横切って続けられた。これはこの国で行なわれた最初の正確な測量であり、この地形学者たちはそのすばらしい仕事に対して最高の名誉を受ける資格がある。

衙門《ヤーメン》の役人たちがキャラバン隊を抑留したため、私たちの計画はすっかり組み直すことが必要となり、ラクダが弱ったために、この夏中、絶え間ない困難に見舞われることになった。このような大探

シャバラク・ウスの基地でくつろぐメリン

蛇行しながら進んでいくラクダ隊。シャバラク・ウスにて

検隊の場合、砂漠の物理的な苦難と闘うだけでもたいへんな仕事だ。その上にこの章の最初で私が記したようなできごとが加わったのでは、科学的な踏査などはほとんど不可能となる。

私はこのできごとをウルガに報告し、政府の役人は当然遺憾の意を表明した。ふたたびこのようなことをくり返さないため、私たちはたくさんの書類の束を与えられた。それはおそらく私たちの行く手を平穏にしてくれるだろう。また、私たちは、むりやり秘密警察の二人のモンゴル人をいっしょに連れていくことにさせられてしまった。そのうちの一人は、私たちの木箱を調べ、封をするための人間だった。このような準備があっても、やはり私たちはいやな思いをせずに衙門《ヤーメン》を通ったことはなかった。今日、外モンゴルのいたるところに駐在している意地の悪い役人たちは、きわめて横柄だ。彼らは常にウルガの最高の当局から与えられた書類を無視した。それはひじょうな苦心と出費によってやっと手に入れたものだったのだが——。もし私たちがきわめて断固とした態度をもちつづけていなかったら、彼らは私たちの仕事を挫折させていただろう。それでも、このような面倒はあったにもかかわらず、探検は成功裡に進んだ。それはひとえに優秀な隊員たちのおかげだった。

計画が狂ったため、私たちはキャラバン隊が六五〇キロの砂利だらけの砂漠を越えてくる間、シャバラク・ウスでかなりの時間待たなければならなかった。砂利の砂漠は、自動車にとっては快適この上ないものだったが、ラクダにとっては恐るべきものだった。植物はスナネズミを養うほどにもなく、泉と泉の間は一五〇キロも離れていた。ラクダたちはコブの中に貯えられている脂肪から栄養をとらなければならなかったが、衙門《ヤーメン》の兵士たちが彼らに草を十分に食わせようとしなかったので、そのコブの脂肪も十分にはなかった。私はメリンに、急いで旅をするよう命じ、弱いラクダは後に残すか、死ぬにまかせるようにといっておいた。メリンは二一日以内に到着すると約束した。彼は二週間遅れたが、私たちはある夜、月の光の中に素朴なモンゴルの歌を聞いた。キャンプからそれに答える声があがって、全員パジャマ姿で外へ走り出し、メリンのシルエットが盆地の縁の空にくっきりと浮かび上がるのを見た。九六頭のラクダが彼のすぐ後に続き、キャラバン隊は無事であった。

私たち自身は、とくに困難もなくシャバラク・ウスに着いた。大きな東の渓谷の縁に自動車をとめたとき、遅い午後の太陽は複雑に入り組んだ赤い侵食谷にすばらしい紫色の影を投げかけていた。一九二三年に私たちが有名な恐竜の卵を発見したのが、この「燃える崖《フレーミング・クリフ》」だった。それ以後ここから得られたものから考えて、この場所は古生物学的に世界中でももっとも重要な場所であると私は考えている。

私の車は先頭を走っていて、斜面を必死で登っていたが、他の車は、まだ反対側の斜面の岩の裂け目の間の道を探っていた。彼らは大きな赤い壁の表面をはっている小さな黒いアリのように見えた。誰も、それが自動車だとはとても思えなかっただろう。

シャバラク・ウスは有名な場所であり、また期待を裏切ることのない場所でもある。広大なピンク色の盆地を眺めると、砂岩が削られてできた大きな弧丘が、不思議な生きもののようにあちこちに散らばっているのが見える。そのうちの一つに私たちは「恐竜」という名前をつけた。ちょうど尻をついて坐りこんだ巨大なブロントサウルスに似ていたからだ。中世のお城もあり、尖塔や小塔が夕陽に映えてレンガのように赤く染まり、巨大な門や壁や城壁も見られる。自然のままの岩には深い穴がえぐられ、侵食谷や溝の入り組んだ迷路は、古生物学者たちのパラダイスとなる。おとぎの町のように、それは常に変化を続けている。真昼の平板な光の中では、不思議なもの影は縮み、その形を失う。しかし、太陽が低くなると、「燃える崖《フレーミング・クリフ》」は深い赤い色を帯び、あらゆる谷間に紫色の影をともなった野生の神秘的な美しさが見られるようになる。

そこは私たちが一九二三年に離れていらい、ほとんど変わっていなかった。私たちの自動車のわだちには砂がつまっていたが、今でもはっきりしていた。盆地の縁の古いキャンプ地は、捨てた石のかけらがうずたかく積み重なってその跡を示していた。それぞれの石には一億年前ここに住んでいた恐竜の不完全な頭蓋骨の破片が含まれていたのだ。一九二五年には、私たちのテントは盆地の底の泉の近くに建てられた。私はその場所が好きだった。そこからは、目をあげさえすれば、「燃える崖《フレーミング・クリフ》」の侵食された岩壁が、ゴビ砂漠の蜃気楼の中に浮かんでいるのを見ることができるのだった。

数百メートル北には漂砂地域があり、今はそこに、砂漠の小さな樹木であるタマリスクの「林」が点在していた。そのあたりで、私たちは「砂丘居住人」の痕跡を発見した。これは二万年前の旧石器時代に生きていた人々だ。タマリスクはすべて高さが五メートルに満たなかったが、探検隊の植物学者チェイニー博士はその断面から、二〇〇年以上もたったものが少なくないことを知った。この木のおかげで、私たちは豪華なキャンプ・ファイヤーを楽しむことができ、毎晩一時間ほど坐ってソノラ蓄音機を聞き、新しい発見について話し合うのだった。私は、あのようないく夜かを忘れることはないだろう！

私たちは一四人おり、全員が自分の一日の作業についての話をもってたき火のまわりに集まり、それを小説のように皆に聞かせるのだった。チェイニーは新しい植物や、何百万年も昔の草の茎や木の葉を含む葉状頁岩のかけらを何個かもってきた。それらは、奇妙な冷血の地をはう動物たちしか住んでいなかった時代のモンゴルの気象や植生について明らかにするものだった。地質学者たちは、そのはるかな遠い日々に、この平原や山岳地帯で何が起こっていたかについて、魅惑的な話をするのだった。ロバーツは彼の美しい地図の上で、等高線によって明らかにされるまで私たちが見ることも考えることもできなかったような地形を明らかにして見せた。古生物学者たちからは、いつも新しいスリルを期待することができた。彼らは一年目に掘り出したよりもさらに大量の宝物を発見しつつあった。

はっきりと公言していたわけではないが、私たちは皆、もし「燃える崖《フレーミング・クリフ》」にもう一度いけば、さらに恐竜の卵を発見できるとひそかに思っていた。探検隊の古生物学者たちは赤色層を一センチずつなめるように探したので、一九二三年に露出していたものはすべて私たちが見つけ出してしまったことはほとんど疑いがない。グランガー、オルセン、その他の連中が本気で仕事を始めれば、なにものも見逃がしはしない。彼らはそのような人間ではない。しかし、風と、霜と、吹きすさぶ烈風の二冬がその崖に襲いかかり、猛烈な日中の暑さと夜の寒さの一夏がその岩を割った。一―二年ではほとんどなんの変化もない場所もある。一―二年が奇蹟を起こす場所もある。私たちは赤色地層がそのような場所であることを期待し、実際、その期待が真実となった。そこには、またさらに恐竜の卵があった。卵は何個もかたまっていたり、一個だけであったり、完全な卵、割れた卵、大きな卵、小さな卵、なめらかな紙のように薄い殻をもった卵、厚くすじの入った殻の卵など、さまざまなものがあった。要するに私たちが最初の年に見つけた以上に、いろいろな種類のもっと大きく、もっとよい卵がたくさん得られた。風と霜と雨のナイフが、柔らかい赤色砂岩に対して奇蹟を行なったのだ。表面をおおい隠す堆積層を、何百メートルという岩や崖の表面から吹き飛ばし、その下にあるものを見つける手がかりが得られるところまでむき出しにしてくれたのだ。場所によっては、それはわずか一センチかそこらのことだったが、それでも卵の殻や白い骨の先端をかすかに露出させるには十分だった。

　チャンス、幸運、偶然、あるいはその他なんと呼んでもいいが、それらがもっとも重要な発見につながることも多い。三年間のこの探検の間にも、けっして信じてもらえそうにないので、私があえて話もしなかったようなできごとがいくつか起こった。巨大なバルキテリウムの頭蓋骨も、そのようにして発見された。そのときのできごとを二つの講演会で話したが、聴衆の顔に本気にしていないという表情を見て、私は以後その話をすることを諦めた。人々は事実が小説よりも奇であることをけっし

1925 年の探検基地。後方に「燃える崖」が望まれる

1923 年、最初に発見された恐竜の巣。「燃える崖」でジョージ・オルセンが発見

て信じようとしないのだ。

ラベルは盆地の縁の六〇メートルほど垂直に切り立った崖っぷちで、恐竜の卵がたくさんかたまっているのを発見したが、人々はこれなどむしろ私たちがそこに「埋めた」のだと思うのではないだろうか。しかしとにかくその話をしよう。それについては証言をする人が他に一三人はいるのだし、少なくともその卵のあった場所について写真の証拠もあるのだ。

ノーマン・ラベルは自動車輸送の専門家だが、なにか危険な要素を含むものにはなんにでも関心をもっている。彼はいつもワシの巣を探して、「燃える崖《フレーミング・クリフ》」のあたりを歩きまわっていた。ふつうそれは、砂岩の壁に足場を刻んで登らなければならないような高いところにあるものだ。彼が恐竜の卵を発見したのは、まさにこのようにしてであった。

トビの巣が一つ、大準平原の端のすぐ下のところにあった。その準平原はグルブン・サイハンからはるかに続き、この盆地で途切れているものだ。彼は「なにがあるのかを見るため」なん度か下から崖を登ろうと試みたが、失敗してそれを諦め、今度は上から巣に近づいた。四つんばいになって崖のぎりぎりの端までいき、腹ばいになって巣の中をのぞきこもうとしたとき、手がなにか尖ったものに当たった。それは割れた恐竜の卵で、殻の端がナイフのようになっていたのだ。上のほうの部分はなくなっていたが、一四個の卵の残りの部分は岩の中にしっかりと埋まって、もとの位置にあった。おそらくあと数カ月風化が進めば、この崖っぷちのこのあたりは崩れ落ち、卵は下の岩で粉々に砕け散っていただろう。この発見はまったくの幸運以外のなにものでもなかった。ラベルの頭の中には、彼がのぞきたいと思っていた下の巣の中にあるトビの卵のことしかなかったのだから――。

私たちはシャックルフォードの映画のため、そのシーンを起こったとおりそっくり再現したが、もともとはなかったある一つのできごとが起こった。ラベルが最初崖をよじ登ろうとして失敗したときに、大きな岩のかけらがいくつか剝がれて落ちた。シャックルフォードは、もう一度このシーンもやらなければならないといい張った。それはかっこうのよいアクションになるというのだ。ラベルは崖を登っていって突き出した岩棚の後ろに消えた。シャックはフィルムをまわしながら叫んでいた。

「もう少し速く。本当らしく」

次の瞬間、すさまじい音をたてて大きな岩の塊りが落ちてきた。その後からラベルも転がり落ちてきて、ほとんどカメラにぶつかりそうになった。彼は赤い砂に埋まり、顔からは血を流し、ひどく腰を打っていた。しかし幸い骨は一つも折れていなかった。シャックルフォードはラベルが特別に演技をしているのだと信じきって、その間励ましの声をかけながら映画を撮りつづけた。

その卵を掘り出すのは、きわめて微妙でひじょうに危険な作業だった。その間ずっと強い風が吹きつづけ、ウォルター・グランガーは崖っぷちから吹き飛ばされないために、地べたに寝そべっていなければならなかった。彼は卵のかたまりがそっくり全部入ったまま岩を掘り出し、卵を岩から取り出すのは博物館ですることにした。卵の上のほうは壊れているが、下の半分はすべてほとんど無傷のままなので、これはみごとな展示物になるだろう。

私は「燃える崖《フレーミング・クリフ》」に着くとすぐに、最初に卵を発見したものには正真正銘の戦前もののブランデーを一本出すと約束していた（私たちは「医療目的」のために三─四本しかもっていなかった）。これが激しい競争を巻き起こした。ジョージ・オルセンが二日目にその資格を獲得した。彼はほとんど完全な卵を五個発見した。この場合もまた、信じることのむずかしいような、ちょっとした幸運によるものだった。ジョージは、彼が一九二三年に最初の卵を発見した小さな侵食谷を探して歩いていた。前に卵を見つけたところから一〇メートルと離れていない場所で、彼はゆるい砂の中に小さな殻のかけらを見つけた。さらに数メートル上の斜面にもう少し大きなかけらがあったが、それきりだった。四つんばいになり、地面を一寸きざみに見て歩いたが、そこにはもっと卵があることを期待させるような痕跡はなにもなかった。彼はじれったくなって、採集用のつるはしを岩の割れ目に押しこみ、二〇キロ以上もあるような岩の塊りを引っくり返した。その岩の下側に恐竜の卵が四個くっついており、そのうち三個は割れていなかった。四個目は半分に割れ、五個目の卵の端っこには、彼をこの卵のある場所に導いたかけらがぴったりとはまった。この発見は、五〇パーセントは完全な偶然だった。オルセンが、化石も見ていないのに岩を引っくり返したりして時間やエネルギーを浪費することはあまりないからだ。この卵は、今、シカゴのフィールド自然史博物館にある。

オルセンは恐竜の卵ハンターの世界チャンピオンである。「もっと大きく、もっとよい卵を」というのは私たちのスローガンだったが、彼は探検隊がシャバラク・ウスを離れる直前の最後の発見によって、自分自身の記録も、他の私たち全員の記録をも破った。それはちょうど一ダースの卵で、それまでに発見されていたどの卵よりも大きくみごとなものだった。これは低い岩棚が割れてそこからこぼれ落ち、柔らかい砂の中に埋まっていた。彼は砂を払って、それを取り出すだけでよかった。破片をつなぎ合わせれば、もうりっぱに博物館で展示することのできる標本になるだろう。

この卵はほぼ完全な楕円形をしており、長さは約二三センチある。ちょうどフランスパンのような形をしている。美しいすじの入ったその殻は、同じ卵でも部分によって模様が異なる。この種類の卵は、殻の厚さが三ミリあってきわめて固いが、ルークス博士の発見したものは、紙のように薄い殻をもっていた。それは長さが一〇センチしかなく、きわめて細っそりして、先が尖っている。さらに大きさのもう少し大きい、殻のなめらかな種類もあり、表面に石目《いしめ》やあばたのあるさらに大きな種類も一―二個ある。

これらは、疑いなく種や、あるいはおそらく属のちがう恐竜のものだろう。もっとも多く見られる大きくて、殻にすじの入っているものは、プロトケラトプス・アンドリュースアイ（Protoceratops andrewsi）のものである可能性が大きいと思われる。この恐竜は、アメリカで発見される巨大なトリケラトプスの祖先に当たるもので、体長は約二・七メートルしかなかった。殻が薄くて、なめらかな卵は、一九二三年に私たちが骨を発見した、数種の小型の肉食恐竜のものかもしれない。

この夏私たちが、一九二三年の採集標本の中には含まれていなかったものを少なくとも二種類以上発見したことはまちがいない。この一カ所に卵が豊富にあることは、きわめて驚くべきことだ。

一九二三年に私たちは、多かれ少なかれ破片になった標本を二五点手に入れた。今年は、少なくとも四〇点が発見され、そのうち一五―二〇点は保存状態がとくによい。「燃える崖《フレーミング・クリフ》」は巨大な恐竜の孵卵器であったにちがいない。六カ所ばかりが高い地点で発見され、そこには何千という破片があったが、完全な卵は一つもなかった。チェイニー博士はある一日の午後だけで、七五〇個の破片を拾っている。おそらくそのほとんどは崖が風化するのにともなって壊れた卵の破片だろうが、中には赤ん坊の恐竜が孵化した場所もあるにちがいない。私たちのキャンプからさして遠くない砂丘にユルトがあり、そこのモンゴル人女性は、恐竜の卵の殻をもっていくとお礼にブリキかんをもらえると知って、毎日のように殻を一つかみももってきた。

一九二三年には、卵のほとんどは盆地の底部で発見されたが、この夏には崖の下からほとんどいちばん上に至るまでの崖のあらゆる場所から発見された。卵が発見された場所のいちばん低いところといちばん高いところとの間には六〇メートルの差があった。六〇メートルの堆積層が堆積するには、きわめて長い時間が必要だろう。したがって、この場所は恐竜の孵化地として、何万年、おそらくは何十万年も利用されたにちがいない。

恐竜たちを何世代も、何世代も、シャバラク・ウスへと足を運ばせたものはなんだったのだろうか？　卵の殻が大量にあることは、疑いもなくこの場所に、少なくとも産卵シーズンにはひじょうに多くの動物が集まっていたことを示している。えさや水でそれを説明することはほとんど不可能だろう。その解答の少なくとも一部は、ここの砂が特殊な性質のものであるということにあるのではないかと私は思っている。現存の爬虫類と同様、恐竜たちは浅い穴を掘り、先端が内側を向くように並べて円形に卵を生みつける。ときには卵の上に卵を生んで、卵が三層にも重なることもあった。私たちはそのように生みつけられた卵を見つけている。メスの恐竜は卵の上に薄く砂をかけ、それが太陽熱で孵化されるのにまかせる。上にかける砂はゆるく、すき間がたくさんあり、熱や空気が卵に達するようでなければならない。この場所では、砂の性質が孵化器としての作用にとくによく適していたと考えることができる。

地質学者たちは、この堆積層が風によって運ばれた堆積物で形成されたという彼らの最初の意見を確認した。赤い砂はきわめて細かく、風によって長距離を運ばれうる。証拠からみて、現在グルブン・サイハン（東アルタイ山脈の一主脈）がある場所の南方に湖があったと考えられる。いくつかの川がそこに流れこんでいたにちがいなく、少なくともそのうちの一本は赤色地層地域を通っていた。したがって砂の性質がきわめて優れていることの他に、食料と水も加わって、ここは恐竜にとって理想的な産卵地となっていたのだろう。古生物学者たちは、この地層で化石の木材の破片を発見している。チェイニー博士は、それはおそらく砂漠種の木だろうと鑑定した。これに地質学的な証拠を合わせて考えると、これらの恐竜たちが生きていた一億年前には、ここは乾燥もしくは半乾燥の条件にあったと思われる。

さらに恐竜の卵の殻の微細構造を研究したブリュッセルのビクトール・バン・シュトゥレーレン教授は、次のようにいっている。

「気孔が少なく、きわめて小さいことと同時に、外面がしわだらけであることから、この卵には外側のクチクラ層がなかったと推定するのが正しい。このような特徴は、今日、きわめて乾燥した地域で卵を生む鳥類やカメが示すものである。ここに、ジャドホタ層の形成期のモンゴルでは砂漠的な状態が一般的であったという確証を見出してよいだろう」

土地が乾燥し、砂が固くしまらないものであったことが、卵のように壊れやすいものがこのように美しく保存された理由だろう。卵を生んだのち、恐竜はその上にわずかに薄く砂をかぶせたにすぎない。卵を卵泥棒の目から隠すだけで十分だったのだ。今日でも、私たちがよく知っているように、砂を吹き飛ばし、積み上げる強風はしじゅう吹いている。暴風の中では一メートルや二メートルの砂は、簡単に卵の上に積もったかもしれない。そうなると太陽熱はもはや卵まで達せず、孵卵《ふらん》は突然に中断されてしまう。

上に積もった砂の重さで、やがて卵の殻が割れ、中身の液体は流れ出す。同時にきわめて細かい砂が内部に入りこみ、私たちの標本のすべてに見られるような固い芯をつくった。

この地域全体のゆるい堆積層は、最後に固まって赤色砂岩となった。これがすべての卵を包んでいる母岩である。こう考えれば、いくつかの卵のかたまりが、母親の生みつけたときそのままに、一億年もの間保存されてきた理由は容易に理解できる。

フランスのロニャックから掘り出されたいくつかの破片が例外である可能性はあるが、それを除けば、ゴビ砂漠はこれまでのところ、恐竜の卵が発見された世界で唯一の場所だ。条件がこの壊れやすい物体の保存によく適したものでなければならないにしても、同じような地層が他に発見されていないというのは不思議なことに思われる。私たちはモンゴルで、もう一カ所別な場所を知っている。そこからなにが出るかはまだ十分な調査が行なわれていないのでなにもいうことはできない。それでも、卵の殻のかけらがいくつか、そこで発見されている。そこはシャバラク・ウスから遠く離れており、一〇〇万年ほど新しい。その地層から発見される恐竜は一般に大型のものなので、私たちは一般の人々を大きさの点で満足させるような卵を一個か二個発見したいと思っている。

それが実現できればよいと思う。私はこれまで何回となく説明をくり返さなければならなかったが、恐竜には大きなものも、小さなものもいたということを知っている人は少ない。今日、大きなニシキヘビや小さなグラススネークがいるのと同じことなのだ。一般の人々が二〇センチか二五センチの卵を見たら、それはひどく期待はずれな感じがするだけだ。それはどうしても銀行の大金庫ほどの大きさのものでなければならない。それならば、巨大な竜脚類恐竜、ディプロドクスやブロントサウルスを目の前にありありと思い起こさせてくれる。これらの恐竜は、当時家があったとしたら、二階の窓からのぞきこむことができるほどのものだった。この恐竜たちも卵を生んだにちがいない。それは確かだ。おそらくいつか私たちは、それを発見するだろう。しかしそれまでは、私たちが現在もっている卵以外にない。結局二・七メートルの恐竜に二三センチの卵以上にあまりかけ離れたものを期待することはできない。それは比率でいえば、一メートルのからだで八・五センチの卵ということになる。私個人としては、それはかなりの成績と認めてよいと思っている。

第一五章　モンゴルの砂丘居住人

コロンブスは、アメリカを発見したときある程度の名声を受け、今日、彼の名はさらにいっそう世界に轟いている。しかしかなり多くの懐疑論者たちが、コロンブスは等外ランナーにすぎないと考えている。彼らによると、アメリカの発見はその数百年前にリーフ・エリクソン、あるいはその他のスカンジナビア人によってなされたという。しかし彼らは、そのことを証明はできない！　中央アジア探検隊の私たちは自分たちが有名な一九二三年の恐竜の卵の最初の、かつ唯一の発見者であると心から思っていた。二年の間、自分たちこそがメスの恐竜の生んだ卵を人類の目の前に初めてもたらしたものだという思いによって、私たちの生活はかなり輝かしいものとなっていた。誰かが畏敬の念をもって、「あれが恐竜の卵を発見した人だ」というのを耳にするのは、とてもよい気持のものだった。しかし昨年の夏、私たちはまったくまちがっていたことを知った。悪気はなかったにせよ、私たちは一般の人々をあざむいていたのだ。できれば、それについてはそっとしておくべきなのだろう。しかし懐疑論者たちがコロンブスの月桂冠をむしりとったのと同じように、誰かが遅かれ、早かれ、おそらくは早いうちに私たちの栄光を引っぺがすだろう。私は深い後悔をもって白状するが、事実は、私たちが恐竜の卵の最初の発見者ではなかったということだ。きわめて多数の人々が、私たちよりも優に一万五〇〇〇年から二万年も前に、これを発見していた。しかも、紀元前一万八〇〇〇年もの昔に、すでに恐竜の卵の殻がかなりの市場価値をもっていたとしても驚いてはいられないのだ。

話は次のとおりだ。昨年の夏、私たちは、シャバラク・ウスでさらに恐竜の卵を探しているとき、かつて旧石器時代にそこに暮らしていた未知の人種の痕跡を発見した。彼らが装飾品として使っていたものの中に恐竜の卵の殻のかけらがあった。原始人たちはそれを、私たちが卵を見つけた「燃える崖《フレーミング・クリフ》」で拾ったにちがいない。彼らの石器づくりの作業場では、大きなダチョウの卵の殻といっしょに、一センチ四方ほどの恐竜の卵のかけらがたくさん見つかった。大昔の社交人たちのネックレスに使われたものだった。

これが私たちの告白である。もはや私たちは心の底から、自分たちが恐竜の卵の発見者であるということはできず、今後このような主張はすべて撤回する。しかし、私たちは恐竜の卵の発見者を発見したということはできる。おそらくそのほうが業績として大きなものだろう。

私たちの栄誉を奪った人々には、「シャバラク・ウスの砂丘居住人」という名前がつけられた。この盆地のタマリスクの木の根もとに積もった砂丘の間に住んでいた人々に、これはまさに適切な名前である。もちろん一万五〇〇〇年から二万年という年月は、この土地の様相をかなり大きく変化させた。その変化を解明し、砂丘居住人が残した断片的な証拠から、彼らがどのような人々であったかを明らかにしていくことは、ひじょうにスリリングな仕事だった。まったく新しい人種の存在を発見するというチャンスは、誰にでも与えられるものではない。私たちはこのことに恐竜の卵の発見以上の興味をもった。要するに「人類研究の最も適切な研究対象は人間である」ということなのだ。しかもその先史考古学における重要性はきわめて大きい。

ヨーロッパで遺跡が発見されている原始民族の多くは、アジアからきたものであることが多くの科学者によって強く確認されている。東方からぞくぞくとやってきた人の波は、その地域を占有していた人々を追い払い、あるいは絶滅させた。これらの種族の多くが、その独自の文化に特徴的な石器や石の武器を残した。私たちが砂丘居住人の生活を調べるに当たって、もっとも興味のある問題は、彼らが原始ヨーロッパ文化のモザイクのどこにはまるのかということだった。彼らの武器や道具は、ヨーロッパですでに知られている、いずれかのタイプに相当するものだろうか？　もしそうだとすれば、それが出現した時代はヨーロッパの対応物よりも早かっただろうか？　それとも遅かっただろうか？もしそれがヨーロッパよりも早く出現していたとすれば、そのことはアジアからヨーロッパへの移住を示すものといえるだろう。二つの似たような文化が、まったく離れた地域でそれぞれに発達するということは、まずありそうにないと思われるからだ。

私たちは砂丘居住人の発見について、まったく予期していなかったわけではない。一九二三年に、ウォルター・グランガーはタマリスクの木の間で赤い砂の層を数時間にわたって探して歩き、打ち欠かれた燧石《ひうちいし》をいくつかもち帰っていた。彼はそれが人間の工作物にちがいないと考えていた。大量に発見された恐竜の頭蓋骨や骨格で手がいっぱいになったため、彼は二度とそこを探すことができなかったが、私たちがモンゴルで考古学的な研究を始めることを決めたときには、そのことが皆の念頭にあった。M・C・ネルソン氏は、北京に着いたとき、彼の研究の見通しについてあまり自信がなかった。

例によって彼は、モンゴルにいったことのない科学者たちから、あんなところにはなにもあるはずがないと聞かされて、すっかり意気をくじかれていた。私たちは皆、同じような経験をしていた。私たちは、ゴビ砂漠の探検に自動車を使うことなど不可能だといわれた。どこも皆、草と砂におおわれていて、地質などわかりはしない。化石など、これまでになにも発見されたことのない場所で発見しようと思うのは馬鹿げている——などといわれたものだ。私は、このような不毛の地で科学的な踏査を試みることについてさえ、あらゆる種類の馬鹿呼ばわりをされた。最初の年は、このような条件のもとで計画を進めることにはある程度の勇気が必要だった。しかし今、私たちは「見ていろ、チャンスはかならずある」というだけで足りる。

ネルソンは、草地を離れると間もなく元気が出てきた。キャンプ地ではほとんどどこでも、また路ばたでもきわめてしばしば石器が発見されたからだ。それは、石をもう一つの石でたたいて、端っこを打ち欠き、道具につくったものだった。

シャバラク・ウスに着いた日、シャックルフォードはテントが建つ前に、タマリスクの間に入っていった。彼は興味深いものを発見する本能を備えており、夕食のとき打ち欠かれた燧石をポケットからいっぱい取り出した。ネルソンは、それは疑いもなく人間の手になるものだと断定した。シャックの話では、それが何百となく散らばっているということだった。

次の朝、ネルソンと私は朝食後すぐに出かけ、バーキー、モーリス、ルークスが後からついてきた。私たちは漂砂が吹き寄せられて、ねじ曲がったタマリスクの木の根元に砂丘をつくっている場所を見つけた。侵食された赤い崖が、浅い谷間への入り口を示していた。その谷床は砂岩でできていて、風がゆるい堆積層を運び去っていた。

きれいな固い岩の表面に、赤い碧玉《レッド・ジャスパー》や、粘板岩、玉髄、チャート、その他の石の薄片が、降ったばかりの雪のように散らばっていた。端を打ち欠いてきれいに形づくられた、先の尖った石核《せっかく》、小さなまるい削り具《スクレーパー》、みごとにつくられたきり、数個のやじりなどがあり、これから調べていかなければならない文化がどのような種類のものであるかについて最初の目安をネルソンに与えた。

私たちは相談をした。

「この人工物はどこからきたのだろうか？　地表にあったものが押し流されてきたという可能性はあるだろうか？」

それが、解答を見つけなければならない最初の疑問だった。とにかく実際に岩の中に石器を見つけ、さらに骨を見つけて、その堆積層の地質学的な時代を調べなければならないのだ。

相談を行なってのち間もなく、私は巨大なダチョウ、ストルチオリトゥスの卵の殻のかけらを見つけた。私が叫ぶと、他の連中が走ってきた。それはちょうど、金鉱探鉱者が有望な砂金採掘地を見つけたような情景だった。この巨大な鳥は氷河期に生きていたもので、もしこの石器をつくった人たちがこれと同時代に生きていたとすれば、その文化は今から約五万年前から五〇万年前のものであることになる。数メートル左手のところで、モーリスが別の卵の殻を発見した。それはきりできれいな丸い穴があけられていた。これは人間のしたことにまちがいない。ネルソンは、それはネックレスの飾り玉の一つだといった。

私たちは獲物に肉薄したため、興奮の熱に浮かされていた。控えめな人間の中でももっとも控えめなネルソンまで、一六歳の少年のように、あっちこっちとスキップを踏んで歩いた。最後にバーキーが、打ち欠かれた石器が五—六個、谷床の砂岩にしっかりとはまっている場所を見つけた。私たちはこの発見について、彼を大いにもち上げたが、実は、すでにシャックルフォードが前日にこの場所をマークしていたことがわかった!

昼までに、私たちはこのような場所を一〇カ所以上発見し、石器のうちのあるものはいちばん低い地層から風化によって露出したもので、砂丘の表面から押し流されてきたものではないということをはっきりと知った。それでもなお、ダチョウの殻や化石の骨が実際に岩に埋まったままの位置にあるのを発見するまで、この堆積層が更新世のものであることを確信できなかった。

私たちが土器の破片を見つけはじめると、考えもしなかった面倒なことが起こってきた。それは原始的なものであることは確かだったが、このような粗製の石器を使っていた人間は、土器などはつくらなかった。問題は一時間ごとにますますおもしろくなり、ますますこみ入ってきた。その問題を解くには、探偵が謎を解いていく方法による以外になかった。つまり、このはるか以前に姿を消した人々が残した断片的な証拠から、帰納的に説明をつけていくことだ。

中央アジア探検隊は、相互協力作業を基礎として組織されており、その長所が最もはっきりと示されたのが、砂丘居住人の問題を解決したときだった。地質学者、古生物学者、地形学者、それに植物学者が、皆、考古学者を支援した。このような専門家の知識が組み合わされ、現場で役立てられなかったら、この大堆積層が提示した複雑な問題の多くは解決することが不可能だったろう。

この問題がきわめて興味深いものとなったため、私たちはそれぞれの分野の仕事を続けることが困難になった。全員が石器や土器を探すことを望み、この問題を最終的に解決するのに役立つ証拠を提供したいと願うのだった。外科医のルークス博士は、最も熱心な作業員の一人となった。彼はバーキー博士といっしょに、広大な作業場跡を発見した。地表に燧石のかけらが何万個となく散らばっていた。

ある朝、彼らは探検隊のモンゴル人を四人連れてそこへいき、一万五〇〇〇個の破片をもって帰ってきた。ネルソンは何日もかかって、その山を分類し、標本として値打ちのあるものを選び出した。

二日目の作業で、柔らかい赤色砂岩の最下層に、黒くなった部分が見つかった。明らかにそれは古代の炉の跡だった。そこにたて溝を切ってみると、炭や、燧石や、焼けた石を含む灰の層が現われた。すぐに私たちは、恐竜やダチョウの卵の殻の四角い破片が砂岩の中に埋まっているのを発見した。これがしばらく私たちの手を休ませた。恐竜の卵の最初の発見者は砂丘居住人であることを私たちが実感したのはこのときだった。そのころ、ルークス博士は準平原の地表で、ダチョウの卵の殻を大量に発見していた。これによって、私たちの最初の仮説にもう一つの不確定要素がつけ加えられた。砂丘居住人が四—五キロ離れた「燃える崖《フレーミング・クリフ》」で化石の恐竜の卵の殼を拾って、この作業場まで運んだとすれば、彼らはダチョウの卵についても同じことをしたかもしれない！　したがって、私たちが燧石といっしょに埋まっている殼を発見したとしても、それは堆積の年代について何ごとも証明するものではないということになる。それは四万年か、五万年前の氷河期のものかもしれないし、氷河期以後のものかもしれない。

いくつかの骨が岩に埋まったままで発見されたが、それは保存状態がきわめて悪く、鑑別をすることはできなかった。おそらく、博物館でなら鑑定が可能だろう。

一〇日間熱心に働いた結果、十分に証拠が手に入り、かなりはっきりした事実が明らかになってきた。ネルソンは自信をもって、シャバラク・ウスのこの地点に何千年間か人間が居住していたということができるようになった。そこには少なくとも二つ以上の文化が続いて存在したことが示されていた。下層の古いほうの人間は、上層のものよりもはるかに原始的だった。その文化は旧石器時代後期のもので、彼らは石やりや、やじりや、土器はつくらなかった。この層の上には過渡期があって、徐々に新石器時代へと進んでいった。やじりや、やりの穂先や、粗製の土器はこの後期の人々の特色だった。

地質学的な方法によって、人工物が発見される最下層の地層は、後氷河期の初期のものと判定された。バーキー博士はそれが約二万年前のものと推定している。私が「後氷河期」というとき、それはヨーロッパの年代学の言葉を使っているのだ。本当は、この地域にはかつて氷でおおわれた時代がなかったことが証拠によって示されている。アルタイ山脈のイヘ・ボグドで、バーキーとモーリスは氷河のカールを発見したが、氷河は山脈地帯だけに限られ、平原にまで達しなかったことは確かだと彼らはいっている。

ネルソン博士は、この石器や土器がフランスやスペインのアジール文化のものにきわめてよく似ていると考えている。これはフランスのマス・ダジールにちなんで名づけられたものだ。しかし簡単には説明できないような違いもいくつかある。アジール文化では石器の他に鹿の角の道具やもりなどが使われているが、モンゴルの堆積層では加工した骨はまったく見られなかった。

アジール文化は、また、死体の頭を別に離して埋葬するという独特の風習をもっている。アジール人の頭蓋骨が一カ所にかたまって黄土の中に埋められているのが発見されており、頭は皆西を向いていた。

アジール文化は旧石器時代の終わり、今から約一万五〇〇〇年前のものと位置づけられている。したがってわが砂丘居住人は、アジール人よりもかなり古い時代のものと思われる。面白い疑問が起こってくる。砂丘居住人がヨーロッパに移住し、そこでアジール文化として知られる文化を確立したのだろうか？　彼らは石器づくりの技術をもっていき、ヨーロッパにいってから、そこには密林にたくさん鹿がいたため、角の使用を身につけたと考えることもできる。

砂丘居住人がモンゴルに広く住んでいたことはまちがいない。私たちの探検の全期を通じて、適当な条件の見られるところではどこにでも、彼らの工作物があった。彼らはキャンプ地として、常に低い窪地や谷間を選び、そこには今と同じように砂丘が並んでいた。これはおそらく、そのような窪地では、丈の低いタマリスクの木から燃料が得られるし、水も得られるためだろうと思われる。

シャバラク・ウスは、私たちが発見した他のどの堆積層よりも抜きん出て大きな堆積層だった。この大きな盆地は、北西のウラン・ノール（「赤い湖」）にまで続いているが、地質学者たちはかつてここには現われては消える湖がいくつかあったと判断している。私は、タマリスクの茂みにこの未知の人々がたくさん暮らしていたようすを想像することができる。動物の皮を着、おそらく皮や木の茂みなどを利用した粗末な隠れ家に住みながら、オーストラリアやタスマニアの原始的な未開人と同じように、狩りをし、戦い、愛し合っていたのだろう。部落の中の何人かは、とくに石器をつくる技術が優れていた。このような職人は特定の場所で作業をし、そこに今日、何万という碧玉《ジャスパー》や玉髄のかけらが落ちているのだ。私たちはそれを「作業場」と呼んでいる。

彼らは石核をさらに打ち欠いて、長く、細い石片をつくり、ナイフやきりをつくった。そのうちには、私たちの狩猟用のナイフほど鋭い刃をもっているものもある。私の親指の爪と大差ないくらいで、刃が丸い小さな削り具《スクレーパー》は、もっとも特徴的な道具だった。これらは皮をきれいにしたり、棒をなめらかに削ったりするのに使われた。

作業場でもっとも多い標本は、石の剝片《はくへん》である。これは大工が材木にかんなをかけたり、のみで穴をうがったりするときに残る木くずのようなものだ。割れたり、途中まで仕上げた石器もたくさん見つかった。それはなにかの理由で望ましくないということがわかって、途中で捨てられたものだ。当然、でき上がった道具はあまり多くは見られなかった。でき上がったものは生活に使うため、作業場から運び出されていったのだ。

砂丘居住人が必要とする特殊な種類の石はどこから供給されていたのかという問題は、長い間私たちの頭を悩ませた。私たちは夏の終わり近く、帰路の途中でその場所を見つけた。それはシャバラク・ウスから六〇キロほど離れた平原にあった。そこには赤い碧玉《レッド・ジャスパー》、チャート、玉髄、めのうなどが大量にあり、これらの石が何百となく大まかに削られていた。そのときネルソンは私たちといっしょにおらず、私たちはそれが前シェル期、もしくはシェル期の旧石器時代最初期、おそらく一五万年から二〇万年前のものであることはまちがいないと思って、皆大いに興奮した。ネルソンがやってくると、私たちの気持にかなり水をかけた。数日間そこに留まって堆積層を調べ、標本を採集したのち、彼ははっきりと判定をくだした。この粗末な、雑に削られた石は、砂丘居住人が材料を取りにきたときに捨てた試験石にすぎないというのだ。原始時代の職人たちは、たくさんテストを行なったのち、もっともよい岩を選び、それを作業場に運んで仕上げた。それはまさに現代の大工が木を選びにいく材木置場と同じようなものだった。

キャンプでネルソンは熱くなって議論を始めた。私たちは新たな旧石器時代初期の文化だという考え方を、一戦も交えずに放棄するつもりはなかった。バーキーはもう一度調べるために彼といっしょに現場に戻り、残りのものは自分たちの説を守るために考えつくあらゆる論拠を整理した。しかしネルソンはもっとも冷血なやり方で、私たちの論拠を一つ一つ粉砕していった。もっともまずいことは、この問題について彼が私たちよりもはるかに多くの知識をもっているということだった。彼が一連の標本を比較対比できるよう順に一列に並べて見せた結果、ついに私たちも彼が正しいことを認めざるをえなかった。

このような議論はこの上なく価値のあるものだ。探検隊の作業は皆相互に深い関係があり、すべての発見が直接、間接に他の科学分野に影響をおよぼす。したがって一人が新しい説を提示するときは、五つも六つもの角度からそれを守る用意を整えておかなければならなかった。それが全隊員による弾幕の中を生き延びることができれば、彼はその説を採用してもかなり安全だと考えることができる。

このように、キャンプで絶えず議論が行なわれていたので、私は北京に着いた翌日、夏の間の作業の結果を新聞に発表するとき、きわめてはっきりしたことを言明するのになんのためらいも感じないですんだ。

私たちは最後の最後まで、石器や土器の発見される場所のどこかで、墓地を発見することを期待していた。砂丘居住人の骨が得られるかもしれないからだ。骨格は、彼らがどのような人間であったかを教えてくれるだろう。私たちはとくに彼らの炉のあるところや、シャバラク・ウスのような恒久的なキャンプ地のあたりを念入りに探した。しかし人骨の痕跡も発見できなかった。彼らは死者をキャンプの近くに埋葬しなかったか、あるいは条件が骨を保存するのに適していなかったのだろう。石器の含まれている地層で見られた動物の骨の破片も保存状態が悪かったので、おそらくこの後者のほうの理由が正しいのだろう。

洞窟を発見することができれば、たぶんもっとはっきりした情報が得られていただろう。しかし、私たちが踏査した地域で洞窟を探すことは、木によって魚を求めるようなものだった。石灰岩はところどころにあるのだが、侵食は洞窟どころか、ちょっとした岩の窪みすらつくらないようなタイプのものだった。砂丘居住人は一年中、開けた場所で生活していたにちがいない。当時も今日と同じように冬はおそらく寒かったと思われるので、彼らが移住していったことに不思議はない。

私たちが砂丘居住人の謎を解こうとして証拠を一つずつつなぎ合わせているとき、探検隊のメンバーの一人がちょっとしたおもしろいいたずらをした。彼は錆びた鉄ののこぎりの小さな破片を見つけ、それを石器の埋まっている層にきれいに埋めた。これを最初に発見したのがバーキー博士だった。キャンプには肝をつぶすほどの驚きが起こった。それは探検隊全員の説を完全に引っくり返し、私たちを何時間も苦しめた。旧石器時代の人間はのこぎりなどつくらないからだ。しかし幸い、ネルソンがテントの近くで同じのこぎりの別の部分を発見し、いたずらがばれた。

私たちはこのいたずらものに借りを返すこと、それも早急に返すことを決めた。彼は熱心な鳥の卵の採集家で、暇なときはいつも卵の中身を抜いてはラベルを貼りつけていた。シャックルフォードと私は、まったく同じくらいの大きさのニワトリの卵を二つ手に入れ、コックに固くゆでさせた。そしてそれを過マンガン酸カリで美しく染めた。私は砂丘の近くの木の茂みに、地面に鳥のふんが散らばっている場所を見つけ、そこに浅い穴を掘って卵をおいた。その近くにはつがいのアネハヅルが住んでおり、私は私たちの犠牲者に、おそらくその近くには巣があるだろうと吹きこんだ。彼はツルの卵を見たことがなく、したがって後は簡単に進んだ。私はキャンプに戻って巣を見つけたというと、彼はすっかり興奮した。私たち四人は車に飛び乗って、その地点に飛んでいった。彼があんまり喜んでいるので、私はかわいそうになり、冗談であることを白状しそうになった。しかし私はのこぎりのことを思い起こし、心を引き締めた。

犠牲者が三つの角度から「巣」の写真を撮り、カメラにポートレート用の付属器具をつけてクローズアップを一枚撮ったのち、私たちはキャンプに戻った。話は皆に伝わっており、八人から一〇人が最後の山場を見物しようと集まってきた。最初卵の中身を吹き出そうと試みたがうまくいかなかった。保存のための最良の方法はなにかについて真剣に議論したのち、彼は一端に穴をあけて胚を取り出すことに決めた。卵が固ゆで卵であることを知ったとき、彼の顔に浮かんだ表情を私はけっして忘れないだろう！　彼は唸り声とともに一つをマック・ヤングに、もう一つを私に投げつけた。しかし私たちはいち早く砂漠へ逃げ出してしまっていた。

探検に関わる実際的な冗談は、感情をこじれさせることになる可能性もあるが、私たちの犠牲者は優れたスポーツマンだった。彼はのこぎりの話の後では、自分がこのようなしうちにあってもしかたがないことを知っていた。それでも彼は、私が彼の敵討ちリストのトップにあり、遅かれ早かれかならずし返しをするぞと宣告した。そして私もし返しを受けた。私たちが現地に運んでいった二〇〇個の卵のうち最後のものを食べているときのことだった。外見的にはなにも変わったところはないが、特別に用意されたゆで卵が、朝食のとき私のところに出された。殻を割ると、桃色の水があふれて、私の皿にあったものを皆水浸しにした。こうして貸し借りは全部清算された。

探検隊が砂漠にいる五カ月の間、原則として私たちは外部の世界から完全に隔離されていた。現地で出会ういくつかのキャラバン隊は、私たちよりも前にすでに中国を出発しており、したがって彼らは新しいニュースなどなにももっていない。無線受信機を使うこともできたのだが、それはモンゴル政府によって禁止されていた。手紙も、新聞も、電報もなしに、私たちは自分たちだけの楽しみと興味の小さな世界をつくっていかなければならなかった。人間関係のよさが、科学と同じように必要なのだ。すべての学問分野が相互に密接な関係をもつ私たちの探検隊では、チームワークが絶対に必要だ。ちまたでは一般に、私たちのことを次のようにいっているにちがいない。あの人たちは、干からびた科学者のグループだ。皆大きな眼鏡をかけて、長いひげを生やし、誰かに塩を取ってくれと頼むときにもこむずかしい言葉を使っている。会話といえば科学のことばかり、ブロードウェイの最新のミュージカル・コメディというような通俗的なことは彼らの生活とはまったく無縁のものだ——と。

私たちの多くは確かに眼鏡をかけている。それは本当だ。ただし太陽から目を守るためだ。私の目は一九二二年に、砂漠の恐ろしい照り返しのために永久にやられてしまった。ひげについていえば、二日か三日ごとにひげをそるほうが楽だということだ。

探検隊についてこのように思っている人が、いつでもよいから私たちの夕食のテーブルにつくことができたらおもしろいだろうと思う。確かにときどき科学の話も出る。しかし同時に他の話もたくさんある。そして何時間も坐っていられるだけの十分な笑いもある。

私たちの食堂テントをちょっとのぞくと、もう一つのまちがった考えも残念ながら吹っ飛んでしまうだろう。そこにはテーブル・クロスが、しかもきれいなやつがかかっている！　テーブル・クロスは私の道楽の一つなのだ。つらい一日の作業の後で、くたびれ、冷えきって、おそらくは少しばかり気分も滅入っているときに、清潔な白いクロスでおおったテーブルに坐ることはひじょうに心が休まるものだ。よく食べ、よく眠り、よく着てこそ、よく働けるのだ！　メイン・キャンプでは、いつも私たちは快適な気分でいられた。副次的な小旅行や先発踏査に出かけているときは、思い思いの原始的な暮らし方をしていたが、それが苦になることはなかった。

組織の歯車のかみ合わせが狂わないかぎり、すべてはすばらしいものだった。しかし、なにかまずいことがあったとしても、私たちはすぐに、自分たちが他の世界とは遠く離れ、まさに本ものの砂漠のまっただ中にいるのだということを実感するのだった。四〇人の隊員たちに十分な食料を供給し、快適さを保ち、そしてなによりも忙しくさせておくことが私の特別な仕事だった。皆のおかげでそれはとくに困難な仕事ではなかった。状況がどのようなものであっても、誰も不平をいうことはなかった。これほどみごとに一致協力して働くスタッフを集めることはむずかしいだろう。私としては、全隊員に対する賞賛あるのみだ。

モンゴルの天候は、新しい隊員にとっては驚きだった。昨年の夏は事実上とくにいちじるしい暑さはなく、平年の二倍の雨が降った。毎晩私は毛皮のスリーピング・バッグで眠った。冬から夏へ、夏から冬への変化は、驚くばかりだった。

五月の二四日、マック・ヤングと私は、ある許可を得るためにウルガへいく途中で三日間、雪の吹きだまりをかき分けて進んだ。私たちがシャバラク・ウスを出発するときにはまったく真夏のような天候だったのだ。「燃える崖《フレーミング・クリフ》」は盆地の地面から反射する熱波の中でゆらゆらと踊っていた。巨大な黒いワタリガラスは、くちばしを半分あけて岩の上でとろとろし、斑点のあるトカゲさえあまりに気持よく眠たげで、彼らの尖った鼻先をいかにも不注意に歩いているスナバエをぱくりと食おうともしなかった。雪のことなど考えるのも馬鹿げていた。しかし数時間ののちに、私たちは寒さのあまり震えており、砲弾でも破裂したかのように砂や砂利を私たちの顔にたたきつけてくる氷のように冷た

ウルガへの途中雪に見舞われた

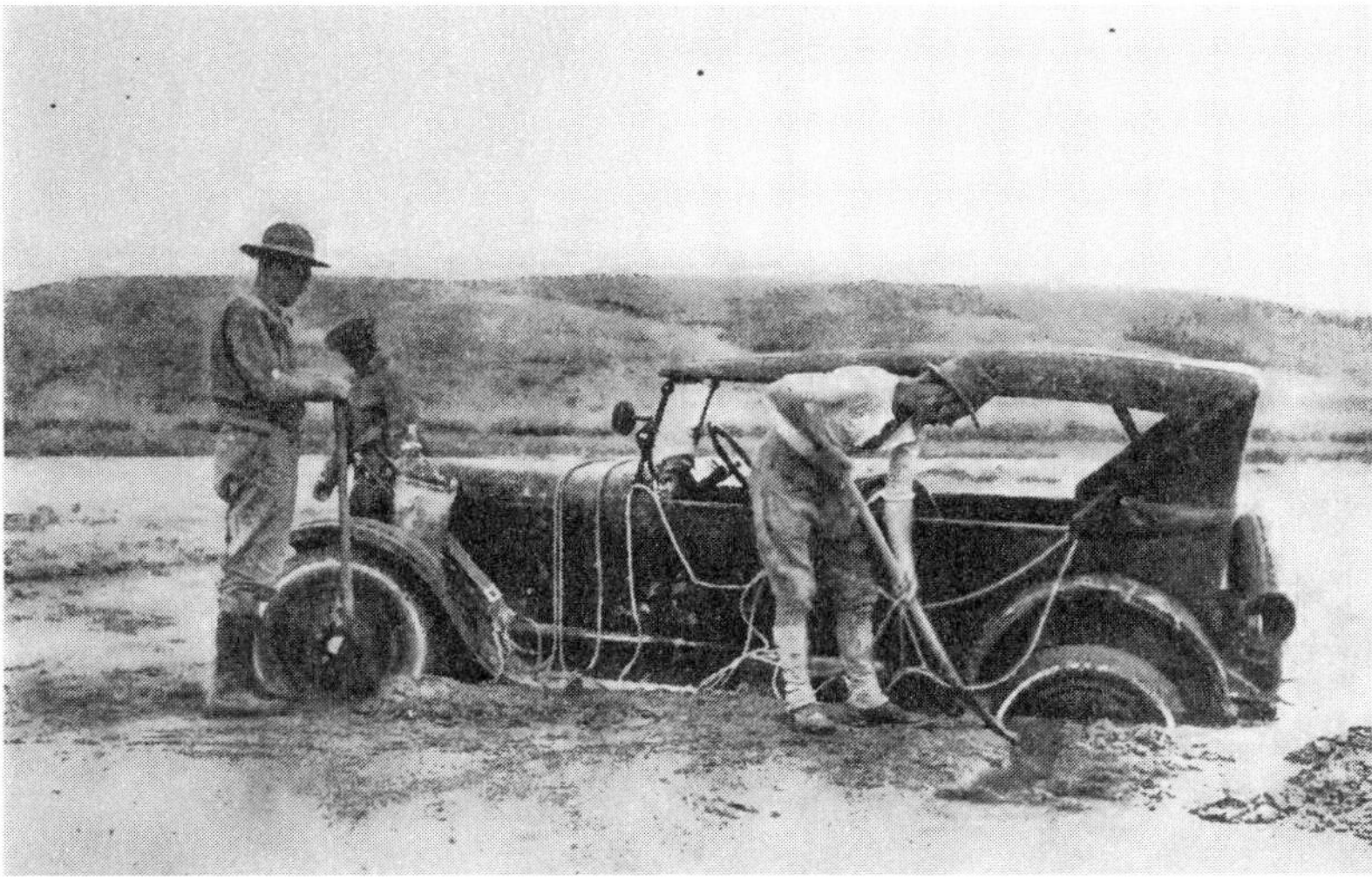

涸河を渡っているうちに流砂に埋もれたジープ

い強風と戦っていた。

その夕方七時に、私たちはもう十分すぎるほど走ってきた路のわきに、ぽつんと一張のユルトが建っているのを見つけた。そこにいたのは一人の若いラマ僧と、四つか五つの赤ん坊を抱いた七〇歳くらいのしわだらけの老婆だけだった。彼らは私たちを歓迎し、たき火の上に乾いたアルグルを積み上げ、私たちの感覚のなくなったからだを暖めてくれた。三〇分くらいすると赤ん坊の母親が帰ってきた。フットボール選手のような体格をした大きな若いモンゴル人だった。彼女は強風の中で見失ってしまった羊の群れを一日中外で探し歩き、その間男は火のそばでぬくぬくと暖まっていたのだ。もっとアルグルが必要になっても、彼は働くことなど考えもせず、年取った老婆にもってこいといいつけるのだった。

丸いフェルトでおおわれたユルトは、他のあらゆるユルトと同じだった。入り口と赤い木箱の反対側には、仏像といくつかの神聖な供えものがおいてあった。一方の側は一〇センチほどの高さの寝台になっていた。もちろん男がその上で眠り、女たちは地面にある二枚のフェルトの上で眠るのだ。ユルトの反対側には木の棚があり、固まった乳の入っているボールが載っていた。そのすぐわきには二頭の子牛と、六頭の子羊と山羊が縄でつながれていた。ユルトの中は羊の脂肪の匂いと、バターの酸敗臭と、生きている山羊の臭いなどが混り合って猛烈な悪臭がしていたが、とにかく暖かかった。私たちは自分のテントで眠った。強風が留め具を引きちぎってしまったが、私たちは毛皮のバッグの中で気持よく眠った。翌朝テントの中は雪の山だった。私たちの衣類は雪の中のどこかに埋まっていた。濡れて凍った衣類を着ることが、どれほど気持のよいものかは想像がつくだろう！　車の前部はキャンバス・フードでおおっておいた。マックがエンジンを始動すると、内側からおかしな、こもったような音が聞こえた。開けてみると、中はまるでシャベルでつめこみでもしたかのように、雪がぎっしりとつまっていた。

その日と次の日は絶え間ない戦いだった。平らな平原をおおった白い雪をかきわけて進むとき、車が突然二メートル近く雪のつまった溝に落ちこむこともしばしばだった。足もとが急に空っぽになってしまう感じは、恐ろしく気持の悪い感覚だった。そうなったら、自動車のまわりを掘り、車輪をジャッキでもち上げ、脱出できるようになるまで石をつめこんで車の足場をつくってやる以外になかった。かわいそうなマックは、この作業をすっかり一人で受けもたなければならなかった。私の右肩は、天津での新年野外障害物レースで衝突したため、まだ実際上使いものにならず、私は石を拾ったり、運転することにしか役立たなかったのだ。

いちばんくたびれたのは三日目だった。太陽がさんさんと照り、雪が溶けはじめたからだ。私たちとウルガとの間には五〇キロの山岳地帯があったが、峠は雪があまり深くて、それを避けるため私たちは険しい斜面を登らなければならなかった。濡れた草の上でタイヤがスリップし、石を並べて路をつくってやったとき以外は、車は前進しようとしなかった。激しい作業を五時間続けた後で、私たちは昨夜のキャンプ地から五キロしかきていなかった。しかし峠の頂上に達したとき、私たちの苦労は終わり、車は美しい谷間へと急な斜面をかけ下りていった。雪のつまった溝には、この白い死の落し穴に落ちた馬や牛の死体が横たわっていた。中にはまだ生きているものもいたが、動く力はなかった。弾を撃ちこんで彼らの苦しみを終わらせてやりたいと思ったが、それはモンゴル人たちとトラブルを起こすことになるだけだろう。ブリザードは、北の草原一帯で恐ろしいほどの生命を奪っていた。あまりにも突然に襲いかかってきたため、原地人たちは備えをする暇がなかったのだ。

丘の頂上から南を見ると、ウルガの町がトーラ川の緑の谷間におかれた美しい宝石のように横たわっていた。ボグド・オラ（「神の山」）のふもとには、ポプラの間からちらちらと、生き仏の宮殿の色

ツァガン・ノール南方の砂丘をいく隊商

大量の貨物を引いてゴビ砂漠の砂地をいくことは容易なことではなかった

鮮やかな屋根や金色の丸屋根が見えていた。町の上にそびえているのは一万人のラマ僧の僧房が取り巻く大寺院だった。それは春の日光の中できわめて平和な風景に見えたが、私はそこが疑惑の町であり、あらかじめどのようにしてそこから出るかを考えておかないと入れてもらうこともできない場所であることを知っていた。有名な漫画家、ジョン・T・マッカッチャンとシカゴのバーニー・グッドスピードが五月のいつかウルガを訪れることになっており、私たちは彼らからニュースを聞きたいと思っていた。しかし彼らは私たちが着く前日に出発してしまっており、カルガン―ウルガ路の東のほうで猛吹雪の端っこに引っかかっていた。その地域では雪はそれほど深くはなく、彼らは一日か二日遅れただけで、そこを通り抜けることができた。

私はウルガでふたたびP・K・コズロフ将軍に会った。彼は、プルジェワルスキーを除けば、ロシア最大の探検家である。彼はプルジェワルスキーの初期の探検に同行している。六〇歳を越えているが、若者の情熱をそのままもちつづけている。

このすばらしい探検家と彼の陽気な奥さんと知り合いになれたことは、私のもっともたいせつな思い出の一つになるだろう。このとき彼はカラ・ホトを再調査する探検の準備をしているところだった。それは彼が何年か前にゴビ砂漠中央南部で発見した、砂に埋もれた古代都市だ。一九二四年の夏、彼はウルガの北一〇〇キロの森林で、唐時代のみごとな墓をいくつか発見し、私は彼といっしょにその発掘現場を訪れたことがあった。これも私の忘れられない経験の一つだった。

コズロフと私は、私たちの二つの探検隊をシャバラク・ウスの近くで合流させるという計画をたてたが、これは実現しなかった。彼は墓地の発掘作業のために遅れたにちがいない。それは私がウルガを発つまで終わっていなかった。

二週間がたち、ヤングと私はシャバラク・ウスに戻った。私たちが留守の間に起こった話を聞くのは、興味深い小説を読むようなものだった。作業はこの上なくりっぱに終わっており、西方のツァガン・ノールへ、アルタイ山脈のふもとにある美しい「白い湖」へ移動する用意がすっかり整っていた。

私たちは隊員に外の世界のニュースと、何通かの手紙と、ソノラ蓄音機のための新しいレコード数枚をもって帰った。その夜、私たちは真夜中をずっと過ぎるまでキャンプ・ファイヤーのまわりに坐り、二万年前に砂丘居住人たちが住んでいたタマリスクの茂みの上をカルーソーのすばらしい歌声が流れるのに耳を傾けた。

第一六章　ゴビ砂漠の悲劇

今から三〇〇〇万年前、世界は生まれてからすでに長い年月を経ていたが、その生物はまだ生まれて間もなかったころ、地球上ではやはり今日と同じように多くの悲劇が演じられていた。そのいくつかについては石に記録が書きつけられており、今でもその言葉を知っているものは、残された記録を読むことができる。私が一つの話を翻訳してみよう。この話はゴビの嵐が吹きすさぶ荒地の岩から私たちが読み取ったものだ。

それはモンゴルのある夏の朝のことだった。かつて地上に生まれた哺乳類の中でも最大の動物が、水気をたっぷりと含んだ木の葉をたらふく食い、開けた森のはずれに立っていた。その四肢は神殿の柱のようであり、そのからだは生きている肉の山のようだった。太陽は高く昇っていた。この動物は、たっぷり水を飲んでから、暑苦しい昼間の時間を眠って過ごすため、涼しい木蔭に巨体を休めにいこうとしていた。

彼はものうげに半分乾いた河床に向かって草地を横切っていった。そこには浅い水たまりが日光を受けて光っていた。それは悪夢のような動物だった。信じられないほどの大きさで、ズシンズシンと地響きを立てながら、日に焼かれた河床へ土手を下りていった。いちばん近い水たまりにやってくると、立ちどまって水を飲んだ。突然、前足が柔らかい砂にめりこんだ。力を入れて足を引き抜いたが、さらにもう一歩、致命的なもう一歩を踏み出してしまった。流砂がその足をしっかりと捕えた。この動物は恐怖にとらわれて吠えながら、必死で身をもがき、底なしの死の穴から抜け出そうとした。しかし、さらに深く沈んでいった。手ごたえのない金色の砂はその胸まで達し、それから肩へ、そして背中まですっぽりと飲みこんでしまった。血走った目を見開いた巨大な顔だけが砂の上に突き出していた。しかし、すぐにそれも消えた。死のわなはきらきら光る水面をえさにして、また別の犠牲を待つのだった。

私たちはこの話を一九二五年六月のある日に読んだのだ。モンゴルの巨獣が恐ろしい流砂に飲みこまれてから三五〇〇万年後のことだった。私たちは自動車でやってきて、この思いもかけなかった墓場のすぐそばにテントを建てた。三〇キロ向こうには、雪をかぶった山が銀色に光り、そのふもとには青い湖が横たわっていた。前面には黄色い砂利の平原が広がり、北方の熔岩でおおわれた黒い山地まで続いている。砂利の平原には、赤と灰色の侵食谷が複雑にきざまれていた。

このようなものは、例の巨獣が最後に水を飲むため、死の水たまりに向かって草原を横切っていったときにはなかった。それから後で、その墓場の上に山が築かれ、そして侵食されて削られていったのだ。緑の草地と公園のような森林は、乾燥したゴビの砂漠に場所をゆずった。

発見の栄誉はわが隊の中国人採集作業員の一人である劉《リユウ》のものだ。彼の鋭い目が傾斜の急な丘の斜面の赤い砂の中に白い骨のきらめきをとらえた。彼はちょっと掘り、それから何かを発見したとグランガーに報告した。グランガーがすっかり発掘し、現われたものを見て驚いた。それはバルキテリウムの足と下腿の骨で、まるでこの動物が一歩歩み出すときに不注意にも足を後に置き忘れていったかのように、垂直に立ったままだった。化石がこのような姿勢で発見されることはほとんどないといってよい。そこでグランガーは腰を下ろし、どうしてこのようなことになったのかを考えた。解答はただ一つしかなかった。流砂だ！　劉《リユウ》が発見したのは右の後足だった。したがって右の前足は斜面の約三メートルほど下にあるにちがいない。彼は方向を調べ、距離を測って掘りはじめた。まちがいなく、そこにそれはあった。化石の木の幹のように巨大な骨が、やはり垂直に立っていた。左側の足を探すのは、子どもの遊びのように簡単だった。もうなにが起こったのかははっきりしていたからだ。四本の足が全部掘り出され、それぞれが穴の中に立っているのを見ると、その効果はいちじるしかった。私は丘の頂上に坐り、空想の中でこの悲劇が起こった古い日々に帰っていった。この巨大な足は何もしゃべれなかったが、はっきりと悲劇を物語っていた。明らかにこの巨獣は、砂から前足を引き抜こうと絶望的な努力をしながら、尻をついて坐りこむような姿勢になった。そして急速に沈んでいき、必死で戦いながら結局砂がのどや鼻につまって死んでいったにちがいない。もしからだの一部だけが埋まって飢えて死んだのだとすれば、からだが横倒しになっていたはずだ。

地質学者たちは、地面からアルタイ山脈が盛り上がってくる以前のこの場所がどのようなものであったかを話してくれた。ラルフ・W・チェイニー博士は、化石の木から、気候と植生について説明した。こうして私たちは悲劇の背景を知った。

この巨大な骨格が、そっくり完全に、まっすぐに立って、そのまま博物館に展示できるような形で発見できていたら！　それは全世界を驚嘆させる標本になっていただろう。

「ウォルター、足だけを手に入れるとはどういうことだ？　どうして残りを見つけないんだ？」と私はグランガーにいった。

「君が悪いんだよ。どうして三五〇〇万年前、山が風化されて剝ぎ取られてしまう前に私たちをここに連れてこなかったんだい？」と彼は答えた。

まさに、私たちはそれだけの時間の差でチャンスを逸したのだ。死体を埋めていた岩が侵食されるとともに、骨格も少しずつ削り取られ、今では何万という破片になって谷床に散らばってしまったのだ。そのうちのいくつかを私たちは拾い集めたが、それはモンゴルの巨獣のまことにみじめな破片でしかなかった。しかしなお、望みは常にある。いつか私たちは完全な骨格の埋まった墓場を掘ることができるかもしれない。

「白い湖」の一帯には、バルキテリウムがたくさん住んでいたにちがいない。私たちは山が風化されるのといっしょに骨格がぼろぼろに崩れ、平原に広くまき散らされてしまった場所を少なくとも一〇カ所以上発見した。もちろんそこには他の動物の骨もあったが、その中では齧歯類が圧倒的に多く、中には南フランスの齧歯類の祖先に当たるものもあった。文字どおり何万という歯や顎の骨が、風化によって堆積層の中から露出し、赤い斜面の一帯にばらまかれていた。

「白い湖」のあたりでは、三〇〇〇万年前の樹木や草地がゴビ砂漠の乾燥地帯に場所をゆずっていたが、私たちがこの湖に建てたキャンプは他のどこよりも美しいものだった。私たちはアルタイ山脈の北麓に沿ってここへやってきた。この山脈は、巨大な腕を南東に向かって砂漠の中に突き出している大連山である。路は自動車にとって、きわめて悪かった。私たちは砂や、泥や、岩や、堆積岩団塊の間を押しわけ、掘り進み、たたきつぶしながら、終わることのない苦闘を続けなければならなかった。私たちの自動車隊が受けたほどの酷使に耐えることを要求された車はないだろうが、ただの一部分も破損することはなかった。日中の作業がどれほど苦しいものであっても、マッケンジー・ヤングとノーマン・ラベルは、毎晩かならず十分に点検を行ない、ボルトやねじを締めるのだった。あのような場所に自動車がいくことができたのは、このような献身的な努力があったからだ。

何十本という細い糸のような流れが山の斜面を下ってくるにしたがい、曲がりくねり、さらに細かく分かれていく。これがいかにも害がなさそうに見えるだけに、ひじょうな悩みの種となった。川っぷちの土手は切りたち、深さが六〇—九〇センチあって、飛び越すにはちょっと広すぎた。そのような流れにさしかかるたびに、私たちは芝土で橋をつくり、車が一台通るたびにそれをまたつくり直さなければならなかった。時間がかかり、くたびれる仕事だったが、六月の一〇日には、私たちは「白い湖」の見えるところまでやってきた。

なんという失望！　美しい湖はこの前一九二三年に私たちが見たときのわずか四分の一ほどの大きさしかなかった。湖水のまわりはいやな臭いのする泥が広がっていた。湖畔の美しい緑の植物は、くすんだ黄色い草の岸辺に変わっており、私たちが前に岸辺に建てたキャンプ地は、今や水辺から四〇〇メートルも離れていた。考古学者のN・C・ネルソンはここに着いたとき、がっかりしたようにいった。

「ツァガン・ノールか！　小さくて臭いんだな」

しかし、最初の失望が過ぎると、私たちはキャンプを楽しみはじめた。確かにそこは、私たちが大広原で見つけた最も美しい場所だった。さまざまに変わっていく日没の色彩の中で、湖の向こうにそびえるバガ・ボグドと、神秘的な渓谷から流れ出して広がる広大な扇状地は、現実とは思えない、この世のものならぬ美しさを見せる。私はアイベックスやオオツノヒツジ以外にはなにものも住まない淋しい谷々を眺めて飽きることがなかった。

山と湖の間には、砂丘が東から西へと黄色い列をなし、何キロにもわたって広がっていた。砂はもっとも理想的な浜辺の砂と同じように細かかった。砂丘はふつうの三日月形のもので、高さが六〇メートルに達するものも多い。風下側はナイフのような頂上から垂直に近い斜面が切り立っている。谷底にはごわごわの丈の高い草がところどころに草むらをつくり、ときには背の高いハギの類が美しい紫色の花を咲かせている。驚いたことに、五―六カ所の谷間には湿ったところがあって、探検隊の写真家であるシャックルフォードは手で井戸を掘った。地表からわずか一メートルほど下には、澄んだ冷たい水があった。

午後遅く、低くなった太陽がグロテスクな曲線的な影を投げかけ、砂の模様や風紋をくっきりと浮かび上がらせて見せるとき、砂丘は口ではいいつくせない美しさだった。しかし、それは悪意を秘めた美しさだった。砂漠の強風の中で漂砂の迷路に迷いこむことは、人間や動物にとって死を意味するのだ。なん回となく私たちは、安全な湖のこちら側にいて、怪物のような砂の波の頂上に渦巻く旋風や、流れるような砂のしぶきを眺めた。視界を奪い、息をつまらせるような砂が、呼吸するすべてのものを窒息させ、一時間のうちにその黄色い墓の中に埋めてしまう。

七三年の生涯をすべてこの湖の近くで過ごしてきたある年取ったモンゴル人の話だと、一九二三年に私たちがそこにいたときの水面が最高の高さに近いということだった。四〇年前には湖は完全に乾いていた。今年もまちがいなく乾いてしまうだろう。湖に命を与えていた小さな川にまったく水がなかったからだ。

地質学者のチャールズ・P・バーキー博士とフレデリック・K・モーリスは、ツァガン・ノールを砂漠の湖の代表的なものとして研究することにした。私たちは一九二三年にも自分たちで観察を行なっている。昔の湖岸線ははっきりと跡が残っているし、モンゴル人たちから湖の歴史を聞き出すこともできた。研究の基礎になるのは地図であり、L・B・ロバーツが助手のF・B・バトラーとH・O・ロビンソンの助けを借りて、私たち全員が自慢にしている地図をつくった。くる日も、くる日も、彼らは焼きつける太陽のもとで、測量器具をもって浜辺を歩きまわった。三〇〇〇回以上測定が行なわれた。このような精度での地図つくりが、中央アジア高原で試みられたことはかつてなかった。

彼らは、湖が海抜一一六七メートルの高さにあることを明らかにした。七つの高さの湖岸線が認められ、いちばん高いものは現在の湖岸線よりも一〇メートル上にあった。私たちが六月に到着したときには、なべ底のような湖の底には何センチかの水が広がっていたが、七月一六日に私たちが西部への偵察旅行から戻ってきたときには、この美しい湖はなくなってしまっていた。白く干上がった泥地の真ん中には一羽のツクシガモが淋しげに坐っていた。これが、かつてここに翼を休めてやかましく騒いでいた水鳥の群れの唯一の生き残りだった。

「白い湖」の研究は、最近のモンゴルの気象の変化について私たちの考え方をはっきりさせた。気象は、人間や動物の起源や移住を決定するもっとも重要な要因であったにちがいない。中央アジア高原の過去の気候がどのようなものであったかを知ることは、私たちの地質学者が取り組まなければならない主要な問題の一つだった。私が古植物学者であるラルフ・W・チェイニー博士をスタッフに加えたのは、この問題の解明を助けるためだった。化石の植物は、地質時代の気象がどのようなものであったかを正確に教えてくれるはずだ。

バーキーとモーリスは、中央アジアにはっきりした気象のサイクルがあったという結論を下した。いいかえると、何百万年もの間、湿潤と乾燥の時期が交互に現われ、乾燥度はしだいに増していったというのだ。エルズワース・ハンチントンはこれを「パルス」と呼んでいる。氷河期の終わり以降、高原の乾燥は急速に進んだ。さらにまた、私たちの地質学者は、モンゴルはヨーロッパやアメリカの各地のように氷におおわれたことはなかったと確信している。高い山の峰々にはカールや氷床がつくられたが、氷河が平原に達したとは考えられなかった。この判断は、アジア高原で人類が発達してきたという仮説にとって、この上なく強力な論拠となる。

私たちが知っているかぎり、「白い湖」の反対側にある雪でおおわれたバガ・ボグドには、これまで外国人が登ったことはない。ハロルド・H・ルークス博士とバトラーは六月二四日。この山の頂上に達した。一日目は六〇〇メートル登り、タイガー渓谷の西にある最初の峡谷の扇状地を登りつめたところでキャンプした。次の日は雨で、山は濃い霧で完全に隠れていたが、彼らは朝六時に登りはじめ、午後一時に頂上に達した。彼らはそこに一五分しかいなかった。刺すように寒く、雲が彼らをびっしりと包みこんで、数メートル以上先を見ることはできなかった。アメリカ国旗とニューヨーク探検家クラブの旗を最高地点に埋めたのち、岩でケルンを築き、中央アジア探検隊の名前と所属を書いたものをビンに入れて残した。

モンゴル人たちは、この山に迷信的な恐れを抱いている。彼らによると、そこには恐ろしい獣が住んでいて、この山に登ろうとしたものは誰一人生きて帰ることはできない。鼻血が始まり、死ぬまでとまらないのだという。このため、登山そのものはとくにむずかしくはないのだが、現地人がここに登るとは思われない。

バガ・ボグドのふもとには、石でまわりを囲った丸い塚がたくさんあり、考古学者のネルソンは、これは墓場だと考えていた。モンゴル人たちはこれについてほとんどなにも知識をもっておらず、ネルソンは五—六カ所掘ってみたが、骨は発見されなかった。しかし最後に、彼はかなり保存のよい人骨を見つけたが、道具類は見られなかった。まちがいなく、この墓場は一〇〇〇年以上前のもので、誰かモンゴル以前の人々、おそらくはトルコ系ウイグルのものだろう。

この山のいちばん低い斜面からいくらか離れたところで、古生物学者たちは鮮新世の灰色粘土層を調べた。一九二三年に、私はその地層でみごとに保存された鹿の角《ツノ》を発見したことがあった。鮮新世は氷河期が始まる直前の時代で、少なく見積もっても今から一〇〇万年以上前と推定されている。当時「白い湖」地域一帯は植物におおわれていたが、開けたサバンナのような平原もあったにちがいない。本ものの馬エクウスや、鹿、マストドン、巨大なダチョウなどの化石が発見されている。マストドンの骨盤は巨大な骨で、さしわたしが一・六メートルもあったが、グランガーはこれは掘り出すほ

バガ・ボグドを望むタイガー渓谷

全力で疾走する野生ロバ。時速 40 マイルに達する

どの価値はないと考えた。

もう一つ興味深かったのは、巨大なダチョウ、ストルチオリトゥスの巣と思われるものが発見されたことだ。何百もの卵のかけらが一カ所にあって、ここでヒナが卵から孵ったことを示していた。この巨大な鳥の骨格は知られていないが、卵は北中国の黄土層からしばしば発見され、これが現存するダチョウの二倍はあったにちがいないことを示している。

「白い湖」で各分野の作業が順調に始まると、シャックルフォードと私は車の後ろにカメラを結びつけて、映画を撮りに出かけた。湖の北の砂利の平原には、野生ロバやカモシカがたくさんいる。キャンプから一一キロのところで、私たちはある大きな窪地の縁で車をとめた。肉眼でも、数百頭の黄色っぽい動物が砂漠の蜃気楼の中で泳いでいるのが見えた。まちがいなく野生ロバだったが、私はこんな大群をこれまで見たことがなかった。彼らは谷底に三群に分かれて集まり、地平線には何キロにもわたって、群れから離れたはぐれ馬が点々と散らばっていた。私たちはあるひとかたまりの中に二〇〇頭いるのを数え、そこには全体で少なくとも一〇〇〇頭はいるということをかなり正確に推定することができた。しかしさらに、それ以上にもまだいることがわかった。数百頭が私たちの目の下の浅い谷底にいたのだ。

遠く東のほうをまわって、砂利の平原を西に向かって群れを追わなければならないことは明らかだった。そちらに向かえば、私たちは二五キロにわたって十分に車を走らせることができるだろう。私たちが最後にロバたちのほうに向かって走りはじめたとき、中心のいちばん大きな群れのところまでいきつく前に、四〇頭ばかりの群れが私たちに気づいた。彼らはゆっくりと走りはじめ、ときどきとまっては、もの珍しげに車を眺めていた。私たちはむりに彼らを追いたてることはせず、時速三〇キロのスピードを保った。ロバたちは私たちとの間の距離をやすやすと保ちながら走り、他のものもあちこちから集まってきた。自動車には、野生のものも、家畜もひっくるめて、すべての砂漠の動物を磁石のように引きつける不思議な魅力があるようだ。ロバたちは何キロも先から遠まわりしながらやってきて、私たちの前の群れは地響きたてる大群となっていた。何百頭かが両側を走り、私たちはほとんど前が見えないほどの黄色い砂ぼこりに包まれた。

私はスピードを落として最大の群れの外側に出た。シャックルフォードは車の後部にふんばってフィルムをまわし、群れが分かれるのにしたがって、カメラをあっちからこっちへと振りまわしていた。しかしすぐに、小さな群れがふたたび集まりはじめ、また同じような光景がくり返された。平原の西の端はタツィン・ゴルの広い谷に急傾斜で落ちこんでいるが、私たちがそこまでやってくると、ロバたちは黄色い滝のようになってその縁から流れ落ちていた。

私たちが向きを変えて戻るとき、群れを離れたはぐれ馬たちに出会った。彼らは鼻を空中に高く伸ばして、仲間を見つけようとしていた。しかし彼らも車の魅力に逆らうことができなかった。二キロと進まないうちに、一〇〇頭以上が自動車の前を走っていた。カモシカも一五頭か二〇頭このパレードに加わり、固い黒い尻尾を突き立てて、まるで空気の入ったタイヤでももっているかのように、ときどき空中に飛び上がりながら走った。私は群れが車の前を突っきって、南へ曲がっていくのにまかせた。双眼鏡で、三キロほど離れたところに九頭が静かに草を食んでいるのが見えた。私たちは新しい計画を試してみることにした。数メートル走って車をとめた。ロバたちは目を上げ、私たちのほうにとことこ走ってきて立ちどまり、耳をそば立てた。それからまたこちらへ近づき、そしてまた近づいた。間もなく彼らは二〇〇メートル以内のところまでやってきて、シャックルフォードは望遠レンズで写真を写すことができた。

ロバがす早い動作をしていないところを写真に撮るには、この方法以外にないと思われる。平原で彼らにそっと近づくことは不可能だ。なにも身を隠すものがないからだ。彼らは水場にやってくることもない。めったに水を飲まないからだ。どこかに寝そべって待ってみてもうまくいかない。彼らはこの広大な平原をどこでも歩きまわるからだ。草はどこへいっても同じようにあるのだ。

野生ロバとカモシカの間にはおもしろい連帯関係がある。彼らはほとんどかならずのように、いっしょに見られる。私たちがロバの群れを追っていると、ガゼルがあちこちからやってきて、レースに加わる。キャンプで、テントから数百メートルのところに一頭だけオスのロバが眠ったり、草を食ったりしているのが見えると、かならずそばにカモシカがいる。この不思議なペアを見ると、私は従者を連れた貴族を思い出すのだった。

もちろん、この二種の動物は同じ種類のえさを食い、同じ種類の土地に住んでいる。ヤマヨモギや固い砂漠の草が彼らにとっては優れた栄養となり、いつも彼らは肥って、上々の健康状態にある。ロバも、ガゼルも、完全に砂漠に適応した動物で、水はなくても生きていられる。彼らは食った野菜の中のでんぷんから胃の中で水をつくり、それでからだの必要分は十分にまかなえる。暑い太陽のもとで長時間追跡した後でも、ロバはほとんど汗をかかない。汗は透明で、馬が参っているときにかく石けんの泡のような汗はまったく見られない。

ゴビ砂漠で作業を始めて最初の二年間、私たちは一五頭か二〇頭以上の野生ロバの群れを見たことはなかったが、そのときは私たちが彼らの住む土地に着いたのは、繁殖シーズンが終わった後だった。一九二五年には、群れは数千頭を数えた。明らかに、彼らは子どもが生まれる少し前に、条件のよい場所に集まってくるのだ。これは草地のカモシカ（Gazella gutturosa）と同じだ。子どもは七月の初めころに生まれる。するとロバは平らな平原を探し求める。疑いなくそれは子どもを狼から守るためだ。身を隠しながら近くまで近づく遮蔽物がなければ、狼が平原で競走してカモシカやロバをつかまえる望みはほとんどない。

六月二四日、マッケンジー・ヤングと私は赤ん坊の野生ロバをつかまえた。このロバの子はその前夜に生まれたばかりだったが、時速三〇キロで一・五キロ以上走った。このロバはメスで、私たちが一九二二年につかまえた子ロバよりもおとなしかったが、それでも私たちがそばに寄るといつでも盛んに蹴りつけるのだった。このチビは私たちのところに二日しかいなかった。二日目の晩は寒く、ロビンソンが毛の裏のついた皮のチョッキを毛布として提供した。マックは四本足を腕の穴から出し、腹の下でボタンを留めた。すばらしい毛布ができた。私は番犬のウルフの首輪を進呈した。しかしその夜、小さなロバは逃げてしまった。それ以後、このロバをふたたび見たことはない。のちに私がこの話をある新聞記者に話すと、記事を書くときには、どうしてもそのチョッキのポケットに金時計を入れたいものだと彼はいうのだった。

「白い湖」で作業が進んでいる間、私は三人の隊員と、新しい場所を調べるため西へ向かった。それは私にうってつけの仕事だ。次の丘の向こうにはなにがあるのかも知らない新しい土地にいて、何百キロもまわりから切り離された砂漠のまっただ中で、多少の危険を承知の上でただ一台の自動車に自分自身をまかせきっているという状態は魅惑的なものだ。

ツァガン・ノールからは、西の空に大きく盛り上がっているイへ・ボグドの山を見ることができた。そのふもとには大きな湖、オロク・ノールがあることは知っていたが、誰もそれを見たものはいなかった。侵食されてできた平原である固い砂利の準平原を走るのは、きわめて気持がよかったが、湖そのものはまわりを砂丘が取り囲んでいるため、自動車では近づけないことがわかった。たいへんな苦闘ののち、私たちは東の端の、芦で囲まれた水たまりがいくつかつながっている場所に着いた。そこには鳥がたくさん住んでいた。カイツブリ、オオバン、数種のカモ、ガン、大サギ、コウノトリ、水辺の小鳥たち、カモメ、アジサシなどがそこで何万羽となく繁殖していた。しかし、オロク・ノールの三〇キロ以内の範囲には、化石の露頭は見つからず、私たちは不本意ながらこの岸辺にキャンプをするという計画を放棄した。しかしその代わりに、私たちは化石地層のまっただ中にホロボルチ・ノール（「小さな白い湖」）という別の湖を発見して、十分に償われた。この湖はわずかに塩分を含んでおり、その縁には何カ所か淡水の泉が湧いていた。

　探検隊はこの場所に六月二八日にやってきた。テントはエメラルドのように青い芝生の上に建てられた。私のテントは水辺から六〇センチと離れておらず、低い土手のすそを水が削っていた。大きなテントの垂れ幕を上に投げ上げて、私は二〇〇メートルほど離れたところに白鳥が一九羽静かに浮かんでいるのを眺めていた。一羽の大きな黒と白のコウノトリが水際をくちばしでつついており、何十羽というツクシガモは航跡をひく汽船のように、後に小さなヒナのひと群れを引き連れて泳いでいた。夕方には、砂漠の中でしか見られないような落日の祭典を見て、皆、探検家の生活も悪いものではないと思うのだった。

　その夜、不思議なことが起こった。私たちはゴビ砂漠で魚に起こされたのだ！　これ以上逆説的な話があるだろうか？　朝の二時ころまで西から強い風が吹いた。湖のこちら側の岸に水が吹き寄せられた。突然風がやむと、水が急激に引いていったので、緑の土手の端のところでえさを食っていた魚たちが、何千、何万匹も狭い帯状の泥や砂の上に取り残されてしまった。それが必死で水の中に戻ろうとして激しく跳ねまわり、ちょうど大勢の人々が手をたたいているような音をたてた。

　私は何ごとかと思い、月の光の中に出ていって、湖の端に二〇センチほどの魚が何万匹もきらきら光っているのを見た。グランガーと私は「鹿弾《バック・ショット》」と王《ワン》の二人の中国人を起こした。彼らは興奮のあまり狂気のようになって、六メートルの網を取りに走っていった。間もなくキャンプの人間の半分が出てきて、彼らが網を引くのを見物した。ひと引きするたびに、何百という魚が上がってきた。朝食にそのフライを少し食べてみたが、柔らかすぎて泥臭く、あまりうまくはなかった。しかし中国人はこれを好み、彼らは保存するため、何時間もかけてこれを塩漬けにしたり、天日で乾かしたりしていた。

シャックルフォードとルークスは、オロク・ノールの魚を数匹手に入れていたが、それは全部同じ種類のもので、これは「小さな白い湖」でも見られた。また、体長が六〇センチ以上にも達すると思われる大きな魚の頭も手に入れていた。しかし、ツァガン・ノールの魚は、オロク・ノールの魚とはまったく違っている。これは不思議なことだ。この二つの湖水はせいぜい数百年前には一つにつながっていたにちがいないと思われるからだ。

これらの砂漠の湖にどのようにして魚が住みついたのかは、完全に明らかとはいえない。おそらく魚たちは、山岳地帯から湖に流れこんでいる川をたどってやってきたのだろう。ある場合には、近くの湖や川で魚をつかまえてきた鳥が、ここでそれを落としたのかもしれない。とにかくゴビ砂漠に魚がおり、その関連性を研究することは、中央アジア大高原の水の流れの問題を解明するためのもっとも明らかな手がかりとなる。

第一七章　古代人を追って

私たちが「小さな白い湖」にきてから二日たっていた。化石採集班の連中が考古学者といっしょに夕方キャンプに帰ってきたとき、私は報告を受けるため車のところへ歩いていった。彼らはほとんどなにもいわなかったが、私にはそれがなにかすごい発見をした徴候であることがわかった。グランガーは、その陽焼けした顔に満足そうな表情が浮かぶのを隠すことができなかった。

「出せよ、ウォルター。何を隠しているんだい？」と私はいった。

「私をいじめないでくれ。私はなにもしていないんだ。ネルソンだよ」私が脇の下をつつくと彼はくすくす笑っていった。

私はネルソンのほうに向きをかえた。

「いったい全体君は何をしでかしたんだ。いやらしい考古学者め。早く白状しろ。もう待てないんだ」

と私は叫んだ。

「そうたいしたことじゃありませんよ。たぶん更新世の人間の骨を発見したんだと思います」

更新世人！　やったぞ！　皆どれほどそれを長いこと夢みてきたことだろうか！

私は機関銃のようにたて続けに質問を発した。事実は次のとおりだった。以前の踏査で私は氷河期のものと思われる灰色粘土の堆積層を発見していた。グランガーとバーキーは馬とマストドンの化石

シャバラク・ウスの砂丘居住人たちの遺物を分類するネルソン

シャバラク・ウスで収集された砂丘居住人の遺物の山とネルソン

骨を発見して、そのことを裏づけた。ネルソンはその朝、石器か、あるいは原始人の生活の跡でもないか探してみるためそこにいった。彼は一日中なにも見つけることができなかったが、日没のほんの少し前になって大発見をした。骨格を掘り出す時間はなく、私に報告するためキャンプに戻ってきたのだ。

私は興奮をほとんど抑えることができず、お祝いをしようといったが、興奮にとらわれることなく、あくまでも控え目なネルソンはこういった。

「もう少し待ったほうがいいでしょう。これが墓である可能性は捨てきれません。モンゴル以前の人たちが死者をこの土手に埋めたのかもしれません」

確かにその可能性はあった。私はお祝いを先に延ばした。しかし私はその夜、あまり眠れなかった。私の夢の中では、原始人たちがテントのすぐ外にいる巨大な魚と命がけで戦っていた。

翌朝私たちは朝早く更新世の堆積層に出かけ、ネルソンが骨格の発掘作業に取りかかるのを息をつめるようにして待った。それはもろい粘土の中に埋まっており、基質は簡単にかきとることができた。なんということか、腐った木のかけらだ。私の気持はしだいに沈んでいったが、そのときシラカバの木の皮に包まれた足の骨が出てきた。私たちの更新世人の夢は完全にたたきつぶされた。これはネルソンがいっていたように、埋葬されたものだったのだ。確かに古いものにはちがいなかったが、たかだか数千年か、そこらのもので、それではなんの意味もなかった。モンゴル人以前のものであることはまちがいなかった。現在この地域から数百キロ以内にはシラカバの木はないし、過去何世紀もの間、このあたりには木などなかったのだ。

私たちは、その人間が今から一〇万年も前、マストドンが氷河期の森林をうろつきまわっているころに生きていたものであることを期待していた。この人間がネアンデルタールかもっと以前のもの、ひょっとしたら有名なジャワのピテカントロプスくらい古いものであることを期待していたのだ。私は生涯のうちに何回も失望を経験していたが、これは私が経験したうちでももっとも苦い失望の一つだった。しかし笑って、こういう以外になかった。

「そう、私たちはまちがいなく跡を追っているのだ。またチャンスはあるさ」

もちろん、骨格を手に入れることは興味のあることだった。それは古いモンゴルの住民たちについて多くのことを物語り、彼らがどのような人間であったかを教えてくれるのだ。この死体は、美しい谷間を見下ろす土手に埋められたにちがいない。墓穴は更新世の粘土の中に掘られた。骨のまわりの土にはたくさんの細い木ぎれがまざっており、おそらく木の枝が穴の上をおおって屋根をつくっていたのだろう。ひじょうに奇妙なことに、頭蓋骨の額はきわめてきつい傾斜を示していた。これは原始人の特徴だが、おそらく自然のものではなくて、押しつぶされてこうなったのだろう。道具や武器は見当たらず、その部族や人種を知る手がかりは得られなかった。のちに私たちは別の骨格をいくつか発見したが、それらは墓穴とはっきりわかっているところから出てきたもので、まちがった期待をもたせることはなかった。

しかし私たちは、ネアンデルタール人などと同じような石器をつくる原始人が、一〇万年ほど前にまさにこの地域の近くに住んでいたことを知っている。湖のすぐ上手や向こう側にある砂利の平原で、ネルソンは旧石器時代の石器を発見した。それは石斧や削り具《スクレーパー》で、形は粗雑なものだったが、製作の意図ははっきりしていた。ヨーロッパではムスティエ文化として知られるタイプのもので、時期的にはネアンデルタール人と同時代のものだった。この前かがみで歩く、額のつき出した狩人たちは、ヨーロッパの洞窟居住人で、彼らの遺骨が最初に発見されたのもヨーロッパだった。きわめて粗末なつくりのやりや武器をもって、彼らはマンモスや熊やサイと戦い、動物の皮を衣服としてまとっていた。

旧石器時代人の遺物が発掘された場所を調査するアンドリュースとネルソン

シャバラク・ウスの砂丘居住人が作った石器とやじり

彼らは火を用い、死者を埋葬した。ときには、一つの墓穴から数体の遺骨が発見されている。

ネアンデルタール人は一〇万年も昔に生きていたが、放浪者だった。ヨーロッパや、アフリカや、最近ではパレスチナでその骨が発見されている。私たちの発見した石器はまちがいなく彼らのつくったものであり、今や私たちは彼らがアジアにも住んでいたことを知ったわけだ。

一九二三年、二人のイエズス会修道士である探検家、ペール・リサンとアベ・テラール・ド・シャルダンが、オルドス砂漠でムスティエ石器の出てくる大きな堆積層を発見した。私たちが作業を進めてきた地域のすぐ南側だ。サイやその他の哺乳類の骨に混って、巨大なダチョウ、ストルチオリトゥスの卵の殻の堆積があった。この鳥はモンゴルや北中国の平原を走りまわっていたものだ。明らかにこれらの原始人たちは、食料として卵を集めていたのだ。その卵は現代のダチョウの卵の二倍近くの大きさがあり、ニワトリの卵一ダース半ぶんに相当するものと思われ、けっして馬鹿にできないごちそうとなった。

イエズス会修道士がオルドス砂漠で発見した堆積層は、はるか昔に漂砂に「沈んで」しまった古代の湖の岸辺にあった。したがってアジアのネアンデルタール人、もしくはそれに相当する古代人は、湖畔の居住人であった可能性が大きい。この地域には洞窟はあったとしてもごく少なく、彼らが穴居していた可能性はない。彼らは水辺からあまり遠くない土手を防壁とし、そこに木の枝に動物の皮をかぶせて隠れ場所をつくっていたのかもしれない。

アジアでは原始人が開けた土地に住んでいたという事実が、彼らの遺物を発見することをひじょうに困難にしている。オルドス砂漠でイエズス会修道士は、原始人が一カ所に長期間居住した形跡を認め、シャバラク・ウスで私たちは、原始人がほとんど連続的に二万年もしくはそれ以上住んでいたにちがいないと思われる場所を発見したが、両者とも人骨はかけらも発見することができなかった。オルドス砂漠の場合は、他の哺乳類の骨は保存されていることから、原始人たちが死者を彼らのキャンプ地から離れたどこかへ埋めたということだろうと思われる。私たちのモンゴルの砂丘居住人の場合は、死者は古い湖畔の彼らの住居の近くに埋葬されたかもしれないし、近くには埋葬されなかったのかもしれない。なんらかの理由によって、そこでは人間の骨にしても、他の動物の骨にしても、骨の保存のための条件がよくなかったのだ。

私たちは炉の近くから焦げた破片を見つけたが、完全な骨はどのような種類のものもまったく存在しないといってよかった。何百世代もの間に、彼らの居住地では何万頭という動物が食われたにちがいないが、その骨は保存されなかった。彼らの死者がどうなったかについては、これから調べていかなければならない。もちろん、アジアの古代人が死者を埋葬しなかったという可能性もあるが、ヨーロッパの原始人の生活について知られているところから考えれば、彼らも一定の埋葬を行なったと考えるほうが妥当だろう。

私たちの中の誰かが、近い将来に原始人の骨を発見する可能性は大いにある。対象が洞窟居住人ならば問題はきわめて簡単なのだが、とにかくしつこく追い求めていれば、かならず成果が得られると私は信じている。

アジアの原始人とヨーロッパの原始人との間に相互関係があることをはっきりと確定するためには、骨格あるいは頭蓋骨を発見する以外にない。彼らの「文化」や彼らのつくった道具の種類、石器を形づくる方法などは、そこに関連性があることを示している。二つの一致する文化が、世界のまったく離れた二つの場所で、それぞれ単独に発達してくるという可能性は小さい。このような密接な類似性を示すヨーロッパとアジア文化は、共通の起源から起こったものだと考えるほうがはるかに信じやすい。問題はその祖先がどこで生まれたかである。

現在、ネアンデルタール人と彼らに付随する文化がパレスチナやアフリカで発見されており、考えられるアジアからの移住経路は地図の上で容易に示すことができる。今のところそれは仮説として考えられるだけだが、それが事実であると証明されることを信じるに足る十分な根拠がある。

この系統の原始人がアジアに起源をもつということが事実であれば、中央アジア高原がさらにずっと古い人種の故郷だったという説はいちじるしく強化されることになる。アジアが世界の哺乳類の多くにとって分散の中心であったというヘンリー・フェアフィールド・オズボーン教授のみごとな予言は、私たちがモンゴルで作業を進める一年ごとに、ますますしっかりと証明されてきている。一日、一日と私たちは、人類の進化発展が始まったと考えられる更新世の氷河期初期の気候、気温、植物相、全般的環境について、より多くの知識を手に入れつつあるのだ。

私たちの探検隊の地質学者たちは、更新世、つまりヨーロッパやアメリカがつぎつぎと氷河におおわれていったころ、中央アジアが氷におおわれることはなかったと確信しており、中央アジア大高原で人類が進化してきたという仮説にきわめて重要な条件が与えられることになる。今から一〇〇万年ほど前からもっと最近まで、ゴビ砂漠が今日の砂漠とはいちじるしく異なる場所であったことは明らかだ。気温はそれほど低くはなかった。気候はずっと湿度が高かった。現在荒れ果てた砂と砂利の土地に木立ちや草原があった。地質学者たちは最近の一〇〇万年ほどの間に、モンゴルは急速に乾燥していったと考えている。このことだけでも十分、原始人がアフリカや、ヨーロッパや、もっと生活が容易で、狩りの獲物がたくさんいる場所へと移住していく条件となりうる。

イエズス会の神父がオルドス砂漠でムスティエ石器を発見し、私たちがその数百キロ北で同じタイプの石器を発見したことは、一〇〇万年前にはネアンデルタール人がモンゴルに広く分布していたことを示している。

旧石器時代の終わり、今から二万年ほど前に生きていた砂丘居住人も同じように広い地域に住んでいたことを私たちは発見している。彼らの石器が含まれる赤色砂岩の地層が露出しているところではどこでも、彼らの加工物が発見された。「更新世の人骨」かもしれないと思われた骨をネルソンが発見した断崖の下の盆地で、彼はその文化の代表的な遺物を見つけた。オロク・ノールの近くでも、赤色砂岩がふたたび現われたが、ここでは石器はまったく発見できなかった。これは、その地層が古い湖の湖岸線よりも下にあったためと説明づけることができた。その地域は砂丘居住人が生活した後で水におおわれ、彼らのつくった器具類は洗い流されてしまったのだ。

チェイニー、シャックルフォード、それにルークスは、オロク・ノールの沼地で写真を撮ったり、植物採集をしながら、数日を過ごした。彼らは何百という水鳥を見た。オオバン、カイツブリ、ハジロ、マガモ、アカオタテガモ、ハシビロガモ、インドガン、白鳥、コウノトリ、さまざまな種類のカモメ、アジサシ、多くの浜辺の鳥などがフトイの茂った島にたくさん住んでいた。白いヘラサギの大群がいたのは驚きで、私たちはモンゴルではここ以外の場所でこの鳥を見たことがなかった。シャックルフォードたちは巣ごもりには二週間ほど遅れてここへきたため、写真はとくに大成功というわけにはいかなかったが、チェイニーはすばらしい植物標本を採集した。

植物相はアメリカの湖とだいたい似ており、バイカモ、タヌキモ、ヒルムシロ、アオウキクサ、緑藻類、ガマ、フトイなどが見られた。奇妙なことに、アローリーフ、コナギ、イグサ、その他アメリカにはふつうにある数種のものが見られない。

地質学者たちは、山岳地帯でカール、すなわち氷河床を調べて興味深い一週間を過ごし、シラカバの木を見つけた。これは北方数百キロのところにある北極分水界以南で見られた唯一のシラカバである。疑いなく、これはかつての広大な森林の名残りだろう。

古生物学者たちは、鈍脚類（鈍足類とも。大型の草食性哺乳類をまとめたグループ。現在では、このような系統は否定されている）として知られる哺乳類（ここではバルキテリウム＝パラケラテリウムを指す）の大グループの頭蓋骨を二つ発見して、学問の世界にひじょうに重要な貢献をなした。一九二三年にオズボーン教授と私が二本の歯を発見した以外、このアメリカの動物はアジアでは知られていなかったが、発見されることが期待されていたものだった。

二本の歯はまちがえようがなく、鈍脚類の大グループがかつてアジアに住んでいたことが明確にされたが、グランガーが「小さな白い湖」で手に入れた頭蓋骨は、これとアメリカのものとの関係をさらにはっきりと教えてくれるだろう。とにかく、この上なく重要なものだ。

いろいろな理由からみて、化石層は西のほうにはるか遠く伸びていると考えられるが、私はアルタイ山脈の向こう側になにがあるかを見たくてたまらなかった。くる日も、くる日も、私は南に立ちはだかる巨大な岩の壁を見つめていた。原地人たちは、野生のラクダや有名なプルジェワルスキー馬の話をした。また、不毛の砂利の砂漠のこと、砂と山のこと、のどが渇いて渇き死にすることなどを話すのだった。しかしそのような話は、探検家なら誰でも知っている、とにかくいってみたいというやむことのない衝動をさらにいっそうかき立てるだけだった。山々は黙って挑むようにそこに横たわっていた。私たちは馬でそこを越えることができるのは知っていたが、自動車で越えることはできるだろうか？　やってみなければわからないだろう。有名なロシアの探検家コズロフは、どこかこの近くでアルタイ山脈を越えたことがあると話していたが、彼はラクダのキャラバン隊をもっていた。私たちは、彼が利用した峠の道はわかっていると思っていた。イヘ・ボグドのすぐ西に、鋭い切れこみが見られたからだ。

七月九日、ロバーツ、ヤング、ラベル、それに私は、忠実なモンゴル人ツェリンを連れて自動車でキャンプを出発した。私たちはスペア部品、一週間分の食料、それに八〇〇キロ走るだけのガソリンをもっていた。グランガーは、私たちが進もうとしているだいたいの方角と、目的はどこかで山脈を越えることにあるということを知っていた。私たちが戻らなければ、彼が別の車で私たちの後をたどることができるはずだった。

私たちは西へ数キロ走ったのち、まっすぐ南へ向きを変え、山に向かった。ロバーツは磁石で方角を調べ、大まかなルート・マップをつくった。低い丘の上から、三キロほど西に小さな湖が見えた。カモメとアジサシが鏡のような水面の上を飛んでおり、フトイの茂った島が湖心に向かって長い緑色の指のように伸びていた。私たちのいる高所から、ロバーツは湖岸線のスケッチを描き、私は強力な双眼鏡で湖を調べた。その湖がどうもおかしいということが少しずつわかってきた。岸辺が不明瞭になってきて、フトイの島が独特なダンスを始めた。ロバーツとツェリンもそれに気づいていた。「ボブ、スケッチをこれ以上描くよりも、あそこへいってみたほうがいいと思うよ」と私はいってエンジンを始動した。

五分のうちに、私たちは「湖」の「岸辺」にいた。そこには岸辺も、湖も、なにもなかった。それは、私たちがこれまでに見たうちでももっとも完璧な蜃気楼だった。水やフトイの島は跡かたもなく、「カモメ」は砂鶏だった。しかし、最初それを見たときには、私たちの誰もが、それが本ものであるというほうに命でも賭けただろう。

足をのせてみるまで、陸地は陸地とはかぎらない、というのが北極探検の公理である。氷の上に重なっている雲の壁が完全な山や、海岸線に見えるのだ。水の中に入ってみるまで、湖は湖とは限らない、というのが砂漠の探検の公理である。

しかし、この蜃気楼は一つだけ実際の役に立った。蜃気楼を調べているうちに私たちは踏み跡のしっかりとついた一本の路にぶつかったのだ。それは山麓の手前にある低い丘に続いていた。その路を進んでいくと、乾いた河床を登り、草の尾根を越え、また別の河の跡へ入っていった。ところどころで谷は広くなり、むき出しの岩の斜面となっていた。また別のところでは流れによって狭い峡谷が切りこまれ、私たちの頭の上に一五〇メートル以上も壁が切り立っていた。ところどころ大きな岩なだれの跡があって、私たちの道をふさいでいたが、いつもそこには岩の切れ目があって、車はそこを通り抜けることができた。

私たちはある美しい谷に入った。谷の正面にはイヘ・ボグド(「大きい山」)の壮大な壁が切り立っていた。その雪をかぶった峰は雲の中にそびえていた。私たちの進む道は一五キロもある広大な扇状地を登り、山壁の深い裂け目に向かっていた。私は、これは河谷にちがいなく、おそらく石が谷をふさいでいるだろうと思っていた。扇状地はやがてなにが現われるかを教えていた。岩塊がごろごろと地面をおおっており、このような岩の堆積の中へ車を乗り入れるのは気違いざたと思われた。

ヤングとラベルは、無事に車をさらに一五キロ進め、ほぼ渓谷の入口まで達した。そこで私たちは車をとめ、さらに徒歩で先へ進んだ。三〇〇メートルほどの小丘の頂上から、峡谷が山々の間を曲がりくねって通り抜けており、馬かラクダならばまちがいなく通り抜けられるが、車では望みがないことを見とどけることができた。私たちはここを「コズロフ峠」と名づけた。ここがこのロシアの大探検家の発見した峠であることはまずまちがいないと思われたからだ。

この谷の西の端では、稜線が平らな尾根の高さにまで落ちこみ、そこで山脈が切れているように見えた。そこまではせいぜい一五キロか、二五キロくらいと思われたが、実際にその頂上まで到達するまでには、砂の中を六〇キロも進まなければならなかった。そして、山脈がそこで急に南へ曲がり、その向こうにはさらに高くごつごつした峰々が連なっていることがわかった。そこには人間の生活の痕跡はまったくなく、谷間は全体が干上がった湖底であり、そこにはカモシカや野生ロバがたくさん住んでいた。彼らはアルファルファを食っており、この植物はゴビ砂漠の別の場所でも、野生状態で生えているのを何回か見かけた。小さな地域にこれほど鳥や獣が密集しているのを見たことはなかった。カモシカは車のわきを走り、絶えず私たちの進路を横切っていた。ウサギとそれほどちがわないような子どものカモシカは、ほとんど車輪の下から飛び出してきた。彼らはそこで首だけ伸ばして地面に寝そべっていたのだ。

野生ロバの群れがつぎつぎと私たちの横に並んで走り、彼らは車の魅力から自らを引き離すことができなかった。ロバの大半はメスで、足が長く、けばだった子どもを連れているものも多かった。小さなロバたちが一生懸命母親の後を追っているのをみるのは楽しかった。耳を後ろに倒し、そのほっそりした足で、危険から逃げるという、おそらくまだ生まれて間もない彼らの生涯のうちで初めての体験に、その力と決断力を必死で振りしぼっていた。一度は、四頭の野生ロバが争っているところを見た。彼らは車が近づくまで激しく蹴ったり、噛んだりを続けていたが、やがて私たちがこの干上がった湖底を追い上げてきた動物の群れに加わった。

何万頭という動物がいたにもかかわらず、この谷間には何かまったく荒涼とした感じがあった。おそらくそれは、私たちを閉じこめている黒い山壁と、もう一五〇キロ以上も、古いキャンプ・ファイヤーの跡やモンゴル人のテントの丸い跡すら見ていないということによるものだろう。暗くなって、砂の河床にキャンプをしたときには、皆疲れきっていた。自動車の走行記録計は二四〇キロを示していた。そしてその行程のどこにも、泉も、水の流れも見られなかった。飲料水やコーヒーのための水は袋の一つに四リットルほどしか残っていなかったが、私たちは心配しなかった。昔の湖底には青々とした草むらが五―六カ所に見え、それは水が地面からさして深くないところにあることを示していたからだ。

ゴビは本ものの砂漠ではあるが、水の問題は一般に考えられるほど深刻ではない。シャベルを一本持ち、それらしいしるしを知ってさえいれば、二メートル半か三メートルも掘れば、たいてい水が得られる。モンゴル人たちは、いたるところに井戸を掘っている。彼らは放牧の生活を送っていて、砂漠のあらゆるところを放浪してきた。主要な隊商路沿いには、九〇キロか、一〇〇キロごとに井戸がある。その中には掘られてから何百年もたったものもある。モンゴルを走っているこれらの隊商路は、世界中でも最も古い路の一つに数えられる。原則として、水はよい。ラクダの死体や、汚い水の流れが近くにないかぎり、私たちは水を沸かすことはほとんどなかったが、そのために病気になることはなかった。「無人の谷」で過ごした夜、大雨が降った。私たちはテントをもっていなかったが、キャンバスのスリーピング・バッグ・カバーを頭の上にかぶって、まったく濡れないですんだ。その上朝には、嬉しいことに水が十分に保証された。

その日は重労働で始まった。乾いた河床を渡っているとき、突然車が湿った砂に車軸のところまで沈み、そこで四時間立ち往生した。このようなことは冷静に受けとめなければならないと、経験が教えていた。ほとんどひとことも口をきくこともなく、皆荷物を下ろし、石を集めはじめた。車輪の下に石の足場を築くことが、このような苦境から脱出する唯一の可能な方法なのだ。流砂は底なしのようにみえ、石の足場がジャッキと自動車の重量を支えられるようになるまでには、石を二メートルもの厚さにつめこまなければならなかった。

谷の向こう側に、ごつごつした稜線の一カ所に切れこんだ部分があり、そこに峠があるらしいことを示していた。そこを通り抜けられるかどうかについては、誰も大きな望みはもっていなかったが、とにかくそれが唯一のチャンスだった。ふもとの低い丘はうまく越え、私たちは斜面を登りはじめたが、ある岩角を曲がると、大きな岩の割れ目の縁に出てしまった。赤い花崗岩の尾根をくすんだ黒い熔岩がおおい、それがさまざまな幻想的な形にきざまれて、雲の垂れこめた空を背景にして浮かんでいた。完全な静けさの中に、あたりの光景は赤い地獄のように横たわっていた。ロバーツが地図をつくるために方位を測っている間に、残りのものはいちばん近くの谷を調べて歩いた。そこは複雑にきざみこまれた溝の迷路と、屋根のない回廊が入り組んでいた。いつの日か鉄道が「無人の谷」に平行に走り、旅行者がこの谷にピクニックにくるようになるだろうと私は想像した。もちろん彼らは、この場所を「ダンテの穴」と名づけるだろう。

大きく遠回りして岩の割れ目を迂回し、のこぎりの刃のような稜線の切れこみは本当に峠であることがわかった。固い砂利の地盤は、傾いた峰々の間にある頂上に向かってしだいに登っていった。そこは標高は二〇〇〇メートルにすぎなかったが、私たちにはまるで世界の屋根に登ったように思われた。車はくねくねと曲がりながら斜面を登り、私たちは歌い、笑った。私たちの心は一メートル登るごとにぐんぐん高く舞い上がっていった。

頂上に立つと、目の前には広大なパノラマが広がった。低い尾根がどこまでも続き、ちょうど暴風が吹き荒れて波立つ大海原のようだった。山脈の南には、はるかに神秘の土地が見えた。そこは私たちにとって、「心の望む土地」だった。しかし、すぐにその興味はおもに未知のものに対する期待の中にあったことがわかってきた。そこは美しくはあったが、平凡なところだった。広大な大平原がゆるやかに傾斜を描きながら下っていき、自動車は砂利の地面を鳥のように飛んでいった。

聞かされていたような化石の「荒地」や、恐ろしいのどの渇きと死の砂漠などどこにも見られなかった。石英と大理石でできたようなピンクがかった白色の尾根が次から次へと見られるだけだった。

ひじょうに驚いたことに、私たちははっきりと踏み跡のついた、東から西へ走る路にぶつかった。

いわゆる地図には、ここに隊商路を示したものなど一つもなく、わが地形学者にとっては、その行く先を知ることがきわめて重要だった。私たちはこの路を東に曲がり、快適な走り心地を味わった。ラクダの足の裏の大きく平らな肉趾は天然のローラーで、砂をまるで岩のように固く踏みしめていくのだ。

モンゴル人は水がないといっていたが、路はやがてすばらしい泉にさしかかり、すぐその先で私たちは青いテントの大キャラバン隊に出会った。彼らは山西省からきた中国人だった。私はその方言を知っていたし、誰もが皆砂漠の放浪者だったから、彼らは私たちを古い友だちのように迎えてくれた。大きなテントの中で私たちは茶を飲み、ゆでたキビを食べた。彼らは人間が二〇人、ラクダが二〇〇頭のキャラバンで、モンゴルの北西国境に近いコブドにいく途中だった。彼らが中国を出発したのは五月初めで、今私はこれをクリスマス・イブに書いているが、彼らはまだコブドに着いていない。くる日も、くる日も、キャンプを建てては壊し、食べて、眠る、同じ生活のくり返しだ。恐ろしい単調さを破るものといえば、冬の雪と寒さに対する戦いと、ひょっとすれば匪賊の襲撃の他にはなにもないのだ。

彼らの商品は、茶、布、それにたばこで、これをラクダや羊の毛、皮、毛皮、それに馬などと交換する。同じ方法で、同じ路を通って、同じ取り引きが、いつとは知れぬ昔から続き、これから先も続くだろうが、それは中国と中央アジアを結ぶ鉄道ができる、さして遠くない日までのことだろう。そのときただの一撃で、砂漠のロマンと魅惑は打ち砕かれてしまうだろう。旅行者たちは暖房のついた車輛に坐り、ヨーロッパの食べものを食べ、一週間前の新聞を読み、ゴビの隊商路の栄光ある歴史についてはなに一つ知りもしないだろう。

キャラバンの中国人たちは、最新のニュースはなにも教えてくれることができなかったが、この土地についてては、私たちは多くのことを学んだ。なにしろ彼らは、もう四年前からこの旅をしているというのだ。野生の馬やラクダは、ここから南西三〇〇キロの中国トルキスタン国境あたりにいるという。私たちがいる路は、アルタイ山脈を横切り、北へ曲がってウリアスタイおよびコブドに向かう。ここから西も東も数百キロの間は砂利の平原で、荒地も化石が発見されるような露頭もないということだった。

私たちにとってはすべて否定的な情報で、まったくひどい期待はずれだった。さらに三日間踏査してみて、それが事実であることがはっきりした。すでに一〇〇〇キロほど走っており、ガソリンが欠乏してきたので、帰らなければならなかった。それでも私たちは広大な地域の地図をつくり、また将来の計画からこの地域をはずすことができた。さらに、とにかく私たちは、山の彼方になにがあるかを知ったのだ。

第一八章　世界最古の哺乳動物

それは意識がもっとも深い眠りにおちる夜明け直前の「無の時間《ゼロ・アワー》」のことだった。突然、私はすべての神経を震わせるような不思議な不安な感覚に襲われ、ぱっちり目を覚まして起き上がった。毛皮のスリーピング・バッグから抜け出し、大きく開いたテントの戸口から表へ出た。空中にはずっしりとした静けさが満ち、なんとなく心を沈ませるような感じがあった。冷たい鼻先が私の手に触れ、番犬のウルフが悲しげにクーンと鳴いた。彼は私の足にきつくからだを押しつけ、それから頭を「燃える崖《フレーミング・クリフ》」のほうに伸ばして、地獄の亡者の嘆きのような長い遠吠えをした。私は身震いをして、パジャマの上から弾薬帯とピストルを着け、テントのまわりを見て歩いた。ウルフは私のすぐ横についてきた。すべては静かだった。ラクダさえ長い二列の線に並んで坐り、鼻と鼻を突き合わせて眠っていた。墓場のような静けさは心を騒がせるものであり、テントに戻った私はグランガーのピストルがいつものように彼の頭の横にあるのを確かめた。それから私は自分の毛皮のスリーピング・バッグにもぐりこんだ。ウルフは戸口の内側にうずくまり、鼻をもち上げて、不安げに匂いを嗅いでいた。私はそれが気に入らず、眠ることができなかった。

一五分過ぎたとき、空気が絶え間なく震動して唸り声をたてており、それが一秒ごとに少しずつ高くなっていくのにだんだんと気がついた。突然、私はすべてを理解した。恐ろしい砂漠の嵐がやってきつつあるのだ！　最初の風がテントに吹きこみ、砂ぼこりをテントの中いっぱいにしたとき、私はスリーピング・バッグの中で身を縮め、垂れ布をしっかりと頭の上に引っ張り上げた。一分後に「つむじ風」は通りすぎ、ラベルが押しつぶされたような声で悪態をついているのが聞こえた。彼のテントは倒れており、青い布の塊りの下で、なにかがもぞもぞと動いているのが見えた。やっとラベルがいつものように笑いながら姿を現わした。

「大丈夫ですよ。でもこのテントはヘスペルス号が難破したみたいですね。もう一度ベッドに戻ろう」

と彼はいい、スリーピング・バッグを引っ張り出して砂を払い、新しい穴に入るマーモットのように、幸せそうにまたそれにもぐりこんだ。

「つむじ風」は渦巻き、踊りながら砂漠を遠ざかっていき、あとには墓場のおおい布のように重たい陰気な空気が残った。夜明けの灰色の光の中に、不吉な青銅色の雲が南の盆地の縁にかかっているのが見えた。明らかにまだまだ「つむじ風」は吹いてくるはずだったが、それがキャンプのあるところを通るとはかぎらないので、私たちはキャンプの全員を起こさないことに決めた。

一〇分後、最初のときよりもさらに大きな唸り声とともに空気が震動し、高性能砲弾が炸裂したような強風がたたきつけてきた。私は頭をおおっていたが、テントが倒れ、布の裂ける音が聞こえた。見ることは不可能だったが、私はグランガーのほうを片足で探った。彼は緑のスーツケースの上に横たわり、顔はシャツで守っていた。私たちのテントが吹き飛ばされたとき、彼は六つの小さな哺乳類の頭蓋骨の化石が入っている箱を助けるため、それに飛びついたのだ。この化石は私たちの全採集標本のうちでももっとも貴重な宝物だった。一五分間、私たちはただ横たわってそれに耐えているよりしかたがなかった。私がグランガーのほうを探っている間に、スリーピング・バッグは私のからだの下からむしり取られ、私のパジャマの上着もすっかり引っぱがされてしまった。砂と砂利とが私の背中にたたきつけ、血がにじんだ。哺乳類の頭蓋骨を押えている気の毒なウォルターにしても大差なかった。

突然に突風がやみ、まったくの静けさが残った。キャンプは完全に破壊されていた。一五張のテントはすべて倒れ、隊員たちはそれでも機嫌よく英語や、中国語や、モンゴル語でののしりながら、がらくたの山の中からゆっくりとはい出してきた。私たちのテントは端から端まで裂けており、その中身はこれまで見たことがないほどごちゃごちゃの一塊りになって積み重なっていた。飛ばされたがらくたが一列に並んで風の通った跡を示し、一万年前、砂丘居住人が住んでいたタマリスクの茂みのほうに向かっていた。五〇〇メートル離れたところで、キャンプ用の雑嚢や洗面器、キャンバス製のいすなどが見つかった。タマリスクはまるでクリスマスツリーのようだった。一本一本にシャツやズボンがのぼりのようにはためき、真っ白な綿布が点々と散らばっていた。いすや折りたたみテーブルは五—六個つぶされ、テントはどれも裂けていた。洗面器や、衣類や、皿は、上昇する渦巻きに吸いこまれ、空中を何百メートルか運ばれて、砂漠に七〇〇—八〇〇メートルにわたって散らばった。私はこれほどすさまじい「つむじ風」を見たことがなかった。その風速は秒速四〇メートルにも達したにちがいない。私たちの自動車は風に正面を向いていなかったら、まちがいなくひっくり返されていただろう。

幸いそれは一五分のうちに通り過ぎ、ふたたび風がやってくる前にしばらくの静かな間隔があった。皆これを冗談と考えた。しだいに明るくなっていく光の中で私たちがそれぞれのもちものを探している間に、私はなにもいわなかったのだが、コックがコーヒーとカモシカのステーキをこしらえた。三〇分のうちに朝食の用意ができた。このような精神があってこそ、探検は成功を収めることができたのだ。

これはすべて、七月半ばに私たちが恐竜の卵で有名な「燃える崖《フレーミング・クリフ》」に戻ってきたときに起こったことだ。探検隊はそれまでにウリアスタイの経度まで西にいってきていた。新しい化石地層も発見されたが、それは小規模なものだった。アルタイ山脈の南側の踏査は当てはずれだった。なにも成果はなく、もう一度山脈を横切って、自分たちの運だめしをしながら、いった道をふたたび戻ってくる以外になかった。もしそこがだめなら、内モンゴルに化石の豊富にあることがわかっている場所が五―六カ所私たちを待っていた。

一方、シャバラク・ウスになすべき仕事が残っていた。私たちが春に出発する直前に、私はウルガからグランガーへの手紙をもって戻った。それはアメリカ自然史博物館の古生物学主事D・W・D・マシューからの手紙だった。マシュー博士は私が知っているあらゆる人の中でもっとも冷静な男の一人だが、その彼がこの手紙を書いたときには胸が高鳴っていた。彼の手紙によると、一九二三年の採集標本の中にあって、グランガーが「未確認の爬虫類」というラベルをつけた小さな頭蓋骨が、実は今までに知られているうちでももっとも古い哺乳類のものであることがわかったというのだ。それはシャバラク・ウスで、恐竜の卵と同じ地層から発見されたものだった。

こういっても、読者の多くにとってはとくにどうということのないように聞こえるだろうが、古生物学者にとってはこれは大変なことなのだ。ブライアン（アメリカの元国務長官で反進化論者の旗頭。かつてアメリカのある地域では進化論を学校で教えることを禁じていたが、この是非をめぐる有名な裁判で特別検察官をつとめた）とその一派は別として、私たちは、何千万年か前に冷血で卵を生む爬虫類から、温血で子どもを生み、乳でそれを育てる哺乳類が進化してきたことを知っている。科学の一〇〇年の間に、爬虫類の時代の哺乳類については、歯や顎骨の破片は知られているが、頭蓋骨はただの一個しか発見されていない。そのただ一つの頭蓋骨は南アフリカの三畳紀から発見されたもので、トリチロドンと名づけられ、現在大英博物館にあって、古生物学上、世界でも最大の宝ものの一つとなっている。しかしそれは多丘歯類と呼ばれるグループに属するもので、始新世、つまり哺乳類の時代の黎明期に絶滅しており、現存の哺乳類とは直接の関係をもっていない。

マシュー博士は書いている。

「別の頭蓋骨を見つけるよう、最大限、力をつくしてください」

グランガーと私はそれについて三〇分話し合い、彼はこういった。

「そう、これは注文をいただいたんだと思うよ。がんばらなくっちゃ」

彼は「燃える崖《フレーミング・クリフ》」の下まで歩いていって、一時間後にもう一つの哺乳類の頭蓋骨をもって帰ってきた。それが、この一〇〇年の間に発見されたこの種のものの第三番目の標本だった。グランガーはまさにこのようにしてその化石を発見したのだ！　これは、オズボーン教授がコリフォドンの歯を探しにいってくるといい、二分後にアジアで知られている二番目の化石を見つけてきたのとよく似ている。このようなことは、ありえないことのように聞こえるだろう。私もそうだろうと思う。しかし実際にそのようなことが起こり、しかも、しばしば起こるのだ。もしこれが本当でなかったら、私はこんなことをあえて書きはしない。探検隊には他に一三人も隊員がいて、皆この本を読むだろうと考えれば、とてもほらを吹く気にはなれない。

グランガーの新しい頭蓋骨は砂岩の塊りの中に埋まっていたが、ほぼ完全なものに見えた。実際にそのとおりであることもわかった。私たちは次の日、西に向かって出発しなければならなかったが、もっと別のものを探すため、この恐竜の卵の地層にもう一度戻ってくる計画だった。グランガーとオルセン、二人の中国人採集作業員「鹿弾《バック・ショット》」と劉《リュウ》は、次の週、徹底的な探索を行なった。それは緻密でしかも骨の折れる仕事だった。頭蓋骨は崖が風化して欠け落ちる小さな岩の塊りの中にあるからだ。盆地の底にはこのような塊りが何百万と転がっており、仕事はただ一日中、できるだけ多くの塊りを調べるというだけのことなのだ。暑い、じりじりと照りつける太陽のもとで、一〇〇〇個かそれ以上を調べてなんの成果も得られないと、仕事は興味がなくなり、張り合いのないものに見えてくる。しかしグランガーとオルセンはけっして途中でやめることなく、くる日も、くる日も、この仕事に取りついていた。一週間が終わるまでに、彼らは合計六個の頭蓋骨を見つけた。おそらく古生物学の歴史上、七日間の作業がこれほど価値のあるものとなった例は少ないだろう。

これらの頭蓋骨は、どれも長さは三・八センチを越えない。グランガーはそれを注意深く荷づくりし、北京からニューヨークへの長い旅路でもけっしてどこかへ消えてしまうようなことはなかった。私は一九二五年一一月九日、大げさにかっこうをつけながら、これをアメリカ自然史博物館のマシュー博士の前に差し出した。そして、これこそ彼の手紙がもたらした直接的な結果だと告げた。彼が「商品」を注文し、グランガーとオルセンがそれを「届けた」のだ。

私が博物館に着いて数時間のうちに、アルバート・トンプソンがこの頭蓋骨の手入れを始めた。それは顕微鏡の下で行なわなければならず、固い岩粒は針のように尖った小さな道具を使って一つ一つ、つつき出さなければならなかった。このような緊張を要する仕事を一時間も続けると、人は叫び声をあげてそこらへんにあるものを投げつけたくなる。新年が始まるまでに、トンプソンはこの手入れを終えていた。

これらの古代の哺乳類について、オズボーン教授は次のようにいっている。

「白亜紀の終わりまで生き続けた大型の陸生および水生の爬虫類の絶滅が、哺乳類進化の道を開いたことはほとんど疑いない。自然は温血の四つ足の小さな未分化の哺乳類から新規まき直しで始め、ゆっくりと大型の動物をつくり出し、それがふたたび陸地や海に栄えていくことになった。世界の生命の歴史の中でもっとも劇的な瞬間の一つは、爬虫類王国の崩壊である。これは白亜紀の終わり、爬虫類の時代の最終章できわめて突然に起こった。

白亜紀の終わりにどのような世界的な原因が生じたのか、状況が突然変化したのか、あるいは徐々に変化したのか、なにもわからない。私たちはただ、世界的に同じ結果が起こったことを観察できるだけである。巨大な爬虫類は海生のものも、陸生のものも、すべて姿を消したのだ」

私たちが発見した哺乳類は、ネズミほどしかない小さな動物で、一億年前の白亜紀のまっただ中をはいまわっていた。彼らは哺乳類の中に昆虫を食うもの、肉を食うもの、植物を食うものというグループをつくろうとする自然の最初の試みと見なすべきものだ。人間のいちばん古い祖先に当たるものといってもよいだろう。彼らこそ、人間が属する哺乳綱の最も古いメンバーなのだ。

彼らは最古の有胎盤哺乳類の仲間であって、現在見られる有胎盤類とも関連性を持つので、その頭蓋骨はとくに重要である。

私がこの章を書いている現在、この標本についての研究は始まったばかりのところだ。彼らはきわめて原始的なものなので、その関連性はおそらくあまりはっきりしないだろう。表面的に見たところでは、この頭蓋骨は少なくとも二つのグループのものと思われ、そのうちの一つが食虫類のものであることはほぼまちがいないだろう。現存するトガリネズミやモグラは真の食虫類で、これがきわめて古い系統のものであることはずっと以前から知られていた。もう一つのグループは肉歯類で、これはきわめて古い肉食動物である。

これら中生代の哺乳類の発見は、私たちが哺乳類の系統樹のきわめて古いルーツを探りつつあることを意味している。これらが進化の事実について私たちにどのような新しい情報を与えてくれるのかを予想するだけでもまだ早すぎるが、とにかくこの発見がひじょうに重要なものであることは確かだ。

まったく取るに足らないもののように見えるが、科学者たちが恐竜の卵のことは忘れてしまっても、これらの小さな頭蓋骨は、私たちのアジアにおける調査の中でも最大の発見としていつまでも記憶されるだろう。

「燃える崖《フレーミング・クリフ》」への途中、私たちはヤング、バトラー、ロビンソン、ルークス、チェイニー、ロバーツを東アルタイ山脈の一角をなすアルツァ・ボグドで降ろしていった。チェイニーは植物採集のため、他の連中はアイベックスと羊を撃つためだった。別の車に乗ったネルソンとモーリスは、私たちが西への旅行の途中で発見した、いくつかの旧石器時代の人類文化の遺跡をゆっくりと調べながらメイン・キャンプに戻ることになっていた。

オルセンとシャックルフォードは「燃える崖《フレーミング・クリフ》」に残って化石を探し、グランガーとバーキー、ラベルと私は、アルタイ山脈を越えて、ほとんど未知の国への一週間の踏査旅行に出かけた。ロシアの地図では、私たちの真南の内モンゴル国境を越えたところに大きな盆地があることが示されていた。その地図はきわめて不正確で、そのような盆地がまったく存在しないという可能性も十分にあったが、とにかく調べてみる価値はあった。もしそこが低い堆積層地域であれば、化石が含まれている可能性もきわめて大きい。路は一つも示されておらず、モンゴル人たちも路などないといっていたので、私たちは厳しい旅を覚悟していた。

キャンプから五〇キロのところにグルブン・サイハン山（「三つの良いもの」）がそびえ、低い峰々がごつごつした稜線を描いていた。峠のように見える深い切れ目が見られたので、そこを目ざして美しい斜面を登っていった。斜面は丈の低い草や野生のタマネギでおおわれていて、一面の花盛りだった。岩の切れ目は乾いた河床への入り口であることがわかった。その河床は丸い丘の間をくねくねと伸び、すばらしい高原の草地を通り、峠の頂上に達した。

頂上をちょっと過ぎたところには冷たいうまい水の湧いている泉があった。そのすぐ横に、みごとな赤い堆積層の露頭があったが、一時間探しても化石の骨は一つも発見できなかった。地質学者たちは少し前に、ここから東方の似たような堆積層で恐竜の骨の破片を発見していたので、これも爬虫類の時代の地層であることはまちがいないと考えていた。彼らによると、アルタイ山脈は比較的最近隆起したもので、第三紀後期に古い堆積層を突き破って隆起してきたという。

峠の南側の出口からは広大な盆地が見渡され、そこには三面に赤い堆積層の露頭が見えていた。しかし一日半踏査を行ない、一五〇キロ以上走りまわった結果、そこが化石の不毛の地であることが明らかになった。それでもそこは興味深いところで、突然の嵐によって大地がいかにきざまれ、いかに侵食されるかをこの上なくはっきり示す実例を見ることができた。一時間、一五キロ離れたグルブン・サイハンは降りしきる雨の幕でおおい隠されていた。突然、私たちは押し殺したような唸り声を聞き、褐色の水が私たちのほうに向かってどっと斜面を流れくだってくるのを見た。水はすさまじい勢いでやってきて、私たちはそれに巻きこまれないよう、走らなければならなかった。チョコレート色の洪水は、平原の地表から薄い層を剝ぎ取り、その跡に新しい土手や溝を残していった。雨を保持する植物のないところでは、このようにして侵食が進むのだ。

モンゴル人が南へ向かう隊商路はないといっていたのは正しかったが、私たちは遠くの山脈の尾根が平原の高さまで低くなっているところを目ざして、砂漠を横切ろうと三回試してみた。二回は砂に行く手を阻まれた。三回目はうまくいき、私たちは走りにくい地盤を南へ一五〇キロ以上進んだ。困難な峠をいくつか越えながら、低い山岳地帯を通り抜けていった。ある峠で、私たちは九死に一生を得た。低い丘の平らな斜面を高速で登っていき、頂上を越えたとき、突然、目の前に深さ一〇メートルほどの谷が現われた。ラベルが必死で両方のブレーキを踏み、車は崖っぷちの一五センチ手前でとまった。風防を通してその谷をのぞきこんだとき、私はほとんど心臓発作を起こしそうになった。私たちは一秒半ほどのうちに車から飛び出した。問題は、どうやって車を崖っぷちから引き戻すかということだった。車がすべり落ちてしまえば、私たちは三〇〇キロほど離れたキャンプまで歩いて帰るか、それともここに留まって、のどの渇きで死ぬしかなかった。ブレーキはかかっていたが、ちょっと強い風がひと吹きすれば、それで私たちのドライブの楽しみは終わりということだった。

結局、私たちは後輪に石をかませて、自動車が前へ進まないようにしながら、一センチずつ、後ろに押し戻した。これは、私たちがモンゴルで過ごしたいく夏かの間で最大の危機の一つだった。車が渓谷に墜落していれば、探検隊は隊員のうちの五人を失っていたことになる。

私たちが走っている土地は、私たちにとっては期待の持てないものだった。狭く、ごつごつした山脈が互いに平行しながら、東西に走っていた。その間には狭まっている堆積平地は、侵食谷や溝が切りこまれておらず、化石を探すことのできるような露頭がなかった。私たちは一面に黄色い砂をかぶったごつごつの熔岩の原を通り抜けようと、ひたすら南へ向かった。いちばん高い峰の頂上からは、この海のように広がる荒地の向こう六〇キロのあたりに、山脈の青い壁が見られた。そこが私たちの目ざす盆地の縁だった。車輪のついた乗りものでは、この砂に埋まった混沌の地を渡ることは不可能だった。ラクダならば乗り切ることができるかもしれないが、馬は一時間のうちにまいってしまうだろう。迂回することは、もっとガソリンの余裕がなければ問題にならなかった。それが不可能であることはあまりにもはっきりしており、そのことが私たちの敗北感を和らげてくれた。もし通り抜けられるチャンスがあるのに失敗したとすれば、私たちはもっとつらい気持で引き返すことになっただろう。

一五キロ西の別の峠を登っているとき、私たちは岩のごろごろした後ろにぽつんと一つユルトが立っているのを見つけた。モンゴル人が五―六人走り出してきて、気が狂ったようにとまれと合図をした。それは外モンゴルの国境の衙門《ヤーメン》だった。衙門《ヤーメン》をおくのにこれほどむだな場所は他に考えられなかった。なにしろもう何キロもの間、私たちは人が住んでいる気配も見ていなかった。

私たちが山の峠を越えて戻ってくる途中、暗くなるちょっと前に、二頭の大きな褐色の獣が、いちばん高い峰ののこぎりの歯のような稜線に姿を現わした。ラベルが最初にそれを見つけた。

「羊だ。まちがいない」と彼は叫んだ。

二頭のみごとなオスが、日没の空にシルエットを描いて立っていた。グランガーのライフルが車の中の私の横にあった。ラベルがエンジンのスイッチを切ったとき、私は前部座席から銃を発射し、残忍な弾丸を大きなほうのオスの尻に撃ちこんだ。

オオツノヒツジを自動車の中から撃つどころか、見たという人さえ、他にはいないのではないかと思う。そのことが私に大きな興奮を与えたのは確かだった。私はオオツノヒツジをたくさん撃ったが、つらい苦しい労働をしないで撃ったことは一度もない。羊狩りといえば、きつい登り、追跡の技術、射撃の技術などがつきものだ。心地よくダッジの大型オープンカーに乗り、ハンターにとって飛びきりの戦利品であるモンゴルのアルガリヒツジを撃つなどということは、恵まれ過ぎというものだった。それはまた、車がいった場所にも関係がある。羊たちが、彼らのすみかである山の間に唸り声をあげるなにか黒いものが現われたとき、好奇心のあまり逃げることを忘れてしまったとしても、それはむりのないことだった。私たちにとってさえ、自分たちが本当にそこにいたということが不思議なように思われ、ときにはそれが信じられないようなときさえあるのだ。

次の日、アルタイ山脈と平行して走る隊商路を発見し、私たちは東に向かって、これまで見たうちでももっとも恐ろしい砂漠の中へ一五〇キロ以上も入っていった。そこはまったく不毛の砂利の平原

アルタイ山脈でオオツノヒツジを射とめたアンドリュース。はるかに堆積地層が広がる

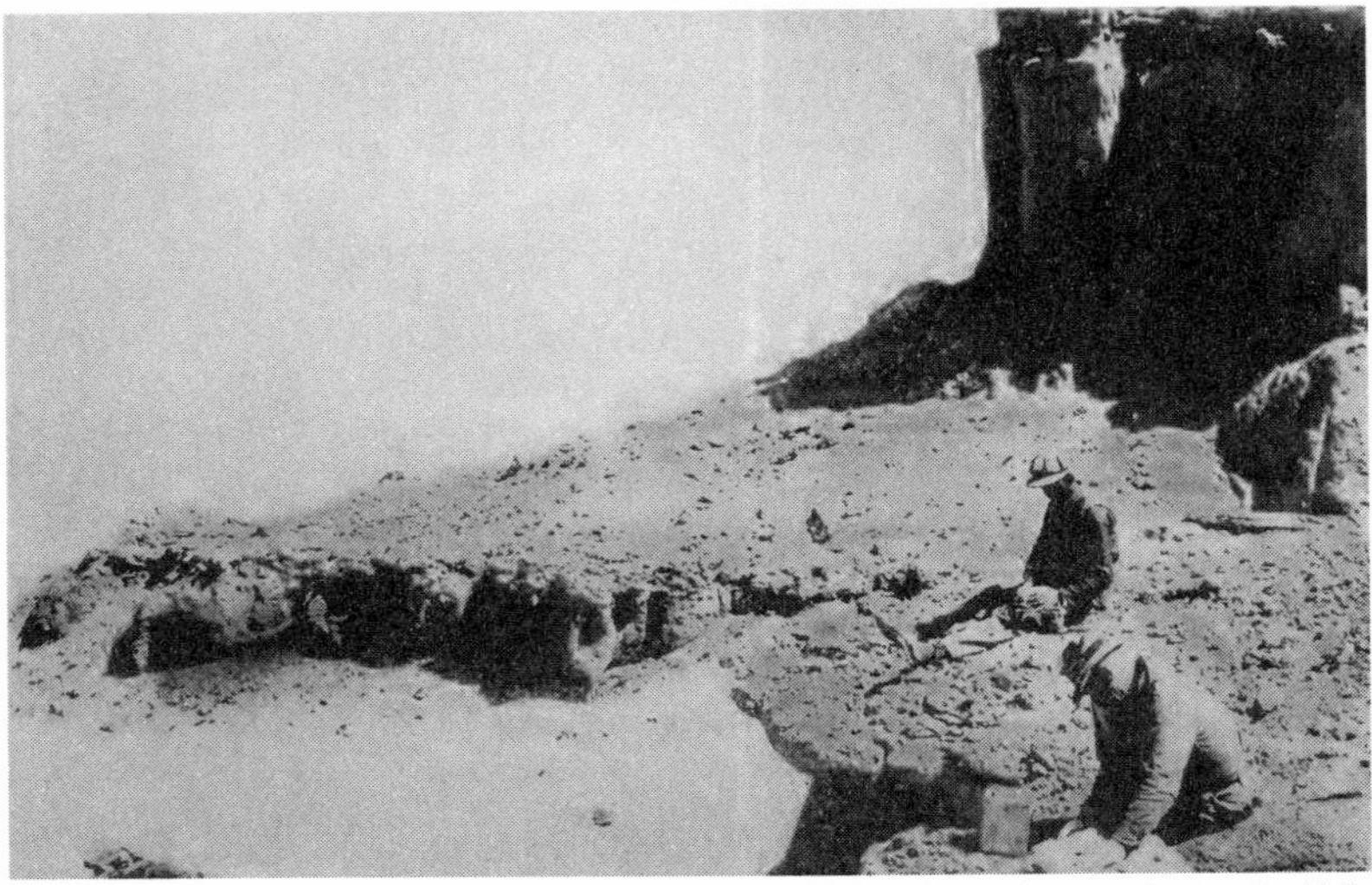

バトルメント・ブラフの底部で恐竜の骨と卵を発掘中のグランガーと劉。下方はシャバラク・ウス峡谷

で、ほとんど雨の降らない場所にでも育つ背の低い「ラクダヨモギ」や、野生のタマネギさえ見られなかった。動物の死体が路のあるところを示し、この路を最近通ったキャラバンから砂漠がどのような犠牲を奪ったかを雄弁に物語っていた。路から少し離れたところに、人間の遺体が一つ転がっていた。この男の身にどのようなことが起こったのだろうか？　飢えと乾きと戦いながら命を落としたのだろうか？　あるいは、病気のため、この砂漠の沈黙の世界でただ一人死んでいったのだろうか？

東方への踏査旅行は、南方への踏査と同じく、実りのないものだった。中生代の火成岩の低い尾根と、山の間の侵食を受けていない堆積層の窪地は、化石採集者にとっては興味のない舞台でしかなかった。どこまでいっても、それが変わりそうな兆しが見られなかったので、私たちは「燃える崖《フレーミング・クリフ》」のキャンプへ戻った。この踏査旅行は約一〇〇〇キロにおよんだ。私たちは新しい化石層が発見できなかったことにひどく失望したが、マイナスの情報は価値のあるものだった。広大な地域を将来の計画からはずすことができ、すでに外モンゴルのもっとも興味のある地域は調査し終わったということがはっきりした。化石層はひじょうに豊かで、何年作業しても化石が掘りつくされることはないだろうが、そのような集中的な作業は、探検隊の領分ではない。探検隊の仕事は発見と偵察にあり、外モンゴルが私たちに与えるものはもはやあまりないということを知って、私たちは満足を感じた。このことは、全員にとって大きな喜びだった。現在の政治的状況のもとでは、この国で十分に仕事ができるのはロシア人だけという事情があったからだ。

私たちがいない間に、おもしろいことが起こっていた。ヤングと私は五月の終わりにウルガを訪ねたとき、バークという名前のチャーミングな若いデンマーク人に会った。彼はイギリスの大企業、インターナショナル・エクスポート社に雇われていた。そのバークが突然、ラクダのキャラバン隊といっしょにキャンプにやってきた。会社が北中国のキベイ・ヒバ・チェンに向かう途中にあった一万頭の羊の群れをとめるため、彼を派遣したのだ。羊は行く先を変えて満州に送られることになっていたが、正確な理由はバークには知らされていなかった。その理由は中国の戦争しか考えられないとバークはいい、私たちがこの春出発するときに、張作霖と馮玉祥との間で戦さが始まるのは確かだと思われていたことから考えても、それは確かのように思われた。もし戦争があれば、羊はどちら側の軍隊のためにしろ、天から贈られたありがたい食料としていただかれてしまうだろう。

世界一の恐竜の卵採集家であるジョージ・オルセンもデンマーク人だった。さらに話は進んで、彼とバークはデンマークの同じ小さな町の出身だということがわかった。彼はバークの父親を知っており、お互いにごく近いところに住んでいたこともわかった。もちろん私たちは皆、世界はなんと狭いものかと思うのだった。

戦争のニュースはきわめて気をもませるものだった。張と馮がほんとうに真剣に戦えば、戦闘はカルガンの近く、あるいはモンゴル国境のあたりまで広がるだろう。そのようなことになれば、私たちが戻ったとき、どちら側の軍隊にしろ、私たちの自動車を大喜びで徴発するだろう。私はそんなことになってほしくはなかった。しかしまだ七月二五日にしかなっていなかったので、私たちが九月一五日に中国に帰り着くまでには戦争が終わっているという時間的余裕は十分にあった。一方、私たちがもっと情報を手に入れることもできるだろう。

バークはキャンプに一日しかいなかった。彼は一〇〇キロ離れた衙門《ヤーメン》に向かって東へ進んでいるキャラバン隊に追いつかなければならなかった。そこで彼は羊の到着するのを待つことになっていた。

私たちが戻ってから間もなく、原始人類文化の遺跡を調べていたネルソンとモーリスが帰ってきた。モーリスは不思議な病気にかかっていた。その病気は先月の間に私たちのほとんど全員がかかったものだ。それはなによりもインフルエンザによく似ていた。激しい寒けで始まり、ふつうの発熱があり、それからからだ中に激しい痛みが起こる。ルークス博士は患者にアスピリンを与え、ベッドに寝かせ、柔らかい食物だけを与えた。マック・ヤングの発作がいちばんひどく、健康を取り戻すまでに一週間かかった。私たちのいろいろな探検で、なにか重大な病気が起こったのはこれが初めてのことだった。モンゴルの気候はひじょうに健康的で、私たちは、医師など単に安全保障のためにいるだけというような健康な戸外生活を送っていた。銃創や骨折などが起こる可能性はいつでもあったが、これまで私たちはけがひとつしないですんできた。

ネルソンとモーリスが帰ってきて二日後に、私たちがアルツァ・ボグドに残してきた狩猟班が、八頭のみごとなアイベックスと、二頭のオオツノヒツジをもって帰ってきた。彼らはすばらしい一週間を過ごし、私がシカゴのフィールド自然史博物館のフィールド館長に約束してきた展示用の標本を手に入れていた。

ふたたび全隊員がいっしょになり、それぞれの班の体験や発見について聞くのは楽しいことだった。私たちが旅行しているときを除いて、全員が同時にキャンプにいるということはまれなことだったからだ。

私たちのアルタイ山脈の南側の踏査が新しい化石地帯の発見というようなプラスの成果をもたらさなかったので、それに代わる唯一の方法は、まだ未踏査の広い地層のあることのわかっている内モンゴルの「山の水の泉」に戻ることだった。私は、ゴビ砂漠の西のはずれが期待したほどおもしろいところではないことがわかったときのために、内モンゴルのこの地域を予備として残しておいた。八月二日、私たちは恐竜の卵の地層がある「泥水の場所」を、心を残しながら出発した。この場所、一カ所だけで、私たちがゴビ砂漠全体に期待した以上のものを与えてくれた。探検隊が一九二二年に作業を開始したとき、モンゴルは自然科学の面でほとんど未知の国だった。私たちは、モンゴルは物質の面でも、古生物学的にも、また地質学的にも、不毛な土地だと聞かされていた。しかし、人類が初めて知る恐竜の卵、未知の恐竜の何百個という頭蓋骨や骨格、七個の中生代の哺乳類の頭蓋骨、砂丘居住人の原始人類文化など、すべてがこの愛すべき盆地の数平方キロの範囲内から出てきたのだ！　すばらしい八月のある日、朝の日光の中で「燃える崖《フレーミング・クリフ》」の岩の割れ目を最後に探して歩いたとき、私が名残り惜しさでいっぱいだったのはおかしなことだろうか？　私はもうけっしてここを訪れることはないだろう。「けっして」というのは長い時間だが、一人の探検家が活動できる時間は短く、新しい領域が私に残された時間を求めている。あるいはいつの日か、私はゴビ横断鉄道の車窓からこの崖を見ることがあるかもしれないが、私のキャラバン隊が、このモンゴルの歴史の宝庫を目ざして、何百キロもの砂漠を苦闘しながら進むというようなことは二度とないだろう。これから先、ここは別の探検隊の採集現場となるだろう。私たちはほんの表面を引っかいただけにすぎず、季節ごとに吹きすさぶ強風は、岩の中に隠されたさらに豊かな宝ものを露出させるだろう。すでにこれほど多くのものをもたらした場所が、さらにどれほどのものを与えてくれるか、誰にわかるだろうか？

第一九章　蛇と化石

恐竜とその卵の墓場である「燃える崖《フレーミング・クリフ》」を後にして、中央アジア探検隊は帰途についた。道に沿って散らばっているカモシカの群れとたわむれ、肉にするための若オスを二―三頭物色しながら、私の車は自動車隊よりも一・五キロほど先を進んでいた。

スリリングな追跡が終わり、二頭の太ったガゼルが、車のフェンダーの上に縛りつけられたちょうどそのとき、ルークス博士がとまれ！　と叫んだ。一キロ足らず北に、太古の山の岩盤だけが残った低いごつごつの岩の塊りがあって、そのてっぺんにみごとなオオツノヒツジが二匹、空にシルエットを描き、静かに私たちを見ていた。双眼鏡で見ると、彼らはすばらしい角をもっていた。大きな弧を描き、長さは少なくとも一・五メートルはあった。

羊を撃つのはマック・ヤングの番だったので、私たちは彼の車がくるのを待った。羊たちはまるで花崗岩をきざんだ彫像のように、身動き一つしなかった。四〇〇メートルまで近づかないうちに、彼らは頂上から下りて姿を消した。私たちは、この二頭を二度と見つけることはできなかったが、一つの考えが浮かんだ。二五キロほど向こうに、ジチ・オラと呼ばれる長細くごつごつした花崗岩の塊りが、平原からだしぬけに突き出していた。そこにも羊がいるはずだし、たぶん車の中から羊を撃つことができるだろう。私はアルタイ山脈を横断しているとき、車に乗ったまま一頭のみごとなオスを撃ったが、もっとも野生で、もっともむずかしいとされる猟の獲物をクッションのきいた自動車の座席から撃つというのはきわめつきの新趣向だった。

ジチ・オラのすぐふもとのきれいな冷たい水が湧く泉のそばにテントを建てた。四方には、乾燥した砂漠が起伏しながら広がり、ちょうど大きな褐色の海原がうねっているように見えた。コックのテントの裏、一〇〇メートルほどのところで、シャックルフォードはヤマシギを追い立てた。この用心深く、木におおわれた湿地に住む鳥がゴビ砂漠のまっただ中にいるのは、極楽鳥がここにいるよりも場ちがいだろう。しかし私たちは、このヤマシギが南へ渡る途中で道に迷ったのだということに気がついた。賢明にもこの鳥は昼間は岩の間で隠れ、夜がきたらふたたび安全に旅を続けようとしていたのだ。

次の日、四―五人が猟をしてほとんど全員が羊を撃った。しかし、羊は全部、いちばん高い峰にいた。ルークス博士は午後遅く戻ってきて、はるか遠い山の端近くまでいって、オオカミを一頭と羊を二頭射とめたと報告した。自動車でいっても、かなり近づけるのではないかと彼はいった。

ロビンソンと、ルークスと、私がオープンカーに乗って尾根のすそをまわっていくと、ほとんどすぐに二頭の羊が高い峰の一つに立っているのを見つけた。私たちが進むと、彼らはこちらへ向かって走ってきた。もの珍しさに引きつけられたようだった。エンジンはかけたまま、私たちは車をとめた。ロビーは岩の後ろにひそみ、四〇〇メートルのところで若いオスを一頭撃ち倒した。

まちがいなく、自動車からの狩りのときがきていた。影が長くなり、羊が山から低い斜面に草を食いに下りてくるころになったからだ。慎重な運転でなんとか岩の切れ目を過ぎ、山の中に深く切れこんでいる谷をどんどん登っていった。エンジンの響きは断崖の間で機関銃のようにこだましたが、それは羊たちを恐がらせるよりも、むしろ引きつけるようだった。私たちは一五頭を見つけ、三頭を射とめた。オオツノヒツジを撃ったとしては悪い記録ではない。それも、ずっと自動車に気楽に坐ったままでこれだけの成果をあげたのだ！

それから狭い谷間を通ってキャンプまで戻るドライブのことは、誰も忘れられないだろうと私は思う。岩門のちょうど真ん中に、大きく欠けた三日月がかかり、岩の間に青白い、この世のものとも思われないような光を投げかけていた。自動車のヘッドライトの光条の中では、カンガルーネズミが小さな妖精のように跳ねたり、踊ったりしていた。一度は、オオカミのおぼろな影が平原の闇の中を横切っていった。

次の日、グランガーは、山から六キロほど離れた砂漠にぽつんと立っている赤い露頭に出かけたが、一頭の若いオスに率いられたメスの羊の群れに出会った。車で一—二キロその後を追っているうちに、彼は、羊の到達できる最高速度は時速四〇キロであることを知った。しかし、羊たちはすぐに疲れ、ついには一カ所に密集してとまってしまった。グランガーは一〇〇メートル以内にまで近づいて車をとめた。羊たちは彼を見つめ「どうするかそっちで決めてくれ」といってるようだった。

彼がカメラを取り出そうとしているときに、羊たちは逃げ出すことを決め、群れは突然ばらばらになった。それぞれが、必死でいちばん近い岩場へ向かって走った。

春にキャラバン隊が足どめをくった衙門《ヤーメン》は、私たちが夏中作業を続けてきたソビエト支配地域から内モンゴルへと国境をふたたび越えるその地点にあった。どのようなことが起こっているかと私たちは興味津々だった。私はウルガ政府からの書類を、かなり大きな部屋の壁を張りつめられるほどもっていたが、春には、役人どもはそれを無視した。夏中、探検隊には秘密警察の係官が同行した。彼の任務は、それ以上衙門《ヤーメン》で問題が起こらないようにし、探検隊の保証人となることにあった。もちろん、彼の最大の任務は探検隊の活動を監視することにあったのだが、私たちには隠すべきことなどなにもなかったし、彼もひじょうに嗜《たしな》みのある人物だったので、私たちが彼に悩まされることはなかった。

衙門《ヤーメン》に到着する前の晩、キャンプした泉からさして遠くないところで、バーキーが鉄鉱石の大鉱床を発見した。それはクロムを大量に含み、どちらかといえば低品位のものだったが、鉄道がこの砂漠に敷かれれば、かなりの価値のあるものとなる。モンゴル当局との協定にしたがって、私たちは彼らが将来それを調査できるよう、詳しい報告を行なった。

衙門《ヤーメン》の役人は、この前、私たちがきたときいらい、全員が変わっていた。彼らは気持のいい連中で、なんの困難もなく私たちが通ることを許した。しかしのちに、秘密警察の係官がいなくなってから、ラベルとロバーツがガソリンの補給を受けるため、二台の車でキャラバン隊のいるところまで戻ったときには、いつものような耐えがたい横柄さにぶつかった。両者が銃を抜いたが、衙門《ヤーメン》の役人は探検隊員が脅しに屈しないことを知ると、入域を許し、血は流されないですんだ。

衙門《ヤーメン》の役人は、秘密警察の係官には数週間後にキャラバン隊が到着したら通過を許可するといっていたが、私たちは安全をはかるため、六人の重武装の男が一五〇キロ走ってそこへいき、彼らの約束がきちんと守られるのを見とどけた。私たちが衙門《ヤーメン》に車を乗りつけたとき、私たちはどちらかといえば手ごわそうな相手に見え、役人たちにも、これはラクダを通す権利について話し合いをしようという態度ではないということがすぐにわかったのだ。探検隊の全員が、無事国境を越えて中国の支配下にある地域に入ったとき、とにかく一安心した。

衙門《ヤーメン》で私たちは、中国では戦争は起こっていないが、北京とその周辺地域で多少の小競り合いがあったという話を聞かされた。この情報はきわめてはっきりしないもので、私はかなり気をもんだ。特別な装備をした探検隊の自動車が、輸送手段を必要としているどこかの将軍に没収されかねないようなところに車をもっていきたくはなかった。

私たちはカルガンからわずか五〇〇キロの「山の水の泉」キャンプにいた。グランガーとバーキーが東北に短い偵察旅行に出かけ、新しいきわめて豊かな化石地層があったと報告した。地形学者と植物学者の作業は事実上、終わっており、シャックルフォードは北京にいるほうが写真の現像をして、時間を有効に使うことができた。そこで私は自動車二台で、バトラー、ロビンソン、チェイニー、それにシャックルフォードをカルガンまで送り届け、政治情勢を見たのち、マック・ヤングといっしょに探検隊に戻って、もう一カ月現場で過ごすということにした。

出発する数日前、シャックルフォードは、私がこれまでに見たうちでも最大のカモシカの群れを写真に撮る機会を得た。その朝、私たちはその群れがキャンプから一〇キロのところで、大きな盆地から湧き上がってくるように姿を現わすのを見つけた。何千頭、何万頭というオスや、メスや、子どもが黄色い洪水となって、盆地の縁からあふれ出し、広大な扇状地のように平原に広がっていった。シャックルフォードは映画カメラを車の後ろに乗せており、私たちは何時間もその群れを写した。しかしそれはむしろ不満なものだった。彼らが平らな平原にいるかぎり、その写真は動いている動物たちの長い列としてしか写せないのだ。

彼らがそれほど遠く移動しないだろうということは確かだった。今いる場所の草がひじょうによかったからだ。そこで次の朝、あたりが十分明るくなるとすぐに、私たちは出かけた。今回は、彼らは舞台監督の指揮を受けてでもいるように整然と行動した。おそらく五万頭が大きな谷の底にいたと思われ、私たちはその谷の端から望遠レンズを使って、彼らを見下ろすように写すことができた。軽く風が吹いており、私は生まれて初めてカモシカの匂いを嗅いだ。一・五キロほど離れたところから、子どもたちの高い鳴き声が聞こえてきた。双眼鏡で、子どもたちが乳を飲み、遊んでいるのを見ることができた。飼育されているカモシカでおなじみの生活ぶりが、実際に私たちの目の前で展開されていた。ときには一〇〇〇頭かそこらが全速力で群れの中心を駆け抜け、また突然に立ちどまって、草を食いはじめたりするのだった。群れは絶えず動いており、動物たちは完全に平和ではあったが、群れのどこかが一瞬たりとも、じっとしていることはなかった。

私はオオカミが一頭も見られないことに驚いた。このような多数の群れは、何キロにもわたってこのあたり一帯のオオカミをすべて引きつけてもよいはずだった。しかし実際のところ、モンゴルではオオカミがいちじるしく少ないのだ。オオカミは、死にかけているラクダをえさとするため、隊商路の近くでもっともよく見られるが、それも一頭だけか、せいぜいつがいである。

一時間近くカモシカの群れを眺め、三〇〇メートルほどフィルムを撮影したのち、私たちは長い斜面を群れに向かって真っすぐに突き進んでいった。私たちがほとんどぶつかりそうになったとき、ようやく彼らは、これは本気で走らなければならないときだと決断した。それからはおもしろい見ものだった。彼らは車を避けるために、お互いの上を飛び越した。子どもたちは耳を寝かせて必死でレースに加わり、二―三キロは十分親たちに負けないくらいに走った。

群れは、何百もの小群に分かれ、私たちはそれを次々と追いまわした。最後には、平原は夫や、妻や、子どもを探してめちゃくちゃに走りまわるカモシカでいっぱいになった。しかし数時間のうちにはまた、彼らは密集した群れとなり、午後には、遠くから見ると、大きな緑色のキャンバスに黄色い絵の具で描いた斑点のように、その群れが見えた。

このようにきわめて大きな群れをつくるのは、草原のカモシカ（Gazella gutturosa）だけだ。子どもが生まれる寸前の春にはメスが草原に集まり、子どもが生まれるとまた分かれていく。秋にはオスとメスと子どもがふたたび群れをつくる。

尻尾の長い砂漠種（Gazella subgutturosa）はけっして群れをつくらない。その理由は、砂漠には一〇〇頭以上が十分に草を食えるような場所がないためだろうと私は考えている。

私たちは大雨のすぐ後に、カルガンに向かって出発した。午後、車を一台なくしてしまいかねないようなできごとにぶつかった。ある干上がった河床が私たちの行く手を遮った。バトラーとジェニーがそこを調べ、私に前進するよう手を振った。幸い、反対側には傾斜の急な土手があったので、私は時速六五キロで川を渡りはじめた。

突然、私は足もとが急に空っぽになったような気持の悪い感覚を感じ、車はずぶずぶ流砂の中に沈みこんだ。私たちが足の骨を発見したバルキテリウムが、三〇〇〇万年前に落ちこんだ死の穴と同じ種類のものだ。それは真っすぐ立ったまま化石になっていた。私たちがもう一台別の自動車をもっていなかったら、今から一〇〇万年後の誰かが、まったく同じように化石になったダッジの大型オープンカーを発掘していたかもしれない！

流砂は幅が狭く、車がスピードを出していたおかげで、前輪は穴を越えていた。後端は危険な角度で沈んでいたが、もう一台の自動車からロープを出して、これを固い地盤の上に引き上げた。

夏の間、雨が異常にたくさん降り、草原は花が一面に咲いていた。私たちはちょうどよいときにやってきたのだ。チェイニーは新種を手に入れた。一週間後には花の半分はしおれてしまっていた。

カルガンに近づくにつれて、中国の政治情勢について、断片的な情報が入ってきた。戦争は起こっていなかったが、学生の大ストライキや英国企業に対するボイコットが夏中行なわれていた。キベイ・ヒバ・チェンに送られる途上にあった一万頭の羊の群れが、途中で満州に向けられた理由はそこにあった。北中国でトラブルが起こっているらしいことを最初に知らされたのは、彼らからだった。このニュースはひじょうに嬉しいものだった。カルガンにいくのはまったく安全であることがはっきりしたからだ。

北京は興奮で沸きかえっていた。したがって北京は楽しくやっていたのだ。花でいっぱいの私の家の庭に入り、砂漠を離れてたった数時間のうちに夕食のために正装するのは、なんとも不思議な気分だった。しかし私は三日間だけ、文明の贅沢さを楽しむことを自分自身に許した。

いくつかの必要物資を集めると、すぐに私たちはふたたびカルガンに向かって出発した。デンマーク大使H・カウフマン氏とアメリカ公使館のメイソン・シアーズ夫妻がウルガへの旅を計画していたので、私はその途中で私たちのキャンプに立ち寄るよう彼らを招待した。ロバート・ウイリアムズ氏が彼らを自分の車で運んだが、帰路はこのためややきゅうくつな時間を過ごした。大雨が草地を沼地に変えていたが、四日目には「山の水の泉」から三〇キロの大きな盆地の縁に、青いテントが蜃気楼の中で踊っているのが見えた。

それは美しいキャンプで、きわめて収穫の多い場所でもあった。昼食を食べ終わるとすぐに、ウォルター・グランガーが私たちを発掘を見せに連れていった。ジョージ・オルセンがいくつかの頭蓋骨を掘り出し、グランガーとバーキーはこれがまったく新しい地層のものであるという結論に達していた。それはおそらく始新世後期、すなわち哺乳類の黎明期のものと思われた。もっとも興味深い標本は、ルークス博士が発見したひじょうに変わった動物の頭蓋骨だった。それは今から三〇〇〇—四〇〇〇万年前にこの地域に住み、まぎれもなく悪夢にしか出てこないような動物であったにちがいない。長さ四五センチ、周囲一五センチほどの二本の太い骨性の角《ツノ》が、目のすぐ上から前上方に突き出していた。角《ツノ》は棍棒のように先端がふくらんでいて、おそらくキリンの角のように皮膚でおおわれていたのだろう。

有蹄動物だろうということ以外、これがどのような動物なのか、あるいはどのグループに属するものなのかについて、誰も皆目見当がつかなかった。今日、簡単に分類できないような哺乳類を発見するということはきわめて珍しい。しかし、ルークスの発見したものは、私たちの知るかぎり、これまで知られているどの動物にも全然似ていない。標本の状態はきわめて悪く、ウォルター・グランガーほどの経験と忍耐力を備えた人でなかったら、掘り出すことはまったく不可能だったろう。骨は文字どおりこなごなで、風に吹き飛ばされかねないものだった。グランガーはまずそれをアラビア・ゴムで湿らし、これが小さな粒を固める。次に日本製のわら紙を張りつけていく。これが乾くと、骨をもう少し掘り出し、また、同じ操作をくり返すことができる。最後にそれを、小麦粉の糊に浸した細長い麻布で包帯し、これが固い殻をつくるのだ。

私たちがキャンプに戻った次の日、グランガーが入ってきて、中国人採集作業員の一人である之《チー》がおそろしく大きな頭蓋骨を発見したと報告した。全員が発掘現場を見にいった。それが化石採集のもっとも興奮に満ちた場面だからだ。大きな骨の先端だけがあらわれており、グランガーがまわりの母岩を取りのけていくと、頭蓋の後頭骨の部分であることがわかった。ひじょうに大きいので、私たちはバルキテリウムではないかと最初は思ったが、発掘が進むにつれてこれがティタノテリウムであることが明らかになってきた。この表面的にはサイに似ている巨大な動物は、私たちがモンゴルでこれを発見するまで、アメリカでしか見つかっていなかった。私たちの探検の一年目と二年目には、きわめて初期の原始的なタイプのものが発見されたが、こんどのものははるかに後期の、はるかに大きなもので、この動物の進化の頂点にあるものだった。アメリカのこれに相当する種は、鼻の上に枝分かれした大きな角をもっている。この標本では鼻の部分はなくなっていたが、歯や頭蓋のその他の部分から、すべての骨が存在していると同じようにほとんど完全なようすを知ることができた。

一方、考古学者のネルソンは、化石を産出するのと同じ露頭に、豊かな宝の山を見つけていた。西向きの砂利が散らばった斜面に、人工のものと思われる岩の堆積が二〇—三〇ほどあった。それはきちんと並べられており、墓にちがいないと彼は考えていた。

岩の中には巨大な石板が地中に一―二メートルも埋まっているものがあって、岩を取り除くにはかなりの労力が必要だった。二つの墓は空っぽだったが、墓の一つからは興味のある成果が得られた。まず、ひじょうによく保存された重たい木材が見つかった。その下には完全な人骨があった。この遺体は身長が一七八―一八三センチくらいだったと思われ、その横にはシラカバの皮の矢筒があり、矢がいっぱい入っていた。矢のうち何本かは軸が木でつくられ、他のものは一部はアシでつくられ、その先端に木がつけてあった。矢じりは鉄製だったが、不思議なことに金属は腐蝕がひどく、状態はよくなかった。弓は五―六個に壊れていたが博物館でつなぎ合わせることができるだろう。

私には、墓の中でもっとも興味深かったのは、その男の頭が乗せられていた鞍だった。頭蓋骨には布の切れ端がまだいくつかくっついており、彼はターバンを巻いていたにちがいない。鞍は保存状態がよく、ネルソンがそれをキャンプにもって帰ってみると、今日、軍隊で使われているような完全なマクレラン型のものであることがわかった。私たちもいくつかこれをもっており、驚くばかり似かよっていた。マクレラン将軍は、まちがいなく彼が新しい鞍を発明したと思っていたにちがいない。私たちが、自分たちこそ恐竜の卵の最初の発見者だと思っていたのとちょうど同じように――。しかしいずれの場合も、モンゴルの原始人たちが私たちが生まれるよりも何世紀も前に発見していたものだった。

この鞍は、私の知っているかぎり、現在もしくは過去のモンゴル人や中国人が使っているものとはまったく違う。

ネルソンは、この墓が少なくとも一〇〇〇年以上前、おそらくはそれよりもずっと古いものであるにちがいないと考えていた。これが水はけのよい場所に設けられていたことと、砂漠の極端な乾燥のため、木材や骨がみごとに保存されたことは疑いない。骨格の鑑定は現場では不可能だが、人種的特性は博物館での研究によって明らかにされるだろう。

バーキーとモーリスは、あるおもしろい方法で他の先史人類の痕跡を発見した。彼らが「山の水の泉」から三〇キロほどのところにあるモンゴル人のユルトに坐っているとき、バーキーの注意は祭壇に載せてある銅鉱石の塊りにとらえられた。モンゴル人ははっきりと、それが南へ二五―三〇キロのところにある寺のすぐ近くから出たものだといった。地質学者たちはその場所へいき、大規模な露天掘りが行なわれた形跡を発見した。丘の斜面に大きなたて穴が掘られていた。実際それはひじょうに大きくて、最初は彼らもそれが人工的なものであると信じられないほどだった。鉱脈には銅は含まれておらず、鉱床は十分に掘りつくされて、もうほとんど残っていなかった。彼らはこの場所を注意深く調べ、採掘は少なくとも一〇〇〇年以上昔に終わっていたにちがいないという結論に達した。

ネルソンが墓を見つけたキャンプに私たちがいたとき、シャックルフォードが見つけたカモシカの群れがキャンプを訪れた。夜の間に彼らが盆地に流れこむ音が聞こえ、二日後には群れ全体がキャンプから四〇〇メートルほどのところへ登ってきた。私たちが朝食をとっていると、子どもたちの鳴く声と、何万という小さなひづめのトントンという音が聞こえ、私たちは全員外へ出た。動きまわる広大な黄色い毛布が、崖の縁から流れ出してきて、平原に広がっていった。私の番犬のウルフは、興奮のあまり気が狂ったみたいになっていた。彼はあっちの群れ、こっちの群れと追いまわし、ついにはくたくたになってしまった。カモシカたちにはウルフを引き離すことなど簡単で、彼が追いつきそうになったときだけ、ちょっと本気で走るのだった。

一五キロ北の別の化石採掘地へ出発する用意ができたとき、私たちは近くの寺の僧侶に、採集した標本をおいておくからキャラバン隊が着くまで番をしてほしいと頼んだ。これまで二年間、私たちは何回もこのような方法をとっていた。しかし彼らは、ガソリンや岩は残していってもよいが、化石はだめだと答えた。去年の夏、この近所で馬や羊がたくさん死んだが、それはまちがいなく竜骨のたたりだというのだ。

次のキャンプは、私たちが後にしてきたキャンプとひじょうによく似ていた。盆地に長く突き出している大きな山の鼻にテントを建てた。その近くに一つのオボがあった。私たちが着くと間もなく、二人のラマ僧がやってきた。彼らは六キロほど離れた寺の使者で、私たちが崖の上で鳥や獣を撃ったり、殺したりしないよう、とくに注意を払ってもらいたいといってきた。そこはきわめて神聖な場所であって、私たちがこのあたりで動物の生命を奪うと精霊が怒るのだという。もちろん、私は彼らの要求を尊重することに同意し、すぐに命令をくだした。しかし、私たちは守れる以上の約束をしてしまった。そのことは事実が証明する。

二時間ほどあたりを踏査している間に、テントの近くで三匹のマムシが発見された。これは砂漠で見られるほとんど唯一の蛇だが、ひじょうに強い毒をもっている。数日後、午後遅くに気温が急に下がり、キャンプは忙しい夜を迎えた。テントに毒蛇の大群が侵入してきた。彼らは暖かさと隠れ家を求めてきたのだ。

ラベルはベッドに寝ていて、戸口のところに三角形にさしている月光の中を何かがにょろにょろとはっていくのを見た。彼は起き上がって蛇を殺そうとしたが、地面にはだしの足をおろす前に、あたりをよく調べることにした。懐中電灯を取ろうとしてからだをベッドから伸ばすと、簡易ベッドのそれぞれの足元に一匹ずつ蛇がとぐろを巻いているのが見えた。手が届くところに採集用のつるはしがあったので、ラベルはベッドに入りたがっていた二匹をやっつけた。それから最初に戸口の三角の月光の中を横切った蛇を探しはじめた。それはテントの中のどこかにいるはずだった。ほとんどベッドを下りないうちに、大きな蛇が寝台の頭の近くにあったガソリンの箱の下からはい出してきた。

ラベルはそのことで、どちらかといえば、忙しい夜を過ごしたが、それは彼一人ではなかった。モーリスは自分のテントで五匹の毒蛇を殺し、中国人運転手の王《ワン》は靴の中に大きな蛇がとぐろを巻いているのを見つけた。そいつを殺してから地面に落ちていた自分の帽子を拾い上げると、そこからまた蛇が落ちた。ルークス博士は実際に猟銃の箱が積んである上にいた蛇の上に手をついた。私たちはその場所を「毒蛇のキャンプ」と名づけた。なにしろテントの中で殺した蛇の数は四七匹にのぼった。幸い、寒さのために彼らは動きが鈍くすばやく攻撃することはできなかった。番犬のウルフは、探検隊の中で蛇に噛まれた唯一の犠牲者だった。彼はごく小さな蛇に足を噛まれ、ジョージ・オルセンがすぐに傷の手当てをしたので、死なずにすんだ。かわいそうな犬はひどく弱り、激しい痛みに苦しんだが、三六時間で回復した。

蛇事件は私たちを神経質にし、誰もがかなりびくびくしていた。中国人とモンゴル人は、テントを見捨てて自動車やラクダの箱の上で眠るようになった。他のものも、暗くなった後は、一方の手に懐中電灯、一方の手につるはしをもたずには歩かなくなった。ある晩私はテントから外に出て、なにか柔らかくて丸いものを踏んづけた。私の叫び声でキャンプ全体が飛び出してきたが、その「蛇」は丸まった縄だった。そのすぐ後、ウォルター・グランガーは懐中電灯で道を照らしながら外へ出ていった。テントの戸口のところで、彼はつるはしを思いきり突き立てて叫んだ。

「こんどこそ、やっつけたぞ!」

しかしグランガーは、さっき私が捨てたばかりのパイプ・クリーナーをちょん切っただけだった。

私たちはラマ僧との約束を破り、蛇を殺さなければならなかったが、探検隊のモンゴル人たちは約束をしっかりと守った。彼らが布切れで蛇を自分のテントから追い出し、中国人がそれを殺せる場所へ追っていくのを見るとおかしかった。この毒蛇はアメリカのカッパーヘッドと同じくらいか、少し大きいくらいだった。その毒牙はたぶん、健康な人間を殺すほどの毒はもっていないだろうが、ひどく苦しむことは確かだろう。

蛇は砂漠のどこでも、私たちがキャンプをした場所のような崖っぷちに住んでいたが、とくにこの場所に多かったのは、そこが神聖な場所であって、モンゴル人たちがこれを殺そうとしないためだった。

この毒蛇はゴビ砂漠の唯一の毒蛇と思われるが、私たちは無毒の種類も一種類しか採集していなかった。気候があまりにも乾燥していて寒いので、爬虫類には条件がよくないのだ。

この新しいキャンプは、蛇と同じように化石もたくさん出るところであることがわかった。四〇〇万年ほど前にここを流れていた河の底と考えられる場所があり、そこはまさに化石の骨の宝庫だった。同じ地層から一時に二七個の顎骨が発掘され、ほとんどどこでも、堆積物をほんの何センチかかき取るだけで、貴重な化石が掘り出された。私たちはカリコテリウムという独特な動物の頭蓋骨を手に入れた。これはまさに矛盾した動物で、鉤爪をもった有蹄類だった。頭と首は馬に、歯はサイに似ており、足は地上のなにものにも似ていない。ひづめのかわりに鉤爪で武装していた。なぜこのような変わった動物が発達したのか、誰にもわからない。なにかもっともな理由があったにちがいない。自然がこのような変わった付属物をでたらめにつくるわけはないからだ。しかし、これまでのところ、その理由は、はっきりしていない。

この地域にはロヒルドンという名前の小さな有蹄動物がたくさん住んでいて、古生物学者たちは未知の種や属のものである顎骨や頭蓋骨を大量に採集した。これまでのところ、ごく古い地層に馬の形跡は認められていない。これはひじょうに驚くべきことだ。まだ発見されていない五本指の馬の祖先は、私たちが発見するはずだと確信をもって期待していたものの一つなのだ。四本指の馬はアメリカおよびヨーロッパの始新世に見られ、その祖先はアジアで発達したにちがいないと私たちは確信しているが、今までのところ私たちの目にはとまっていない。それでも、このような動物はここに住んでいたにちがいなく、私たちはいつかそれを発見できるものと期待している。

「毒蛇のキャンプ」で作業が進んでいる間、私たちは六人で、南と西の一帯に八〇〇キロにおよぶ踏査旅行を行なった。この地域は私たちが一九二六年の夏に調査したいと思っている場所だ。

原始人の足跡は南を指しているように思われ、来年はどこへでも、それが導くところへいってみるつもりだ。結果がどう出るかは、誰も予測することはできない。そこは新しく未知の国なのだ。

私たちが南への踏査旅行から帰ったとき、雨と軽い雪が降り、カルガンへの帰途に着くよう私たちに警告した。砂鶏は群れをなし、ムナグロチドリは何万羽という大群をつくってシベリアのツンドラからやってきた。これは経験深いモンゴル探検家なら見逃がすことのない前ぶれなのだ。

九月一二日、私たちは「毒蛇のキャンプ」の蛇とハゲワシに別れを告げ、盆地に下りていく斜面をくだった。また、ひとシーズンが終わり、私たちは十分に満足していた。

解説

斎藤常正

人類の先祖の化石をもとめてゴビ砂漠のただなかに踏み込んだロイ・チャップマン・アンドリュースを隊長とする中央アジア探検隊は、アメリカ自然史博物館が組織した唯一の大規模な探検隊である。一八六九年に設立された、この世界でもっとも大きな自然史博物館の長い歴史のなかで、博物館が自らの手で探検隊を組織し、博物館の館員が探検隊員となり、一つの地域を選んで地質学・古生物学・考古学・動植物学・民俗学といった多彩な研究分野にまたがる総合的な資料の収集を行なったのは、あとにもさきにもこの探検以外にはなかった。

このような探検が可能になった背景は、この本のいくつかの章に点在するアンドリュース自身の記述を通してうかがい知ることができるが、当然のこととして第一にあげなければならないのは、探検隊の隊長となったアンドリュースの存在である。アンドリュースについては、のちに詳しくふれるが、彼は探検隊の隊長としてのたぐいまれな統率力の持ち主というばかりでなく、アメリカ自然史博物館開闢以来もっとも有能な広報活動家であり、講演家としても知られている。スライドを使った彼の講演「鯨をカメラで追って」「北朝鮮の荒れ野」「美しい日本の景観」などは、一九一〇年代の米国北東部の各州やニューヨーク市の人びとのあつまりでもっとも人気のある文化的なアトラクションだったといわれ、多くの聴衆、とくに婦人たちを魅了した。自然の動植物やそれらの生態、遠隔の地の珍しい景観、風俗などを題材にして自然史の世界へ人びとの興味を惹きつけていく彼の講演のうまさがあってこそ、モンゴル探検に費した莫大な経費の、ほとんどを寄付という形で民間から募ることが可能であった。

第四代の博物館のプレジデント（博物館の理事会の会長で館長の上にある）であり、古脊椎動物学者のヘンリー・フェアフィールド・オズボーンもこの探検に重要な役割を果たしている。彼は古脊椎動物学に大きな貢献をしたばかりでなく、博物館の展示についても、いくつかの新しい試みをした人であった。たとえば、今日、多くの自然史博物館が、館内のもっとも目立つ場所に大きな恐竜やマンモスなどの骨格を展示しているが、このような観客を呼びよせる展示を創案したのはこのオズボーンであった。オズボーンは、長年の脊椎動物化石の研究の結果、中央アジアこそ哺乳類の多くの種の発生の地であると結論するようになっていた。このような彼の考えについては、彼自身の手による本書の序文と第一〇章「三〇〇〇万年前の巨大な動物」に詳しく述べられている。そしてオズボーンは、人類の先祖もこの例外ではなく、モンゴルの地に原人の化石が埋っているだろうと強く信じていた。

アンドリュースが中央アジア探検隊の構想を打ちあけたとき、オズボーンの頭の中には一八九一年から九五年にかけて、オランダのデュポアがインドネシアのジャワ島でジャワ原人（洪積世人＝ピテカントロプス・エレクタス）を発見して世界の賞讃をあびたあの記憶がなまなましくよびおこされていたにちがいない。デュポアが原人の化石を世界で初めて発見して学界から受けた数々の名誉の中には、オズボーン自身がプレジデントとしてサインしたアメリカ自然史博物館からの賞状も含まれていた。モンゴルで新しい原人の化石を発見すれば、アメリカ自然史博物館が世界の人びとの注視を受けるばかりでなく、彼自身も世界の科学界の賞讃を浴びる可能性をもっていた。また、アンドリュースがモンゴルに車をすすめたその年に、北京の南西四〇キロにある周口店の洞窟で、のちに北京原人としられるようになる人類化石の発掘がスウェーデンの地質学者アンダーソンとカナダの解剖学者ブラックによってはじめられていた。このような発掘準備のニュースがオズボーンの耳に入らないはずはなかった。

このようなわけで、アンドリュースの中央アジア探検隊は、オズボーンの確固たる予言のもとに原人を発見するというもっともニュース価値のある結末で、科学的国際競争にアメリカが勝ち名乗りを上げる可能性を十分にもっていたわけである。オズボーンは、アメリカ自然史博物館運営の最高責任者として、自説を確めてくれる中央アジア探検隊を強力におしすすめ、あらゆる便宜をはかったのも当然であった。したがって、この探検隊の第一の目標は、人類の祖先、つまり原人をさぐることに置かれて、本書『恐竜探検記』の英文の原題も、"On the Trail of Ancient Man"（原始人の足跡をたどって）となっている。

原人が発見できるかもしれないという話は、ニューヨークに住む大金持ちたちの興味をそそるにはもってこいの話題だった。しかもアメリカの経済力は、この探検に必要な莫大な経費を公的機関の援助を待たなくとも、すべて私的にまかなえるほど豊かであった。第一章の準備の項で、アンドリュースは探検の費用の出所について少しふれているが、当時のアメリカの経済情勢は、探検に興味を示してお金を出してくれる金持ちを何人かみつければ、すぐに基金の調達ができる余裕を持っていた。それには何十人という人びとを訪れて、くり返し主旨を説明するというわずらわしさがあったが、政府や科学財団に計画書を何通も送って、いつの日か探検の費用を認めてもらう僥倖《ぎようこう》をまつよりもはるかに実りの多いものだった。

当時のモンゴルは未踏の地で、地理すらろくに知られていなかった。道路といっても、ラクダの隊商がたどる通り跡がわずかにあるだけで、その大まかな通路をあらわした地図さえなかった。モンゴル平原の冬は北極圏からの寒風が吹きすさび、作業が可能なのは四月から一〇月までしかない。その気候のよい期間でさえ、しばしば砂嵐が襲った。食糧と水は乏しく、もちろん入手困難である。アンドリュースは、この未開の地で、まだ歴史が浅くて信頼性のない自動車を使うといい出した。この提案は、傍目にはほとんど勝ち目のない大ばくちに見えた。化石発見の可能性についても、当時、多くの否定的な情報が流れていた。

この非現実的に見えた計画も、アンドリュースの熱意とオズボーンの好意的な決断におしきられ、一九一九年アンドリュースは夫人のイヴェットを同伴して予備調査に出発、張家口を訪れた。この偵察旅行の結果、アンドリュースは、中央アジアは噂とはまったく反対に、哺乳類の故郷であるばかりでなく、中生代の陸の王者恐竜の発生の地でもあるしるしを見出した。帰国後一年あまりで彼は講演を通じて、二五万ドルの探検費用のほとんどを独力で集めた。

一九二一年四月二一日の朝、いよいよ大規模な中央アジア探検隊が張家口を出発した。隊長はアンドリュース、副隊長は古生物学者のウォルター・グランガー、それにコロンビア大学のバーキーとモーリス両教授が参加した。この二人はいずれも高名な地質学者である。その他技術者たちと中国人、モンゴル人の助手の一団にそのまた助手を入れると、隊員は総勢四〇人にのぼった。運搬には頑丈な自動車八台と何千年もの間、砂漠で唯一の交通機関であったラクダが一二五頭用意された。

古脊椎動物学の世界的な権威オズボーン博士の確信に満ちた予言にもかかわらず、アンドリュース探検隊は、ついに原人の化石をモンゴルで発見することはできなかった。今日の知識でみると、アジア北部に人類の発生の地を想定したオズボーンは、まったく誤っていたといえる。というのも、一九五〇年代からこのかた、つぎつぎに発見された化石の証拠は、人類はアフリカ東部から出発したことを示してくれたからである。

古生物学の他の分野では、アンドリュース探検隊は歴史に残るいくつかの大発見をした。大発見の舞台となったのは、ウランバートルの南五〇〇キロほどのゴビ砂漠のまんなかの「燃える崖《フレーミング・クリフ》」と名づけられた化石の宝庫である。そこは、たんに化石の産地というよりは、実際恐竜の「巣」があったと考えられる場所で、正確な地名をパイン・ザクという。「燃える崖」の名は、白亜紀の赤い砂岩でできたこの崖が、夕日を浴びて燃えさかる炎のように見えたからであるという。そしてこの崖が世界に知られるようになったのは、ここで世界ではじめて恐竜の卵の化石がみつかったためだった。しかもある卵の殻のなかには恐竜の子供がおさまっていて、巣に生みつけられたままの完全な形の卵も発見された。

恐竜の卵の発見は、海底ケーブルにのって世界中に伝えられ、アンドリュースは恐竜の卵の発見者として知られるようになった。この卵とそれを生んだ恐竜の骨格が博物館で公開されると、噂を聞いてまちかまえていた観衆が文字通り長蛇の列をつくり、博物館の歴史のなかで、これほど超満員の盛況をもたらした展示はあとにもさきにもなかったと今でも語り草になっている。とにかく恐竜の卵は、アンドリュースにとっては金の卵にまさる働きをした。この卵の発見を含めた探検の功績により米国東部の名門校ブラウン大学とアンドリュースの母校ベロイト・カレッジは、名誉博士号を彼に贈ったし、卵の名声は一九二三年から二四年にかけて、二八万ドルの寄付金を探検隊にもたらした。

中央アジア探検隊が最後にモンゴルの地を踏んだのは、一九二八年である。この年中国で起こった国民革命をきっかけにして、それからは外国の探検隊が入り込めるような余裕はまったくなくなってしまった。さらに一九二九年にはじまる世界恐慌のために、アメリカでも民間から寄付を募るどころではなくなってきた。こうして一九三〇年、中央アジア探検はついにその幕を閉じたのである。探検の良き理解者で後援者であったオズボーンは、一九三二年七五歳で引退し、そのあとをついだのは、財界出身のディビソンであった。彼のもとでアンドリュースは三四年館長に選ばれた。しかし彼の才能は、屋内の事務屋としてよりもモンゴルの原野により適していたようで、ニューヨークでは彼は凡庸な館長だった。そして六年後、第二次大戦の火の手が世界のあちこちに上った四一年、博物館の能率向上の名のもとに職を追われ、三五年間つとめた館を去っていった。

ロイ・チャップマン・アンドリュースは、一八八四年ウィスコンシン州ベロイトで生まれた。ベロイトは、この州第一の都会ミルウォーキーから南西に一一〇キロほど内陸に入った現在でも人口三万五〇〇〇ほどの静かな市《まち》である。一九〇六年ベロイト・カレッジを卒業、すぐアメリカ自然史博物館に雑役夫として雇われた。床を磨くかたわら、展示用の張子の鯨の製作を手伝ったことが、海を知らずに育った男に鯨を追って海にのり出すきっかけを与えた。一九〇七年から七年のあいだ、彼はアラスカ、ブリティッシュ・コロンビア、朝鮮、日本と飛びまわって鯨の標本を集め、やがて鯨学者として知られるようになった。一九一一年から一二年にかけての満州に近い北朝鮮の白頭山の調査が、彼に鯨からモンゴルへ転進する機会をもたらす。三一歳で哺乳動物学部の副主事まで昇進した彼は、一九一五年頃からぱったり鯨について語ることをやめ、かわりに中央アジアを口にのせるようになった。一九一六年中国南西部とビルマを探検、一九年には中国北部とモンゴルの予備調査、そして二一年から三〇年まで中央アジア探検隊長としての仕事が続く。

彼の功績に数えられるものには、恐竜の卵のほかに、ヒマラヤ以北での恐竜の最初の発見、地上最大の哺乳動物バルキテリウムの発見などがある。一九四一年博物館を退いてからの彼は、もっぱら著述に専念しふたたび中央のひのき舞台を踏むことはなかった。カリフォルニア州のカーメルで七六歳の生涯を閉じたが、その一九六〇年のアメリカ自然史博物館の年報は、彼の死については一言もふれていない。

本書『恐竜探検記』の「まえがき」に述べられている中央アジア探検隊の公式の報告は、「中央アジアの自然史」の題で一二冊の報告書として出版されている。

彼は、専門家に向けた本から、空想冒険小説、さらに子供むけの本まで含めて三〇冊に近い著作を残したが主なものには、本書以外に次のようなものがある。

Whale Hunting with Gun and Camera（1916）
Camps and Trails in China（1918）
Across Mongolian Plains（1921）
Ends of the Earth（1929）
The New Conquest of Central Asia（1932）
This Business of Exploring（1935）
This Amazing Planet（1940）
Under a Lucky Star（自伝）（1943）
Meet Your Ancestors（1945）

An Explorer Comes Home (1947)
Quest in the Desert (1950)
Heart of Asia (1951)
Nature's Ways (1951)
Beyond Adventure (1954)

ロイ・チャップマン・アンドリュース（1884 − 1960）

アメリカの動物学者で探検家。1907年からアメリカ自然史博物館に勤務し、東インド諸島、北朝鮮等の調査に従事。1916年から1930年にかけて同博物館自然科学部アジア探検隊長として数度にわたり、中国、中央アジア等を踏査、ゴビ砂漠で恐竜の卵の化石発見に成功した。また、中央アジアに初期石器時代人が住んでいた事実を確認するなど、古生物学・考古学上に貴重な貢献をしている。

斎藤常正（1936 − 2020）

1936年山形市に生まれる。1958年東北大学理学部地学科地学第一を卒業。1963年から1977年まで、米国コロンビア大学ラモント・ドハティ地質学研究所に勤務。この期間、最後の7年をニューヨーク市アメリカ自然史博物館微古生物学出版部長を兼任。山形大学、東北大学教授を歴任。編著書に「ニューヨーク自然史博物館」「地球年代学」（共著）などがある。

加藤順（1935 − ？）

1935年東京に生まれる。北海道大学農学部を経て東京大学大学院修士課程を修了。新聞記者、高校教師、百科事典編集者などを経てフリーの翻訳者となる。科学・技術の分野での訳書が多く、主なものに『信仰治療の秘密』『大恐竜時代』などがある。

［監修］　井上靖・梅棹忠夫・前嶋信次・森本哲郎

［ブックデザイン］　大倉真一郎
［カバー装画・肖像画・見返しイラスト］　竹田嘉文
［編集協力］　清水浩史
［本文図版・地図（本文・見返し）］　株式会社 ESSSand（阿部ともみ）

本書は『世界探検全集 11 恐竜探検記』（1978年、小社刊）にナビゲーションを加え復刊したものです。本書には、今日の人権意識では不適切と思われる表現が使用されています。しかし、差別助長の意図がなく、資料的・歴史的価値が認められること、および著者・訳者が故人であるため表現の変更ができないことを考慮し、発表時のままといたしました。また、地名・人名をはじめとする固有名詞や用語に関しては、当時と現在とでは呼称に一部相違があるものの、前掲の事情を考慮して発表時のままといたしました。
加藤順氏のご連絡先がわかりませんでした。著作権継承者もしくは関係者にお心当たりのある方は、編集部までご一報ください。（編集部）

ON THE TRAIL OF ANCIENT MAN:
A Narrative of the Field Work of the Central Asiatic Expeditions
by Roy Chapman Andrews, 1926

世界探検全集 11
恐竜探検記

2023年3月20日　初版印刷
2023年3月30日　初版発行

著　者　ロイ・チャップマン・アンドリュース
訳　者　斎藤常正（監訳）、加藤順（訳）
発行者　小野寺優
発行所　株式会社河出書房新社
〒151-0051
東京都渋谷区千駄ヶ谷 2-32-2
電話 03-3404-1201（営業）
03-3404-8611（編集）
https://www.kawade.co.jp/

印　刷　株式会社亨有堂印刷所
製　本　加藤製本株式会社

Printed in Japan
ISBN978-4-309-71191-1

バ
リン
ウデ
レン・ダバス
イルディン・マンハ
パンキャン
ウラ・ウス
ハロン・ウス
ミャオタン
カルガン(張家口)
ペキン(北京)
オルドス
万里長城
日本海
黄海
黄
河
安府(西安)
秦嶺山脈
県
宜昌
揚子江